国家出版基金项目
“十三五”国家重点出版物出版规划项目

新型磁探测技术

New Magnetic Detection Technology

邓甲昊　侯　卓　陈慧敏　著

北京理工大学出版社
BEIJING INSTITUTE OF TECHNOLOGY PRESS

内 容 简 介

磁探测体制，具有抗电子干扰能力强，不受云、雾、尘、烟、光等复杂环境影响等优点。磁传感器、探测器在武器系统中的典型应用是磁近炸引信。本书以磁引信为依托，面向军、民两大应用领域。本书基于作者多年教学、科研经验与成果，参考国内外文献和近年来国内外典型最新装备并结合其发展趋势，总结、提炼、加工而成。

本书基于电磁学理论，首先阐述了磁引信探测器的工作机理。按现有磁引信常用工作体制，分别阐述了基于不同类型磁传感器的作用原理及其磁引信探测器的铁磁目标探测与识别原理。其中主要包括基于磁性线圈的电磁感应体制、基于霍尔元件的电磁效应体制、基于磁通门的磁饱和体制及基于 GMR 传感器的巨磁阻效应体制。在此基础上，针对国内外磁探测领域发展前沿及磁引信最新发展趋势，本书着重阐述了两种新型磁探测技术，即：基于巨磁阻抗效应的 GMI 磁探测器及基于隧道磁电阻效应的 TMR 磁探测器的工作机理、电路设计、工程实现等内容。系统阐述了基于上述两种新型磁探测体制的磁引信探测器的设计方法、工程实现及武器系统应用，涉及目标特性、目标与环境识别、信号处理方法、系统设计、测试与仿真、典型应用实例分析等内容。

本书不仅可作为高等院校探测、制导与控制专业或引信技术专业大学生、研究生的教学参考书，也可供探测与控制、引信及相关行业的科研与工程技术人员参考。

图书在版编目（CIP）数据

新型磁探测技术 / 邓甲昊，侯卓，陈慧敏著. —北京：北京理工大学出版社，2019.4（2019.12 重印）

（近感探测与毁伤控制技术丛书）

国家出版基金项目　“十三五”国家重点出版物出版规划项目

ISBN 978-7-5682-6958-2

Ⅰ. ①新…　Ⅱ. ①邓…　②侯…　③陈…　Ⅲ. ①磁引信–磁探测　Ⅳ. ①TJ43

中国版本图书馆 CIP 数据核字（2019）第 075112 号

出版发行 / 北京理工大学出版社有限责任公司
社　　址 / 北京市海淀区中关村南大街 5 号
邮　　编 / 100081
电　　话 /（010）68914775（总编室）
（010）82562903（教材售后服务热线）
（010）68948351（其他图书服务热线）
网　　址 / http://www.bitpress.com.cn
经　　销 / 全国各地新华书店
印　　刷 / 北京地大彩印有限公司
开　　本 / 787 毫米×1092 毫米　1/16
印　　张 / 16.5
字　　数 / 322 千字
版　　次 / 2019 年 4 月第 1 版　2019 年 12 月第 2 次印刷
定　　价 / 78.00 元

责任编辑 / 多海鹏
文案编辑 / 多海鹏
责任校对 / 周瑞红
责任印制 / 李志强

近感探测与毁伤控制技术丛书

编 委 会

总序

GENERAL PREFACE

引信是武器系统终端毁伤控制的核心装置，其性能先进性对于充分发挥武器弹药系统的作战效能，并保证战斗部对目标的高效毁伤至关重要。武器系统对作战目标的精确打击与高效毁伤，对弹药引信的目标探测与毁伤控制系统及其智能化、精确化、微小型化、抗干扰能力与实时性等性能提出了更高要求。

依据这种需求背景撰写了《近感探测与毁伤控制技术丛书》。丛书以近炸引信为主要应用对象，兼顾军民两大应用领域，以近感探测和毁伤控制为主线，重点阐述了各类近感探测体制以及近炸引信设计中的创新性基础理论和主要瓶颈技术。本套丛书共9册：包括《近感探测与毁伤控制总体技术》《无线电近感探测技术》《超宽带近感探测原理》《近感光学探测技术》《电容探测原理及应用》《静电探测原理及应用》《新型磁探测技术》《声探测原理》和《无线电引信抗干扰理论》。

丛书以北京理工大学国防科技创新团队为依托，由我国引信领域知名专家崔占忠教授领衔，联合航天802所等单位的学术带头人和一线科研骨干集体撰写，总结凝练了我国近炸引信相关高等院校、科研院所最新科研成果，评述了国外典型最新装备产品并预测了其发展趋势。丛书是展示我国引信近感探测与毁伤控制技术有明显应用特色的学术著作。丛书的出版，可为该领域一线科研人员、相关领域的研究者和高校的人才培养提供智力支持，为武器系统的信息化、智能化提供理论与技术支撑，对推动我国近炸引信行业的创新发展，促进武器弹药技术的进步具有重要意义。

值此《近感探测与毁伤控制技术》丛书付梓之际，衷心祝贺丛书的出版面世。

PREFACE

序

春夏之交，清晨，当我打开微信欲例行每日的朋友圈检阅之时，一条来之“天宫一嚎”的微信跃入眼帘：“王院士，您好！还记得一年前我的邀约吧？！现两本作业完毕，烦请您百忙中拨冗斧正、作序。……”。

又是春夏之交。去年在北理工开会，晚上邓甲昊教授到宾馆欣喜地告诉我：“谢谢您，王院士！由您亲笔推荐的《近感探测与毁伤控制技术丛书》获批国家出版基金资助了！丛书 9 册，我有两册，来年完稿后还请您作序。”“一定！”面对诚挚邀请，我愉快地接受了。邀约我无法拒绝，这不仅因为在近感探测及弹药引信领域正迫切需要一套高水平的技术理论丛书去支持行业创新与发展，而且还因与邓教授多年的相识之情。此刻，我主持邓教授项目定型会、靶场试验验收会及科研成果鉴定会的情景均历历在目。正是我给他推荐用 AFT-11 多用导弹作他研制的新型磁引信载体对坦克打靶成功；正是我作他科技成果鉴定委员会主任的“基于巨磁阻抗效应的新型铁磁目标探测技术”获 2018 年工信部国防科学技术进步二等奖；如此等等。

引信是弹药的大脑与眼睛，是保证弹药安全、探测并准确识别目标、基于引战配合要求实现对目标最大毁伤的信息控制系统，是使终端毁伤武器系统实现精准打击、高效毁伤的关键子系统。武器系统要实现精准打击与高效毁伤，离不开弹药的智能化，而弹药的智能化取决于引信对目标的精确探测、准确识别及实时起爆控制。目前，近炸引信在引信中占绝对主导地位。而近炸引信借助多种物理场探测目标，这就形成了不同的近炸引信探测体制（如无线电、激光、红外、电容、磁等近感探测体制）。此次出版的邓教授的两本专著正是以近炸引信为依托，面向军民两大应用领域，分别聚焦其电容、磁探测体制下的近感探测与毁伤控制技术理论与应用研究成果，汇选、凝练而成。

两书不仅具有鲜明的近炸引信应用特色，而且体现理论与技术创新，具有前沿性和引领性，是近感探测领域不可多得的两本学术专著。与传统磁引信技术不同，本书首次将最新一代磁传感器的 GMI、TMR 探测器用于磁引信，不仅丰富了磁引信的目标探测体制，而且显著提高了其探测灵敏度，并据此获国防科学技术进步奖。其姊妹篇《电容探测原理及应用》一书，不仅系统深入地总结了作者团队在伴随我国第一个电容引信型号研制及首个外贸电容引信型号开发过程中所建立的电容近程探测理论体系，以及基于理论指导一举将我国电容引信作用距离提高至一倍半弹长（国外仅一倍弹长）的实践经验，而且首次将平面电容器用于引信，有效突破了装甲防护领域对高速动能弹的实时拦截起爆控制技术瓶颈。

当今信息时代，信息获取靠探测。信息技术走向智能世界的三要素为：物联网、大数据、云计算。而物联网正是互联网与传感器或探测器、控制器及显示器等组成的物网一体的信息探测与控制系统。两专著所聚焦的磁、电容探测理论及其工程应用技术，不仅对“兵器科学与技术”学科弹药引信技术领域的自主创新、人才培养及学术传承等方面具有重要意义，而且在导航制导、智能交通、机器人、故障检测、反恐、灾害搜救、探矿、安检及医疗器械等军民融合领域的探测与控制，均具有广阔应用前景。

创新左右着民族未来，是科技工作者永恒的主题。恭贺邓教授团队两专著面世！寄语该团队及近感探测与弹药引信技术领域同仁，以春之蓬勃之冲劲及夏之火热之热情投身至本行业科技创新中，为兵器科学技术学科创国际一流、早日把我国建成现代化军事强国再创辉煌！

PREFACE 前言

如同女人生了一个孩子，洒满了艰辛，收获的却不仅仅是喜悦。十月怀胎，历经困挫，笔者两本关于保守物理场探测的双胞胎专著终于步过了“秋季”。在本书携其姊妹篇《电容探测原理及应用》收笔、面世之际，首先向给予其出版资助的国家出版基金委、编辑出版单位——北京理工大学出版社以及给予两著成书帮助的所有专家、学者及引信界同仁表示诚挚的感谢！

《新型磁探测技术》是《近感探测与毁伤控制技术丛书》9分册之一。按照丛书“反映近感探测与毁伤控制领域最新研究成果，涵盖新理论、新技术和新方法，展示该领域技术发展水平的高端学术著作”的总定位，本书首先从哲学高度阐述广义目标探测的基本属性，然后纵览主要磁探测体制，特别是基于最新一代磁传感器的新型磁探测体制。基于理论与应用有机融合的原则，既立足于挖掘新型磁探测体制所涉静、动磁场的探测理论，又强调磁探测器系统（特别是磁引信系统）技术和工程应用经验的凝练与总结。

磁探测体制具有抗电子干扰能力强，不受云、雾、尘、烟、光等战场环境影响等优点而成为中近程目标探测体制中的重要成员。磁传感器、探测器在武器系统中的典型应用是磁近炸引信。本书以磁引信为依托，面向军、民两大应用领域。

本书基于电磁学理论，首先阐述了磁引信探测器的工作机理，即按现有磁引信常用工作体制，分别阐述了基于不同类型磁传感器的作用原理及其磁引信探测器的铁磁目标探测与识别原理。其中主要包括基于磁性线圈的电磁感应体制、基于霍尔元件的电磁效应体制、基于磁通门的磁饱和体制及基于 GMR 传感器的巨磁阻效应体制。在此基础上，针对国内外磁探测领域发展前沿及磁引信最新发展趋势，本书着重阐述了两种新型磁探测技术，即：基于巨磁阻抗效应的 GMI 磁探测器及基于隧道磁电阻效应的 TMR 磁探测器的工作机理、电路设计、工程实现等内容，系统阐述了基于上述两种新型磁探测体制的磁引信探测器的设计方法、工程实现及武器系统应用，涉及目标特性、目标与环境识别、信号处理方法、系统设计、测试与仿真、典型应用实例分析等内容。

本书框架设计由邓甲昊负责。全书共 9 章，第 1～5 章由邓甲昊主笔，第 6、7 章由侯卓主笔，第 8、9 章由陈慧敏主笔，全书由邓甲昊统稿。

本书由南京理工大学张合教授与中国船舶重工集团公司 710 研究所杨昌茂研究员主审。在此十分感谢两位专家对本书的倾心审查及所提的中肯修改意见！

感谢我的博士、硕士研究生孙骥、韩超、魏双成、吴彩鹏、郭婧、胡必尧、樊强、段作栋、魏晓伟、沈三民、刘雨婷等同学在本书资料调研与素材加工等方面所做的有益工作。

感谢多海鹏编辑一丝不苟的审校与把关，他超强的责任心与辛勤付出使本书多有增色。

王兴治院士百忙中为本书作序，在此向他深表谢意！

本书基于笔者多年教学、科研经验与成果，参考国内外文献和近年来国内外典型最新装备并结合其发展趋势，总结、提炼、加工而成，不仅可作为高等院校探测、制导与控制专业或引信技术专业大学生、研究生的教学参考书，也可供探测与控制、引信及相关行业的科研与工程技术人员参考。

谨将两著献给：

——祖国70华诞！

——母校80寿辰！

——近感探测领域及引信界同仁！

因水平、时间所限，疏漏、失当之处难免，敬请专家、读者不吝指正。若惠赐教，不胜感激！

邓甲昊

目 录

CONTENTS

第1章 绪　论

本章提要　在简要论述引信近程目标探测在引信技术中的地位及目标探测的基本哲学属性、一般工程属性、系统性与引信目标探测特殊性的基础上，阐述了近炸引信利用保守物理场实现近程目标探测的意义及前景。在资料调研基础上，总结了磁引信目标探测技术的形成与发展；讨论了磁引信的主要探测模式及探测机理；指出了本领域存在的主要问题和新型磁探测及磁引信的发展方向。

1.1 引信及其近程目标探测

1.1.1 近程目标探测在引信技术中的地位

在武器系统完成对打击目标的毁伤（摧毁）的整个作用过程中，存在一个对武器系统目标毁伤效率（摧毁概率）起着举足轻重作用的子系统——终端引爆控制系统。该子系统的核心工作单元则是被称为“弹药大脑”的引信系统。人类战争的需求牵引与现代科学技术的发展推动，使得引信从早期单一功能的纯引爆执行单元发展至集感知、识别、选择、最佳实时引爆控制于一体的综合作用控制单元。确切地说，现代引信是感受并识别环境信息、目标信息（按平台、指令信息），按预定策略在期望时空引爆或引燃弹药实现其最佳终端武器效能的控制系统。作为一个信息控制系统，引信工作的可靠性主要体现在两个功能：准确识别发射及环境信息，确保引信安全及可靠解除保险状态转换的有效控制；准确识别目标信息，确保遇目标时的最佳炸点控制（基于最高引战配合效率控制引信在弹目交会的最佳时空引爆战斗部，以产生对目标的最大毁伤）。有效利用环境信息和准确识别目标信息，构成了引信实施目标探测的主要内容。

如表 1-1 所示，为准确识别目标，引信借助于某种或某几种（对复合引信而言）物理场（如碰炸引信的应力场、无线电引信的电磁场、激光引信的激光场、红外引信的热辐射场、声引信的声场、磁引信的磁场、静电引信的静电场等）和目标建立起以识别在该类物理场条件下的特有目标信息为目的的能量流与信息流。弹目交会时，由引信探测器接收该信息流中所携带的某些信息特征量，并由信号处理器处理判别，完成对目标的识别。纵观引信的发展史，引信从早期的应用应力场实现对目标的一维、零距离探测的碰炸引信，已逐步发展至利用电磁辐射场、光场等多种物理场实现对目标的三维、近程探测的近炸引信。近炸引信的诞生与发展，使引信技术领域产生了一个十分重要的分支——近炸引信的近程目标探测。本书所研究的磁近炸引信技术正是该研究方向下基于磁物理场的目标探测与识别技术。

表 1-1 常用近炸引信探测体制与探测物理场

探测物理场	近炸引信
电磁场	无线电引信
激光场	激光引信
红外辐射场	红外引信
磁场	磁引信
（准）静电场	电容引信、静电引信
声场	声引信
力场	气压、水压（值更）引信

1.1.2 目标探测的基本哲学属性

目标探测是人类现实生活中普遍存在且不可或缺的行为过程。当今信息时代，从对微观物体的显微探测到对外星的天体探测，目标探测技术为人类搭建了认识世界（乃至宇宙）和改造世界的桥梁。从称为“血管清道夫”的微型医疗机器人到天体卫星均通过探测器实现准确目标探测。现代目标探测除遵循一般目标探测的基本规律外，还具有其本身的内在规律和特殊性。探索并掌握这些基本理论和规律，不仅对现役探测器（如近炸引信）的分析研究和改进设计大有裨益，而且对新体制探测器或引信的设计研制具有重要指导意义。

作为一个行为过程，目标探测具有其基本的哲学属性。主要包括以下几方面。

1. 目的性

正如“系统”“控制”均具有目的性一样，目标探测也具有目的性。任何毫无目的的、对客观存在物的被动“感觉”均不称为探测。作为一个特殊的信息控制系统，探测器进行目标探测的主要目的不是对其进行跟踪、监督或控制，就是对其进行毁伤、摧毁或消除。

2. 客观性

目标探测的客观性主要体现在以下两方面：

（1）目标存在的客观性。即探测器所探测的目标一定是客观存在的，任何在理念上对主观臆造的“虚无目标”的“探测”是不可实现的。

（2）目标特征的客观性。目标因其所构成的物质成分、结构、形态、物理特性等不同而具有不同的目标特征，这些目标特征是客观存在的。探测装置应用不同体制的探测器来实现对具有不同目标特性的目标的探测，正是基于不同目标间存在特征差异的客观性。如近炸引信用磁探测器来识别铁磁目标就是因为客观上铁磁目标具有对磁场产生扰动的属性，而非铁磁物质的目标则无此属性。

3. 相对性

目标探测的相对性是指探测器对目标认识的相对性。理论上讲，表征目标特性的信息特征量是无限多的，而某一体制的探测器对目标所能探测到的表征目标信息的特征量是有限的（有的仅有一种）。如无线电多普勒探测器所探测的仅是目标对电磁波的反射特性，而被动声探测器则识别的是目标发出的声特性。另外，即使针对某种信息特征设计的探测器，该探测器对这种信息特征的提取和判别的准确程度会因探测器性能参量、目标特征参量、探测环境状态参量以及探测器、目标、环境三者间相关参量的不同而不同。雷达或近炸引信要求其信号处理电路具有抗背景干扰的能力正是基于这一属性。

4. 动态性

目标探测的动态性不仅是指处于客观世界的被探测目标和由物质构成的探测器以及二者所处的探测环境无时不处在绝对的运动状态，更要指出的是，在目标探测过程中，探测器、目标及环境之间的探测状态（相对位置、关系等）无时不在发生着变化（不仅在微观上）。探测系统这种状态的动态性在卫星、制导雷达或引信目标探测中（如弹目交会过程中）尤为突出，正是基于此属性，卫星、雷达或引信对目标探测提出了实时性要求。

1.1.3 目标探测的一般工程属性

以上是从哲学的角度来归纳目标探测基本属性的，从工程应用角度还可归纳出目标探测具有多维性和选择性等特征。

1. 多维性

多维性是基于探测器对目标认识的描述参量的。如探测器仅能探测目标距离则可视为一维探测，而当它既能识别目标距离又能确定目标方位时则可视为二维探测，同理，若再能识别目标的特定部位（如易损部位等）则可称为三维探测。总之，目标探测具有多维性，其维数的多少随探测器对目标认识程度的不同而不同。它也受探测器战技指标要求所制约。

2. 选择性

选择性是指对确定的探测指标可选择不同的探测体制来实现，既可根据能最有利地实现这一指标的某种目标特征量选择探测器，也可根据探测器本身的体制特点选择某种或某几种探测器可辨识的目标特征量进行识别。若要求探测器对大地目标进行近距离定距，则既可根据大地对电磁波的反射特性选择无线电多普勒探测器，也可根据大地能对静电场产生扰动的特征选择电容探测器来实现。同理，对于同一个无线电多普勒探测器而言，它既可以识别大地目标，也可以识别坦克、飞机等装甲目标。当然视战技指标不同，最终选择何种体制应遵循（包括性价比在内的）综合最优原则，需要指出的是，这种“双向选择”是基于目标特性的，即我们不能选择对所探测目标任何信息特征量都不能识别的探测器（如不能针对非铁磁物质目标选择磁探测器）。

1.1.4 目标探测的系统性

贝塔朗菲（Bertalanffy）在一般系统论中将系统确定为“处于一定的相互关系中并与环境发生关系的各组成部分（要素）的总体”。在阐述整体性、有机关联性等系统特性及相互关系时指出：作为一般系统论的核心，系统的整体性是由系统的有机性，即由系统内部诸要素之间以及系统与环境之间的有机联系来保证的。有机关联性原则概括起来包括两方面内容：一是系统内部诸要素的有机联系，二是系统同外部环境的有机联系。根据系统的整体性及目的性原则，当探测器不实施以探测目标为目的的探测行为时，探测器与目标可分为两个独立的系统，只是二者与它们各自的环境具有有机关联性。而当探测器与目标处于同一探测环境下并实施目标探测行为时，探测器与它所探测的目标构成了一个具有相互联系的较大系统，即目标探测的行为是在由探测器、目标共同构成的目标探测大系统中进行的。因此，从系统的观点出发讨论这一探测体系，探测器、目标及探测环境之间均具有有机关联性。具体来说，探测器对目标的探测能力不仅取决于探测器本身的性能参量，还取决于目标的特征参量及探测环境的状态参量；不仅取决于三者的独立参量，还取决于三者间的相关参量。这一点可从最普遍的目标探测行为过程中得到说明，如当我们用眼睛探测（寻找或观察）某一目标（物体）时，我们探测到的该物体存在状态的准确度直接取决于以下几方面：

（1）探测器的性能参量——眼睛的视力、辨色力等。同样探测条件下，视力越好，辨色力越高，探测准确度越高。

（2）目标的特征参量——体积、形状、颜色、表面反光度等。同样探测条件下，体积越大，颜色越鲜艳，反光度越高，探测准确度越高。

（3）环境状态参量（如能见度等），它取决于以下两方面：

① 眼睛与被探测物体间介质的透光性等；

② 探测所借用的探测物理场源——光场的强弱。

相同条件下，能见度越高，探测的准确度越高。

（4）探测器与目标的相关参量——眼睛离目标的距离、目标偏离眼睛视野中心的程度等。显然，同等探测条件下眼睛与目标距离越近，目标越处于视野中心，探测准确度越高。

因此，本书研究工作，无论是机理分析还是理论建模，均将从系统的观点出发，以寻求探测器、目标及探测环境间的有机联系为突破口，探讨它们主要参量间的相互关系、相互作用和相互影响。

1.1.5 引信近程目标探测技术的特殊性

由于引信作用的一次性和使用的特殊性（两重性：对敌目标作用是正能量，若在我方阵地爆炸属负能量），引信技术中的近程目标探测技术与一般民用产品中所涉及的目标探测技术有着不同的内涵。近炸引信的近程目标探测技术，除了包含一般民用产品所涉及的某些目标探测技术的基本共性内容外，还需考虑以下几点特殊性。

1. 所探测目标的体效应性

弹目交会时引信探测器离目标很近，目标尺寸与引信作用距离可相比拟（甚至远远超出）。此时，同一时刻对应于目标体各点上的距离、相位均不一样，探测器不可视目标为点目标，而应视为分布式的体目标。

2. 所探测目标的多样性

与一般民用产品探测固定（或单一）目标不同，一种近炸引信有时需要能探测多种目标。这是由引信所配用的弹药不同则攻击目标不同所决定的。引信探测的主要目标有不同类型的地面、水面及其上面的有生力量，以及飞机、坦克、装甲车、舰船等不同装甲目标。这些目标不仅几何特征差异甚大，而且其物理、化学特征也各具特色。

3. 探测过程的瞬态性

由于一般近炸引信弹目交会所经历的时间甚微，为保证引信目标探测的实时性，往往要求引信从开始感受目标信息至有效识别出目标在几毫秒甚至数百微秒量级的时间内完成。

4. 探测器相对目标探测姿态的不确定性

探测器相对目标探测姿态的不确定性是由弹目相对弹道不唯一性所导致的弹目交会姿态角（落角或着角）变化的任意性所致。

5. 探测器工作条件的严酷性

探测器工作条件的严酷性包括以下几方面：

（1）高过载、强冲击的弹道工作环境。因为配用于不同发射载体的弹药（如导弹、火箭弹、炮弹等）上的目标探测器应经受上百至数万个 g 的冲击加速度。

（2）全天候、全地域的自然工作环境及大跨度的工作环境温度。为满足军用探测器对不同季节、不同战场环境的适应能力，一般战技指标要求引信不仅能抵御各种自然干扰，而且应在 -40 ℃～55 ℃正常工作（空军产品低温要求 -55 ℃）。

（3）复杂的强电磁干扰环境。这是由现代战争的信息战特征所决定的。

6. 探测器结构空间的局限性

探测器结构空间的局限性是由微小型系统或武器系统可支配给引信探测器设计空间的有限性所决定的。由于引信探测器本身的体积极其有限，因此设计者必须在探测器设计中想方设法地提高单位体积内的技术功能效率。

以上几方面是进行近炸引信近程目标探测技术研究及引信设计必须考虑的基本前提，也是本书开展磁引信近程目标探测技术理论研究的基本前提。

1.2 磁近炸引信技术的形成与发展

如同近炸引信的产生与发展一样，磁近炸引信的产生与发展离不开需求牵引与技术推动。它诞生于一战结束时，二战初期开始应用，至今经历了漫长的发展道路。随着科学技术的进步与推动，武器性能不断提高，武器系统对弹药性能提出了越来越高的要求。现代战场的强电磁环境和电子对抗水平的提升，要求弹药具有很强的抗电磁干扰的能力，除此之外，一些特殊弹种对近炸引信的特殊要求等，都促使引信工作者不断探索新原理、新技术的引信，以满足武器系统对引信性能的要求。磁近炸引信就是在这种需求下发展并逐步壮大起来的。

近 10 多年来，随着新战争理念（无失防御与智慧/高效征服）的推崇，对武器系统提出了精准打击与智慧/高效毁伤的新要求。世界诸军事强国在武器系统发展上已经从以武器平台为重点转向以高效毁伤弹药为重点的发展模式，弹药已成为武器系统中发展最为活跃的领域之一。作为武器弹药关键子系统的引信，随着微电子技术、微机电技术和毫米波、激光、红外光电技术等高新技术的大量应用，近年来发展更为活跃。随着战争越来越向着信息化、立体化、快速、多变的方向发展，对引信的智能化、精确化、小型化、抗干扰能力、实时性等方面也提出了新的要求。现代战争中，信息的获取与占有对胜负起着决定性的作用，而目标探测与识别正是信息获取的主要途径。目标探测与识别是通过一定的测量装置对固定或移动目标的距离、位置、方位角或高度信息等进行非接触测量的过程。测量到的信号经过特殊的识别方法能正确地给出相关的信息。根据目标特性的不同，目标探测与识别包括多种探测方式。目前主要的探测方式有无线电探测（如毫米波、微波等体制）、激光探测、红外探测、磁探测和声探测等。

磁探测体制因工作于保守物现场，具有抗电子干扰能力强，不受云、雾、尘、烟、光等复杂战场环境影响等优点而成为中近程目标探测体制中的重要成员。作为目标探测的一种重要方式，磁探测的应用较为广泛。随着磁敏感材料的推陈出新，磁探测技术有了长足的发展，较成熟的磁探测方法及装置如图 1–1 所示，其中电磁感应法和电磁效应法应用得最为广泛。大多数磁引信武器系统，如反坦克弹、地雷、水雷、鱼雷等，其探测电路均是基于法拉第电磁感应定律的探测机理设计的，线圈加铁芯的固定模式也在主动磁引信和被动磁引信中得到了广泛应用。随着磁探测技术的飞速发展，诞生了先进的、基于巨磁阻抗（GMI）效应和隧道磁电阻（TMR）效应的磁探测手段，本书将重点阐述这两种磁探测技术。

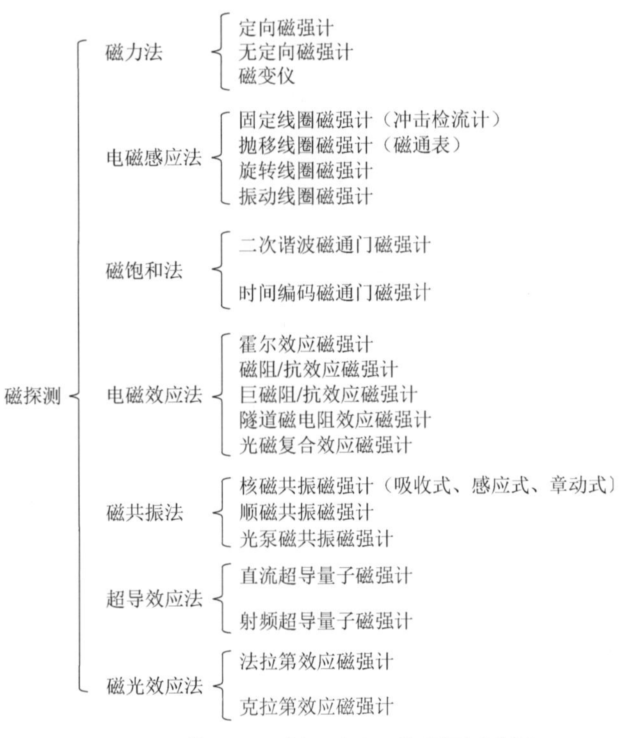

图 1-1 基于不同磁探测原理的磁探测装置

磁引信又称磁感应引信，它是利用目标的铁磁特性，在弹目接近时使引信周围的磁场发生变化，从而检测目标的引信。

最初磁引信是利用铁磁舰体在地磁场中引起的磁场变化量或磁场变化率而动作的简易传感器。它从探测磁场的垂直或水平分量单一量的变化到探测接收两个分量或三个分量的变化，再发展到探测接收总磁场量等几个阶段，即：从磁针型引信、径向感应线圈棒，到利用二分量磁强计和三分量磁强计，直到总磁场磁强计等多种类型的磁引信。

磁引信按其工作方式可分为：静磁引信、动磁引信和磁梯度引信。静磁引信是利用磁场强度某一分量的绝对幅值变化量，依据目标磁场强度分量幅值变化信息而动作的引信。当目标靠近引信一定距离，感应到目标磁场达到或超过某阈值时，即认定目标已进入被攻击范围，静磁引信开始工作；动磁引信是利用目标磁场强度某一分量随时间的变化率而工作的被动磁引信；磁梯度引信是利用磁场分布空间不均匀变化信息而工作的磁引信。

从应用层面来看，磁引信主要应用对象涉及两大领域：

（1）水域：包括水雷、鱼雷及反潜、反舰武器磁引信等。

（2）陆域：包括地雷、反坦克弹、炮弹及导弹武器磁引信等。

磁引信最早在水雷中得到运用，世界各国的水雷中有 80%使用磁引信。它是在第一次世界大战结束时研制成功的，但在第二次世界大战初期才用于实战。一直被广泛应用于各式水雷之中。如美国的 MK5、MK56、MK57 和速击水雷系列 MK65、MK67，法国的 TSM3510、TSM3530 底雷，意大利的 VSM60 和 MR80/1 底雷等，这些水雷均采用磁引信或与其他体制引信探测器组成的复合引信。

在陆地战场，磁引信也广受青睐。配备磁引信的武器系统能提高对坦克、装甲车辆等大型铁磁目标的识别能力和抗干扰能力。如德国的 AT-II（梅杜萨）反坦克地雷引信就是一种声-磁复合引信。而以色列的“改陶”则是一种用于反坦克导弹的磁-激光复合引信。美军的“陶”式重型反坦克导弹上配备了智能磁引信系统后，可通过磁场检测坦克轮廓，精准控制弹头攻击防御薄弱的坦克顶部（即所谓的掠飞攻顶），显著提高了对坦克的毁伤能力。国内的 84 式 GLD220 非触发反坦克地雷用全保险型感应式定磁引信，耐爆性能更好，对于雷电电磁波及弹片均有较好的抗干扰能力，可炸穿 110 mm 厚的坦克或装甲车的车底。

铁磁效应的本质是铁磁体具有改变周围一定范围内磁场特性的能力。属于这样的铁磁体有铁、钴、镍等。铁磁体对其周围磁场产生影响的大小取决于铁磁体的质量、形状及其铁磁性。

许多物体（尤其是军事目标），如坦克、舰船、桥梁等，它们或用大量钢铁材料制成，或内部含有电机、通信设备等。总之，它们都含有大量铁磁材料。这些铁磁材料在地球磁场或其他人造磁场的长期作用下被磁化，而这些被磁化的物体又使其所处位置附近的地球磁场发生畸变。磁引信可以探测这些畸变而达到探测目标的目的。因此，磁引信可以探测具有铁磁性的目标，在合适的弹目相对位置（距离）输出起爆信号引爆战斗部（弹丸）。

如果弹与目标的相对速度不大，则允许用具有一定机械惰性的元件作为敏感元件。虽然敏感元件具有一定的机械惰性，但还是跟得上外界磁场的变化的。例如，水雷用磁引信就采用磁针来控制电路。磁针根据外磁场的大小、方向进行旋转和取向，即电路的工作状态受外磁场控制。这种磁性水雷由于制造简单，布设方便，隐蔽性好，爆炸威力大，在第二次世界大战时得到广泛运用。现代水雷往往采用复合探测体制的引信。

如果弹与目标的相对速度甚大，则可利用感应线圈作为敏感元件，这是用得最为广泛的方法。下面介绍利用感应线圈作为敏感元件的两个磁引信的实例。

利用感应线圈作敏感元件的磁引信通常又可分为主动式磁引信和被动式磁引信两种类型。主动式磁引信本身辐射电磁场，而被动式磁引信本身不辐射电磁场。

1.2.1 一种配用于反坦克导弹的主动式磁引信

一种用于反坦克导弹的主动式磁引信的作用原理如图 1–2 所示。其炸高按弹丸要求确定，其较合适的炸高为 0.5～1.5 m。引信中有发射机和接收机。发射机产生辐射电磁场，接收机一方面接收发射机直接辐射来的电磁场，产生直耦感应电动势；另一方面又接收来自目标的涡流磁场，产生信号电动势。引信中的信号处理电路从接收机中拾取有用信号作为引信的工作信号。

如图 1–2 所示，引信放置于导弹的头部。发射机的辐射线圈 2 向周围空间辐射电磁场。在导弹飞行过程中，辐射线圈随导弹一起运动，该辐射场主要沿轴向作用，即磁场主要沿导弹纵向分布，还有一部分磁场沿导弹横向分布（垂直于弹轴方向）。接收线圈 3 放置在导弹的前端，与辐射线圈相隔一定的距离。当接收线圈 3 的轴线与弹轴平行时，主要探测轴向目标；当其轴线垂直于弹轴时，主要探测侧向目标。在图 1–2 中，线圈轴线与弹轴夹角小于 90°，以便于探测侧前方的目标。

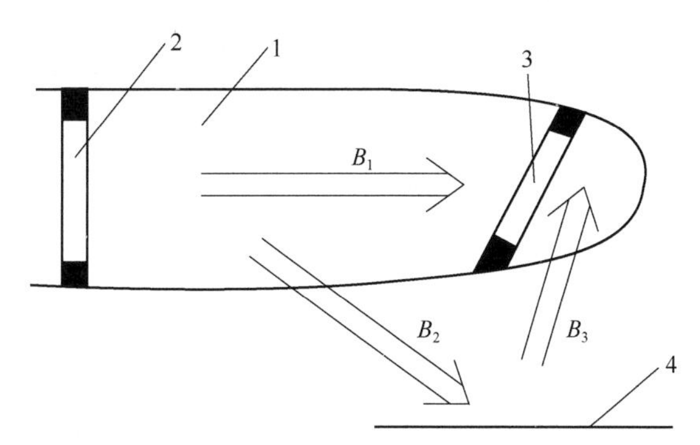

图 1–2 主动式磁引信的作用原理

1—引信体；2—辐射线圈；3—接收线圈；4—目标

辐射线圈 2 产生的电磁场的一部分（B_1）直接被接收线圈 3 接收而产生直耦感应电动势；另一部分（B_2）向空间辐射，遇到目标时在目标外壳表层中产生涡电流 $\dot{I}_V$。这种涡电流产生相应的涡流磁场（B_3），并在接收线圈 3 中感应出信号电动势。若能比较这两种电动势，即可鉴别出是否探测到目标。下面介绍如何实现这种鉴别。

该种引信作用原理框图如图 1–3 所示。

可按电路功能将图 1–3 所示的原理框图分为 4 个部分：发射机、接收机、目标识别和点火电路。下面简述其工作过程。

振荡器 1、导引电路 2 和发射线圈 3 构成发射机部分。振荡器产生频率为 f_0 的正弦振荡，经导引电路向辐射线圈输送一个电流 $\dot{I}_f$。辐射线圈向空间辐射频率为 f_0 的电磁场，磁场的一部分（B_1）被接收线圈（或称探测线圈）直接接收。

相位调整电路 6、振幅调整电路 7、相位误差修正装置 18、放大器 8、比较器 19、带通滤波器 9、检波器 10、高通滤波器 11、电平检波器 12、延时电路 13 构成目标识别部分（信号处理器）。在未遇到目标时，相位调整电路和振幅调整电路输出幅度相等但相位相反的两路信号，因此放大器 8 无输出。若此时放大器 8 有残余电压输出，经比较器和滤波器也可以抑制掉。当弹目接近时，由于涡流磁场 B_3 的作用，使得放大器 8 有信号输出。比较器 19 和电平检波器 12 控制目标识别处理的时间和启动电平，滤波器用以排除干扰。

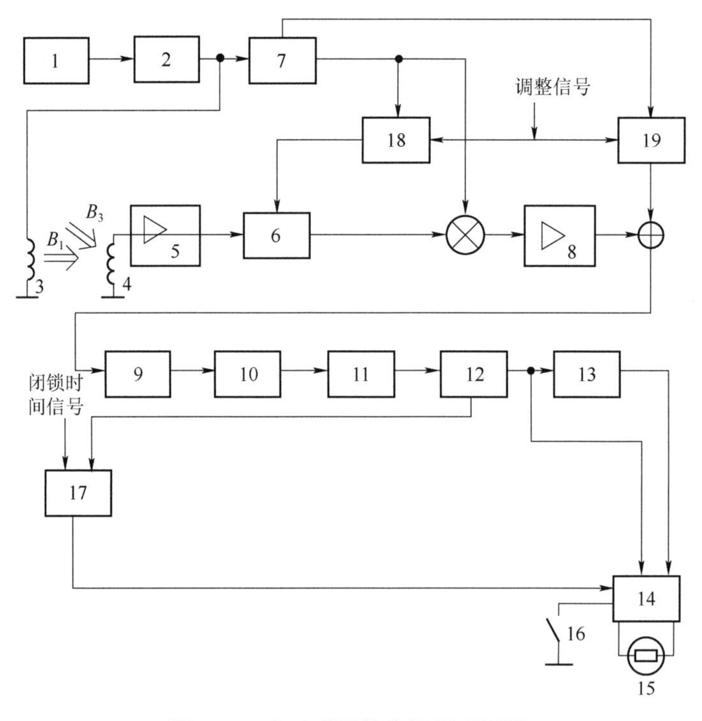

图 1-3　主动磁引信作用原理框图

1—振荡器；2—导引电路；3—发射线圈；4—接收线圈；5—放大器；6—相位调整电路；7—振幅调整电路；8—放大器；9—带通滤波器；10—检波器；11—高通滤波器；12—电平检波器；13—延时电路；14—与门；15—电雷管；16—开关；17—闭锁装置；18—相位误差修正装置；19—比较器

点火电路由与门闸流管、起爆电容、电雷管和碰炸开关组成。其工作过程不再详述。

闭锁装置 17 是为了保证引信在弹道上不误动作而设置的。闭锁时间由最小攻击距离确定。

发射线圈和接收线圈间的距离直接影响引信的作用距离。一般情况下，两线圈间的距离小，引信的作用距离也小。但间距也不能过大，间距太大会使磁场的 B_1 部分被导弹内部的金属物反射，在接收线圈中产生干扰信号，并使到达接收线圈的 B_1 减弱。因为 B_1 太弱或太强都不利于识别目标。若 B_1 太强，可在两线圈间采用金属件，以适当

减弱 B_1。用此种引信的弹的壳体一定采用非金属材料，环形线圈要装在壳体内。

图 1–3 中其他部分为激光探测部分，此处不作介绍。

1.2.2　一种航弹用被动式磁引信

该引信配用于低阻航弹，由载机外挂投弹。该航弹主要用来封锁交通，攻击机动车辆和有生力量。这种被动式磁引信具有以下几个特点。

（1）目标进入引信作用区，直到弹目距离最小时引信才引爆炸弹。若目标进入引信作用区后前进的过程中还未达到最近点而改变方向离开炸弹，则引信就在它刚开始离开时引爆炸弹。

（2）对所攻击目标的速度有选择。目标的接近速度在 1～90 km/h 范围以外时引信不会启动。因此，当战场上的弹片或其他炮弹飞过时，引信不会受到干扰而产生误动作。

（3）引信平时以小电流工作，仅 0.6 mA。因此可以维持工作 4～5 个月。当电源电压降到一定值（工作 4～5 个月，且之前未遇到目标）时自炸。

（4）此引信灵敏度较高。对车辆作用距离为 25 m 左右，对人员（哪怕是仅带一支钢笔）在 1 m 范围内可以起作用。

1. 引信组成

引信电路组成框图如图 1–4 所示。诸部分功能如下：

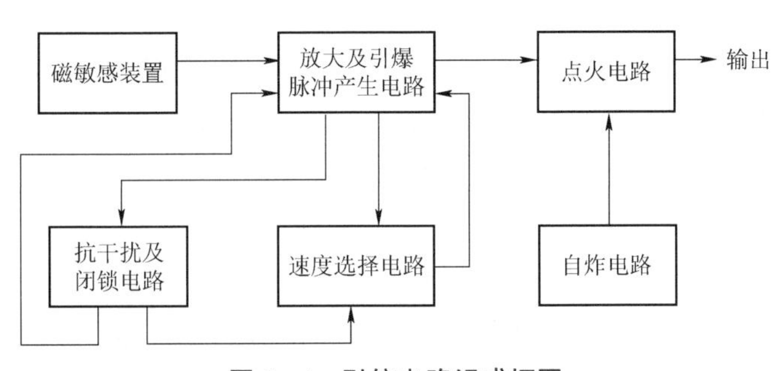

图 1–4　引信电路组成框图

（1）磁敏感装置：利用铁磁物体能使物体附近地磁场畸变的特性来探测铁磁目标，并把目标靠近的信息转换成电压信号。

（2）放大及引爆脉冲产生电路：把微弱的目标信号电压放大并在目标接近最有利杀伤位置时输出一个启动脉冲，触发起爆电路。

（3）速度选择电路：当铁磁目标以 1～90 km/h 的速度接近时，速度选择电路输出一个控制方波，控制引爆脉冲产生电路送出引爆脉冲。当目标速度小于 1 km/h 或大于 90 km/h 时，它控制引爆脉冲产生电路不输出引爆脉冲。

（4）抗干扰及闭锁电路：该电路有以下三个作用：

① 从弹刚离开载机到入地的这段时间（2～3 min）内，该电路输出一个闭锁方波，

使引爆脉冲产生电路闭锁，因而在该段时间内不产生引爆脉冲，实现了远距离解除保险。这样，一方面可以保证载机的安全，并且在弹下落过程中避免由于地面或地面上的铁磁运动物体而使引信作用；另一方面也提供了炸弹落地后引信电路工作稳定所需要的时间。

② 当速度较高的铁磁体飞过时，该电路产生 1 min 闭锁方波，使引爆脉冲产生电路闭锁，从而避免其他弹丸爆炸时飞过来的弹片使引信产生误动作。

③ 当出现其他内外干扰时，该电路也输出 1 min 闭锁方波给引爆脉冲产生电路。

（5）自炸电路：由于工作时间过长或其他原因致使电源电压下降到一定程度时引信电路不能正常工作，此时该电路输出一个启爆脉冲给起爆电路，以引爆电雷管。

2. 作用原理

1）磁敏感装置

磁敏感装置包括磁敏感头、鉴频器和检波器，其方框图如图 1–5 所示。

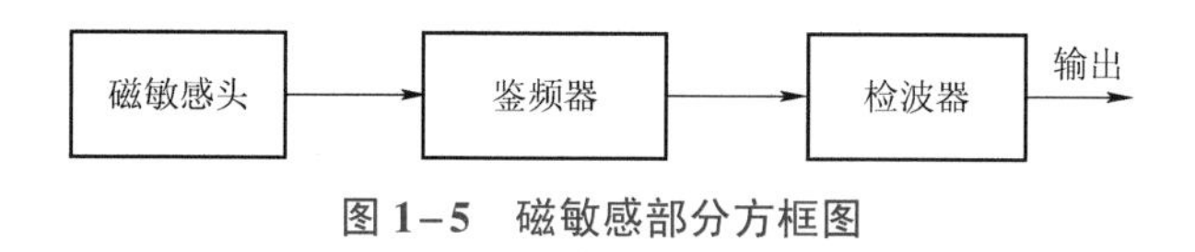

图 1–5　磁敏感部分方框图

磁敏感装置的核心是磁膜，它是由特殊磁性材料做成的面积为 3.6 cm^2、厚度为 10～5 cm 的磁性薄片。该磁膜具有很好的导磁特性。磁场强度 H 有很小的变化，可使导磁系数 μ 值有很大的变化，远远大于普通的磁性材料。该磁膜置于矩形空心线圈之内。线圈有两个绕组：一个为高频回路线圈 L_2，另一个为静磁平衡线圈 L_0。磁膜外装有 4 个永久磁针，提供一个固定磁场。线圈 L_0 中通以直流电流产生固定磁场。这两个固定磁场使得 L_2 内磁膜的磁场强度为 H_0，磁膜刚好在 H_0 附近变化率（$\mathrm{d}\mu/\mathrm{d}H$）最大。恰当选择 H_0 相当于选择磁敏感装置的灵敏度。当有铁磁物体进入磁敏感装置周围空间时，通过磁膜的磁力线减少，磁膜处磁场强度减小，磁膜导磁系数 μ 相应减小。由于 L_2 的电感量与 μ 值成正比，所以 L_2 的电感量也减小。这样就把目标靠近的信息转换成了高频线圈电感量的变化。

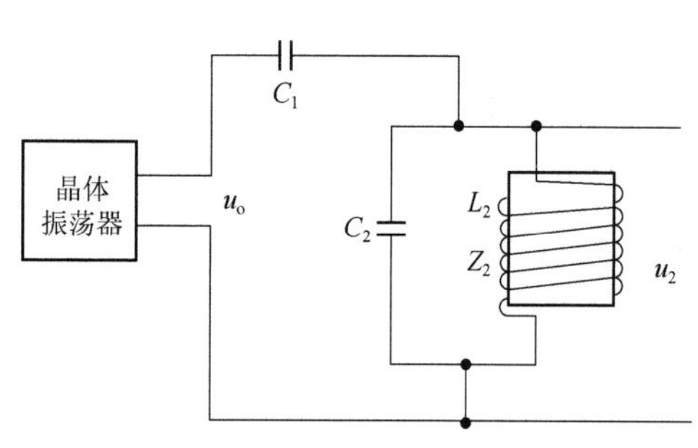

图 1–6　磁敏感鉴频器电路

为了把 L_2 的电感量变化转变为电压的变化，即设计了磁敏感鉴频器，如图 1–6 所示。

电感 L_2 与电容 C_2 构成并联谐振回路，其谐振频率 f_2 略高于晶体振荡器的振荡频率 f_0。如果 L_2C_2 回路的 Q 值足够高，那么其谐振阻抗会很大，且具有很好的选频特性。设振荡频率为 f_0 时回路阻抗为 Z_2，此并联回路与电容 C_1 串联后接于晶体振荡器的输出端。当没有目标出现时，并联回路和 C_1 将对晶体振荡器的输出按阻抗大小分配，如图示谐振回路输出为 u_2。当目标出现使 L_2 变小时，则并联谐振回路谐振频率将升高，若谐振曲线形状不变，Z_2 将显著变小，而晶体振荡器输出电压不变，则 u_2 势必变小，这样就把电感量的变化变成了电压的变化。

由以上分析可见，目标由远至近，u_2 将连续变小；当弹目距离最近时，u_2 最小；当目标由最近点开始远离时，u_2 又不断增加，其波形如图 1-7 所示。

可以用检波器把 u_2 幅度的变化检测出来，该信号即为磁敏感装置输出的目标信号，它反映了弹目的距离信息。检波波形如图 1-7 所示。

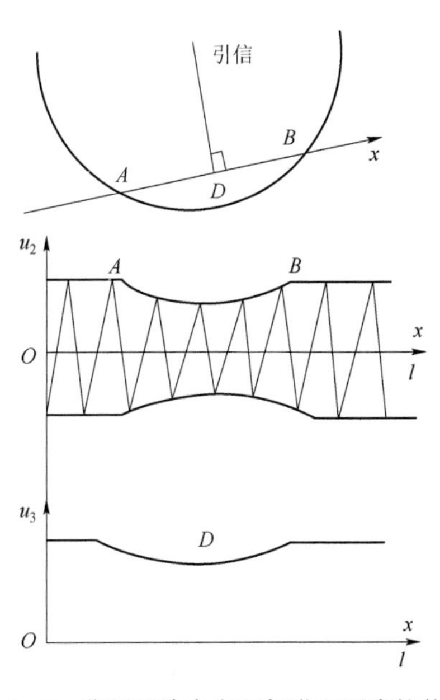

图 1-7 鉴频器输出电压与弹目距离的关系

2）放大及信号处理电路

该电路包括引爆脉冲形成电路、速度选择电路、抗干扰电路和自炸电路。其作用是识别目标，抑制干扰，保证在引战最佳位置给出启动信号。放大及信号处理电路框图如图 1-8 所示。

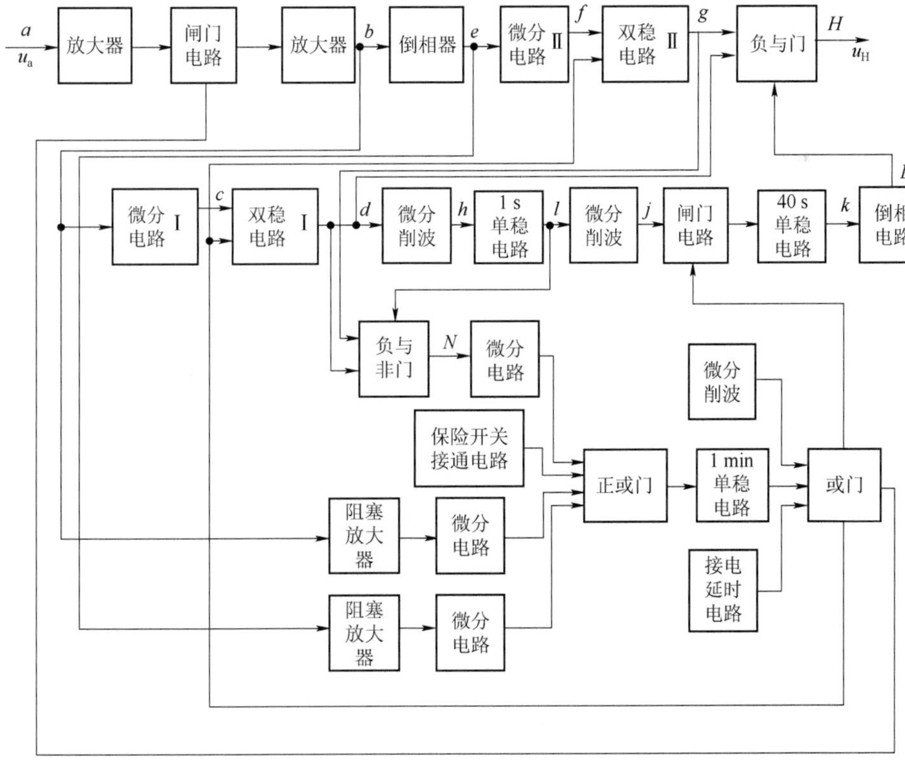

图 1-8 放大及信号处理电路框图

（1）引爆脉冲形成电路。电路由图 1–8 中上面一行方框及第二行左边两个方框构成。图中各点电压波形如图 1–9 所示。

由磁敏感装置输出的目标信号电压u_a幅度较小，经放大器放大后通过闸门电路再送给后级放大器。闸门电路相当于一个开关，是抗干扰和闭锁电路的一部分。在正常情况下，不出现抗干扰电路闭锁方波，闸门导通，信号电压通过。当炸弹刚由载机投下的一段时间内以及遇到快速铁磁体飞过等干扰时，由抗干扰电路送来一个 1 min 的闭锁方波，闸门电路不导通，信号通不过，从而不会产生引爆脉冲。

通过闸门电路的信号经放大后其形状（u_b）与输出信号（u_a）相同。此信号分成两路，一路送给微分器，经微分的信号（u_c）去触发双稳态触发器。若双稳态电路的翻转电平为u'和u''，则当u_c低于u'或高于u''时电路工作状态发生转换，如图 1–9 所示，它对应着引信不断接近目标，到最近点后又开始远离的情况。另一路经倒相、微分后变成极性与u_c相反的电压u_f，u_f加到与上述双稳电路完全相同的一个双稳态触发器上。当u_f由正变负并低于u'时，电路翻转，输出由高电位变成低电位。若电路设计使得$|u''|>|u'|$，那么，双稳电路Ⅱ翻转时双稳电路Ⅰ尚未发生翻转。所以从$u_f=u'$到$u_c=u''$的Δt时间内，u_d和u_g同时处于低电平并加到负与门上。如果此时速度选择电路的输出也是低电位，则负与门就输出一个起爆脉冲u_H。

由以上分析不难看出此种炸弹为什么仅在弹目相距最近时起爆，或目标在接近过程突然离开时起爆。

（2）速度选择电路。在分析引爆脉冲形成电路中已知，其最后一级负与门有两个输入端，即引爆脉冲形成有两个必备条件：一个是引信与目标距离最近，另一个是速度选择电路也同时有负脉冲输出。所以速度选择电路是在所规定的速度范围内（1～90 km/h）输出负脉冲的电路，在其他速度时它不产生负脉冲，故不可能产生引爆脉冲。图 1–8 中第二行右 6 个方框构成速度选择电路。弹目接近速度 1～90 km/h 体现在电路中是 1～40 s 范围内到达最近点才会产生引爆脉冲。速度选择电路各点波形如图 1–10 所示。

引爆脉冲产生电路的双稳态触发器Ⅰ的输出方波u_d经微分削波后得到一负脉冲u_h，这个负脉冲就出现在目标进入引信工作区的时刻t_A。用此负脉冲u_h去触发 1 s 单稳电路，单稳电路产生 1 s 宽的方波，此方波经微分削波得到正脉冲u_j。此正脉冲u_j比负脉冲u_h晚出现 1 s。因此正脉冲通过闸门电路去触发 40 s 单稳电路而产生 40 s 方波，u_k经倒相而变成 40 s 负方波u_L，这个负方波就是前面所讲的负与门的两个输入之一。因此，目标进入引信作用区直到最近点所用时间少于 1 s 或多于 40 s 都不可能产生引爆脉冲。

（3）抗干扰电路。抗干扰电路的作用是在引信刚接通电源或发现其他干扰时输出一个 1 min 闭锁方波，从而关闭两个闸门电路，使目标信号和 40 s 负方波信号不能生成，因而引爆脉冲不可能生成，保证了引信在接电和其他干扰作用下不产生误动作。

其电路表示为图 1-8 中的余下部分。

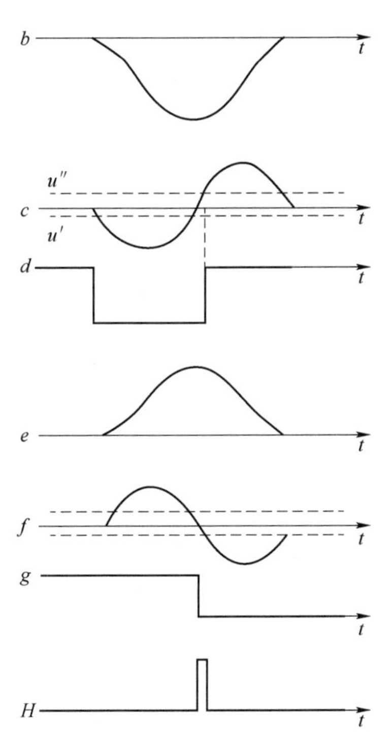

图 1-9 引爆脉冲形成电路各点电压波形

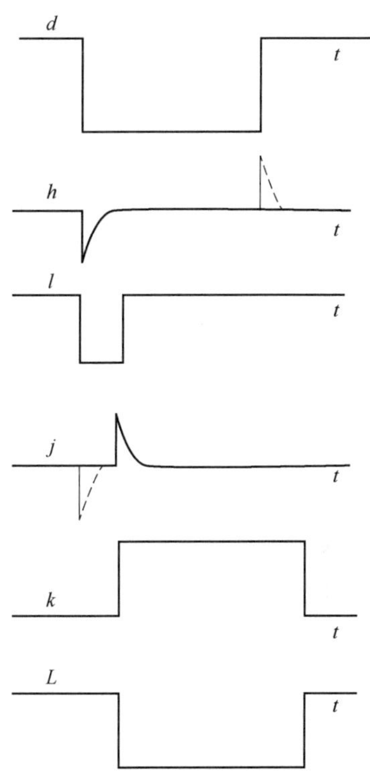

图 1-10 速度选择电路各点波形

接通电源时，接电延时电路产生一个宽度约为 1 min 的方波，通过或门送到速度选择电路和引爆脉冲产生电路中的两个闸门电路，使引爆脉冲不能形成。该方波还加至双稳态电路Ⅰ和Ⅱ，在闭锁方波消失时，使双稳态电路处于正常工作状态，因此又称其为双稳态电路的恢复脉冲。另一种情况是在保险开关接通时，送来一个接通信号正脉冲，通过正或门去触发 1 min 单稳电路，产生 1 min 正方波，通过或门送出 1 min 闭锁方波，使引信不会由于保险开关接通时产生的瞬态过渡过程所出现的干扰而产生误动作。为避免接近时间小于 1 s 但多次重复作用而引起引信误动作，采用了一个受双稳电路Ⅰ、Ⅱ和 1 s 单稳电路输出信号 u_d、u_g、u_i 控制的负与非门电路。当这 3 个信号都处于低电平时，说明 t_D 出现时间小于 1 s，负与非门输出一正脉冲 u_N，u_N 经过微分电路和正或门以后触发 1 min 单稳电路，使其产生 1 min 闭锁正方波。阻塞放大器的作用是防止 u_b 和 u_e 过大的干扰（当发生磁爆时就有这种现象）。阻塞放大器实质是两个工作在饱和状态下的放大器。当 u_b、u_e 很大时，由于这两个信号相位相反，所以电压会很低，使放大器处于截止状态。这时，其输出电压较高，经微分后得到一正脉冲，通过正或门触发 1 min 单稳电路，再通过或门送出闭锁方波。这就保证了引信在强干扰信号作用下不会发生误动作。

（4）自炸电路。如果炸弹投下 4～5 个月的时间内没有出现目标，自炸电路将自动引爆炸弹。自炸电路如图 1－11 所示。

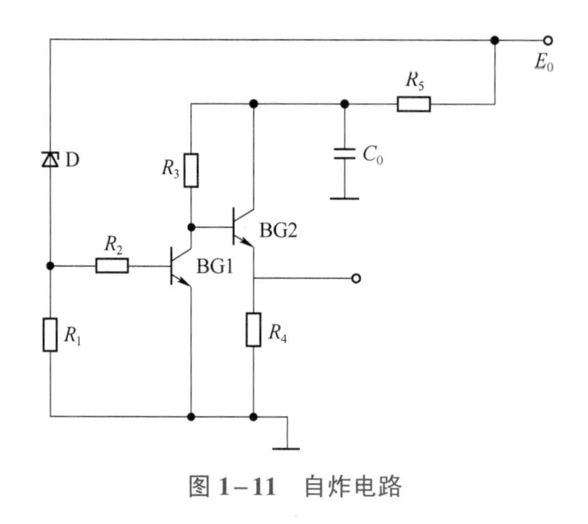

图 1－11　自炸电路

在图 1－11 中，D 是 7 V 稳压管，电源正常电压是 9 V。正常状态时 BG1 由 R_2 提供基极偏流，使 BG1 处于饱和导通状态，致使 BG2 处于截止状态，导致 BG2 射极无输出。当电源长期工作电压降至 7 V 时，稳压管 D 截止，即 BG1 变为截止，所以 BG2 导通，BG2 射极将出现高电位，通过或门推动起爆电路工作，实现自炸。

该自炸电路还有防拆卸作用。当对其进行拆卸使电路电源断开时，BG1 会截止，由于有大电容 C_0 的存在，BG2 可处于导通状态，其射极有高电位输出，使起爆电路工作，实现自炸。

以上简述了该引信主要部分的工作过程。配用该引信的航弹在越战中美国用来封锁交通曾起到关键作用。

1.3　磁引信探测物理场及其目标探测特征

磁近炸引信探测物理场为磁场，根据探测体制的不同，磁引信可分为主动磁引信与被动磁引信。目前，绝大多数磁引信武器系统均采用被动磁探测体制，如地雷、水雷及鱼雷等。其目标探测识别的原理为电磁感应定律。当变化目标磁场的垂直分量作用于磁探测器时，感应线圈回路中的磁通量发生变化，产生的感应电动势与目标（铁磁装甲目标、水面舰艇、潜艇等）磁场垂直分量 Z 的关系为

$$E=-KN\mu_r A\frac{dZ}{dt}\quad 或\quad E=-KN\mu_r A\frac{dZ}{ds}\tag{1-1}$$

式中　K——单位换算系数；

N——感应线圈匝数；

μ_r——铁芯物体磁导率；

A——铁芯磁棒的等效截面积；

$\mathrm{d}Z/\mathrm{d}t$——磁场垂直分量变化率；

$\mathrm{d}Z/\mathrm{d}s$——磁场垂直分量变化梯度。

式（1-1）中的两式分别是动磁引信和梯度磁引信的感应磁场表达式。

由于磁探测器的结构与材料是确定不变的，故感应电动势 E 仅与目标磁场垂直分量的变化率/变化梯度有关，即 E 直接反映了目标磁场的分布规律及目标运动速度等信息。这类磁引信是以感应磁场垂直分量的梯度变化或垂直分量的变化率作为特征参量的。一些反坦克导弹的引信系统采用主动磁探测体制，即引信系统由发射线圈、接收线圈及信号处理电路组成，发射线圈不停地沿弹体轴向（纵向）发射电磁场，当导弹接近铁磁目标时，接收线圈输出的检波电压包括目标磁场感应电动势及涡流磁场信号电动势。根据接收线圈中检波电压的变化趋势探测与识别目标。

当今有很多陆战、海战武器都配用了磁近炸引信并且已投入使用。从掠海飞行的反舰导弹，到掠飞攻顶的反坦克导弹；无论是空空导弹还是空地导弹，磁近炸引信在美国、俄罗斯等主要军事强国的多种型号导弹上均有所应用，它已成为新一代先进导弹的标志之一。俄罗斯“针”式导弹上的9249引信是以感受目标舰船的磁场垂直分量来工作的。这种引信的作用距离较大，但易受外界磁场的干扰而产生误动作。

1.4 经典磁引信探测器探测机理及典型应用

磁引信是随着现代作战环境的需求和各种磁探测技术的发展而出现且不断改进的一种近炸引信，它不受云、雾、尘埃和战场烟雾等环境因素的影响，很多国家在磁引信研究方面均取得了显著的成果，并应用于武器系统的设计。大多数磁引信武器系统，如地雷、水雷、鱼雷、反坦克弹等，其探测电路都是基于法拉第电磁感应定律进行设计的，还有的基于霍尔元件的电磁效应体制、基于磁通门的磁饱和体制以及新型的基于 GMR（巨磁阻效应）传感器的巨磁阻效应体制等。

1.4.1 基于磁性线圈的电磁感应体制

电磁感应引信是利用金属目标涡流特性，在弹目接近时引信探测线圈有效阻抗发生变化，即利用同相电压和异相电压发生变化来检测目标的引信，并给出了同相电压在弹目交会时的实验结果。如图 1-12 所示，当线圈中通以正弦交流电时，线圈的周围空间就会产生正弦交变磁场 H_1，置于此磁场中的金属导体

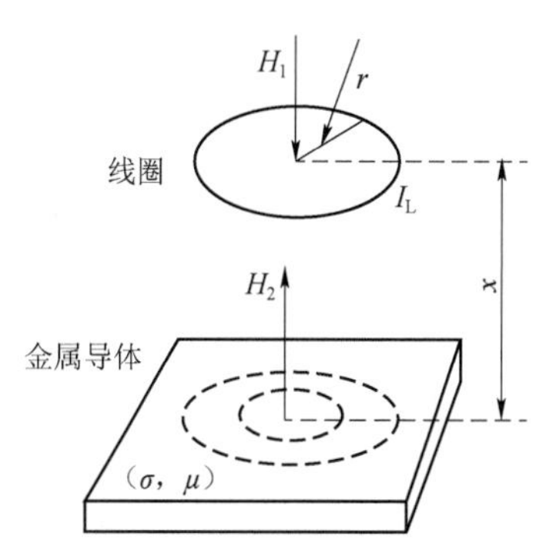

图 1-12 电涡流作用原理

将产生电涡流并产生电涡流交变磁场 H_2，磁场 H_2 与 H_1 的方向相反。研究金属目标对探测器的影响本质上是研究其表面涡流的分布情况，即金属目标表面的磁场分布。

金属目标与发射线圈之间形成互感，其等效电路如图 1–13 所示，根据基尔霍夫定律，可以写出电压平衡方程式：

$$\begin{cases} I_1R_1 + \mathrm{j}I_1\omega L_1 - \mathrm{j}I_2\omega M = U_\mathrm{S} \\ -\mathrm{j}I_1\omega M + I_2R_2 + \mathrm{j}I_2\omega L_2 = 0 \\ I_1Z_\mathrm{S} = U_\mathrm{S} \end{cases} \tag{1-2}$$

这里，U_S 恒定不变，求解式（1–2）得

$$Z_\mathrm{S} = R_1 + \frac{R_2\omega^2M^2}{R_2^2+\omega^2L_2^2} + \mathrm{j}\omega\left(L_1 - \frac{\omega^2M^2L_2}{R_2^2+\omega^2L_2^2}\right) \tag{1-3}$$

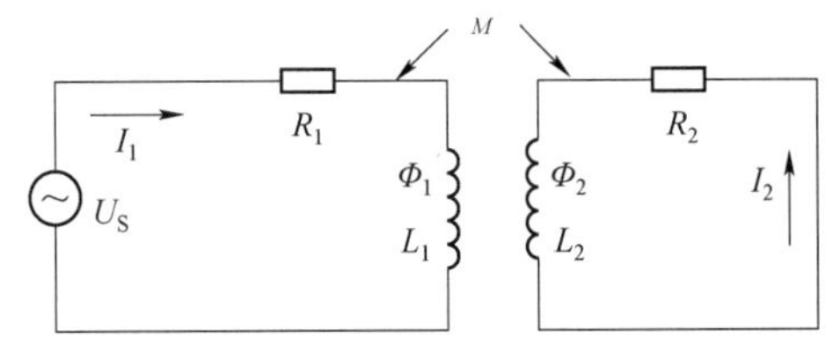

图 1–13　金属目标探测等效电路

从式(1–2)可以看出，由于涡流的作用，发射线圈的等效阻抗从原来的 $Z_0=R_1+\mathrm{j}\omega L_1$ 变为 Z_S，比较 Z_0 与 Z_S 可知，涡流影响的结果是使发射线圈阻抗的实部分量增加、虚部分量减少，使接收信号电阻分量增加、电抗分量减少。因此，探测线圈阻抗的实部、虚部和相位角即为反映目标信息的特征量。因此，式（1–3）即为该探测体制下的目标探测方程。

1.4.2　基于霍尔元件的电磁效应体制

基于霍尔效应，人们用半导体材料制成的元件叫霍尔元件。它具有对磁场敏感、结构简单、体积小、频率响应宽、输出电压变化大和使用寿命长等优点。如图 1–14 所示，在半导体薄片两端通以控制电流 I，并在薄片的垂直方向施加磁感应强度为 B 的匀强磁场，则在垂直于电流和磁场的方向上，将产生电势差为 U_H 的霍尔电压，它们之间的关系为

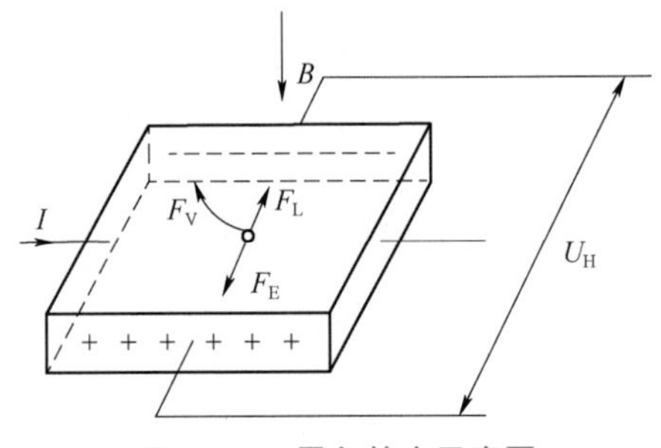

图 1–14　霍尔效应示意图

$$U_\mathrm{H} = k\frac{IB}{d} \tag{1-4}$$

式中　d——薄片的厚度；

k——霍尔系数，其大小与薄片的材料有关。

上述效应称为霍尔效应，它是德国物理学家霍尔于 1879 年研究载流导体在磁场中受力的性质时发现的。

由于霍尔元件产生的电势差很小，故通常将霍尔元件与放大器电路、温度补偿电路及稳压电源电路等集成在一个芯片上，称为霍尔传感器。使用霍尔器件检测磁场的方法极为简单，将霍尔器件制作成各种形式的探头，放在被测磁场中，因霍尔器件只对垂直于霍尔片表面的磁感应强度敏感，因而必须令磁力线和器件表面垂直，通电后即可由输出电压得到被测磁场的磁感应强度。若不垂直，则应求出其垂直分量来计算被测磁场的磁感应强度值。而且，因霍尔元件的尺寸极小，故进行多点检测，由计算机进行数据处理，则可得到场的分布状态，并可对狭缝、小孔中的磁场进行检测。

1.4.3 基于磁通门的磁饱和体制

磁通门传感器是矢量磁传感器，其原理于 1936 年由阿斯肯布伦纳提出，并于第二次世界大战中为从飞机上探测到敌方潜艇而发展起来。磁通门传感器就是利用某些高磁导率的软磁材料（如坡莫合金）作磁芯，以其一起在交流磁场作用下的次饱和特性及法拉第电磁感应原理研制成的测磁装置。其结构可看成是一个特殊的变压器，磁通门测磁法利用的正是这种特殊变压器的磁芯，当交变电流流过该变压器原边线圈时，磁芯反复被交变过饱和励磁所磁化，当有外磁场存在时，励磁变得不对称，变压器的输出信号受到外磁场的调制。通过检测输出的调制信号就可以实现对外磁场的测量。

磁通门传感器最初不仅用于磁引信来探测目标磁场信号，而且随着 UUV（无人水下航行器）技术的发展，利用高分辨率的磁通门传感器组成实时跟踪磁梯度计（RTG）搭载在 UUV 上进行掩埋磁性目标的探测也备受关注。2006 年 6 月，美海军利用蓝翼 AUV（自主式水下航行器）携带 RTG 对掩埋水雷进行探测定位试验。这次试验的探雷可信度达到了 95%，对掩埋水雷的探测直径范围在 10 m 左右，并且可以探测掩埋深度为 0～2.133 m 的水雷目标。

1.4.4 基于 GMR 传感器的巨磁阻效应体制

物质处于一定磁场下电阻发生改变的现象，称为磁阻（MR）效应。磁性金属和合金材料一般都有这种现象，磁阻传感器就是基于该原理而应用于我们生活中的磁目标探测。

磁阻效应是指导体或半导体在磁场作用下其电阻值发生变化的现象，而巨磁阻（GMR）效应在 1988 年由彼得·格林贝格（Peter Grünberg）和艾尔伯·费尔（Albert Fert）分别独立发现，他们因此共同获得了 2007 年诺贝尔物理学奖。研究发现，在磁性多层膜，如 Fe/Cr 和 Co/Cu 中，铁磁性层被纳米级厚度的非磁性材料分隔开来。在特定条件下，电阻率减小的幅度相当大，比通常的磁性金属与合金材料的磁电阻值高 10 余倍，这一现象称为“巨磁阻效应”。

巨磁阻效应可以用量子力学解释，每一个电子都能够自旋，电子的散射率取决于自旋方向和磁性材料的磁化方向。若自旋方向和磁性材料磁化方向相同，则电子散射率就低，穿过磁性层的电子就多，从而呈现低阻抗；反之当自旋方向和磁性材料磁化方向相反时，电子散射率就高，因而穿过磁性层的电子较少，此时呈现高阻抗。

如图 1–15 所示，上下两层代表磁性材料薄膜层，中间层代表非磁性材料薄膜层。箭头 a 代表磁性材料磁化方向，箭头 b 代表电子自旋方向，箭头 c 代表电子散射。图 1–15（a）表示两层磁性材料磁化方向相同，当一束自旋方向与磁性材料磁化方向都相同的电子通过时，电子较容易通过两层磁性材料，因而呈现低阻抗。而图 1–15（b）表示两层磁性材料磁化方向相反，当一束自旋方向与第一层磁性材料磁化方向相同的电子通过时，电子较容易通过，但较难通过第二层磁化方向与电子自旋方向相反的磁性材料，因而呈现高阻抗。

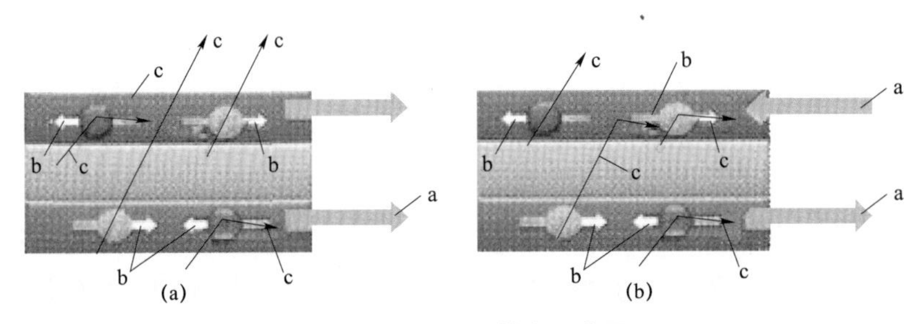

图 1–15　巨磁阻效应示意图

1.5　磁引信探测器发展趋势

磁引信的发展是以磁传感器发展为技术前提的。经调研，磁场传感器经历了不同发展阶段（如图 1–16 所示）：第一代传感器基于半导体技术，主要是以利用磁探测线圈感知磁通量的方法测量磁场的强弱，该传感器尺寸较大，灵敏度相对较低，分辨率约为 1 Gs；第二代磁场传感器以霍尔传感器、MR 传感器和 GMR 传感器为主要代表，在尺寸较小的情况下提高了磁场探测的灵敏度，其分辨率可达 0.01 Gs；第三代磁场传感器为 GMI 传感器，该传感器在体积、功耗、灵敏度等各方面的性能都有显著提高，且其分辨率可达 0.1 mGs。

基于 GMI 效应的非晶丝磁传感器主要有以下优点：

（1）由于非晶丝内部核心域和丝周围的轴向方向对退磁场的抑制作用，基于非晶丝的磁传感器探头灵敏度高，体积小，功耗低。

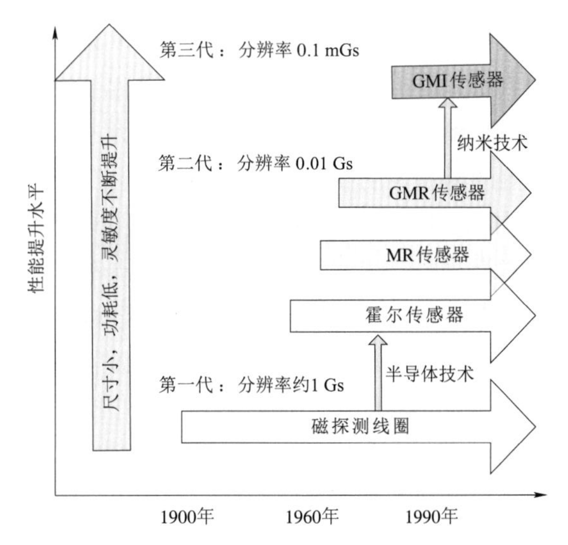

图 1－16 磁探测技术发展阶段图示

（2）非晶丝内部核心域之间的壁垒使电子达到一个阈值才会产生跳变，从而可有效地抑制噪声干扰，提高了磁探测器的灵敏度，其分辨率已超 nT 量级，最高甚至可达 pT 量级。

（3）非晶丝的强趋肤效应使得传感器具有高反应速率，可满足诸多传感器的实时性要求。

经资料调研，目前常用的 GMI 传感器与传统磁传感器性能比较如表 1－2 所示。由该表可以看出，相对传统的传感器而言，GMI 传感器和 Fluxgate 传感器一样具有交流分辨率约为 1 μOe 的高精度特性，而且具有与 hall 传感器、MR 传感器和 GMR 传感器相同的 10 mW 的低功率消耗和 1 MHz 的响应速度，但 GMI 传感器探头为 1～2 mm，更易实现传感器的微型化。所以，GMI 传感器是表 1－2 中唯一同时满足高灵敏度、尺寸微型化、响应速度快、功耗低等要求的磁传感器。由此可见，GMI 传感器是新一代高灵敏度磁传感器的重要发展方向之一，进而 GMI 磁引信必将是新体制磁引信的重要发展方向之一。

表 1－2 磁传感器性能参数对比表（1）

磁传感器	探头尺寸/mm	精度	响应速度	功耗
霍尔（hall）	10～100	0.5 Oe/±1 kOe	1 MHz	10 mW
磁阻（MR）	10～100	0.1 Oe/±100 Oe	1 MHz	10 mW
巨磁阻（GMR）	10～100	0.01 Oe/±20 Oe	1 MHz	10 mW
磁通门（Fluxgate）	10～20	1 μOe/±3 Oe	5 kHz	1 W
压磁阻抗（SI）	1～2	0.1 Gal/30 Gal	10 kHz	5 mW
巨磁阻抗（GMI）	1～2	1 μOe/±3 Oe	1 MHz	10 mW

由于传统的磁引信探测器大多基于金属涡流效应、电磁感应及霍尔效应。但利用这三种原理进行目标探测时存在高温环境下效果差、探测灵敏度低以及对目标磁场要求较强等缺点。若要进一步增强磁近炸引信的抗干扰能力，提高对目标的毁伤概率，就必须寻求一种具有良好软磁特性的新兴材料作为磁引信探测电路的敏感元件，使引信探测器的分辨率达到 nT 量级，从而保证对微磁、弱磁信号的检测。

非晶丝是一种新型磁性材料，该磁性材料的显著特点在于：在没有高频交变电流或脉冲激励的前提下，不会显示出任何的磁特性，因此该材料用于引信可抵御弹道上的各种有源和无源干扰。利用非晶丝的巨磁阻抗效应可显著提高引信的灵敏度和定距精度。非晶丝的体积很小，故可大大减小引信体积，有利于引信的微小型化。

另一种新型磁性材料就是隧道磁电阻（TMR），作为 TMR 传感器的磁敏感元件，它的磁性隧道结的两铁磁层间基本不存在层间耦合，所以只需要一个很小的外磁场即可实现铁磁层磁化方向的改变，引起隧道磁电阻的巨大变化，用于导航、制导及引信等武器系统可抵御弹道上的各种有源和无源干扰。同时，它可以直接接入集成电路，制成灵敏度高、响应速度快、磁滞小、温度稳定性高、功耗低的微型 TMR 磁场传感器，对新型磁引信探测器的发展具有重要意义。

TMR 传感器是利用隧道磁电阻作为敏感元件的磁传感器。表 1－3 所示为本书调研的另一常用主要磁传感器性能对比表。尽管两表所呈现的性能物理量不尽相同（其差异主要体现在表 1－2 有探测精度及响应速度，而表 1－3 中有探测灵敏度、磁场分辨率及温度特性），但其传感器类型、传感器主要性能参量及参数范围基本一致。由表 1－3 可明显看出，隧道磁电阻传感器相比其他磁传感器（包括 GMI 传感器）具有功耗更低、尺寸更小、灵敏度更高、动态范围更广、分辨率更高、温度特性好等优点。因此，TMR 传感器也是新一代高灵敏度磁传感器的重要发展方向之一，进而 TMR 磁引信也必将是新体制磁引信的另一重要发展方向。

表 1－3　磁传感器性能对比表（2）

类型 \ 指标	功耗/mW	芯片尺寸/mm	灵敏度/（$mV\cdot V^{-1}\cdot Oe^{-1}$）	动态范围/Oe	分辨率/$Hz^{-\frac{1}{2}}$	温度特性/℃
Hall	5～20	10×10	约 0.05	1～1000	>1 mT	<150
AMR	1～10	10×10	约 1	0.001～10	1～10 nT	<150
GMR	1～10	2×2	约 5	0.1～30	1～10 nT	<150
GMI	1～10	1×2	约 20	0.1～100	0.5～10 nT	<200
TMR	0.001～0.01	0.5×0.5	约 100	0.001～500	0.1～10 nT	<200

1.6 本书主要内容

基于上述分析，本书针对现代信息化战争条件下终端毁伤武器系统对新型磁引信技术的迫切需求，在阐述传统磁引信技术国内外发展状况及常用磁探测体制工作机理（主要包括基于磁性线圈的电磁感应体制、基于霍尔元件的电磁效应体制、基于磁通门的磁饱和体制及基于 GMR 传感器的巨磁阻效应体制）的基础上，针对国内、外磁探测领域发展前沿及磁引信最新发展趋势，着重探讨两种新型磁引信技术理论及应用——基于巨磁阻抗效应的 GMI 磁引信及基于隧道磁电阻效应的 TMR 磁引信的工作机理、电路设计、工程实现等，主要涵盖系统及电路设计、目标特性、目标与环境识别、信号处理方法、测试与仿真、引信实例分析等方面内容。

第2章　GMI磁引信探测机理与特性

本章提要　新型磁传感器技术的产生，必然推动新型磁引信技术的发展。随着巨磁阻抗（giant magneto–impedance，GMI）效应的发现，一种GMI磁引信新体制应运而生。为了设计实现高灵敏度GMI传感器并对铁磁目标进行精确探测，本章首先分析软磁材料的GMI效应原理及其阻抗变化规律，通过交变电流频段划分确定GMI探测器适用的频率范围。在分析典型GMI效应理论模型基础上，根据采用的交变电流频段选择合适的理论模型，然后探讨影响GMI效应的因素：一方面是软磁材料本身参数，如非晶丝合金成分、表面粗糙度、丝长度等；另一方面是交变电流的激励条件，如交变电流的频率和幅值。根据所选理论模型及实验数据，分析钴基非晶丝合金成分、表面粗糙度、丝长度以及激励电流的频率和幅值等因素对GMI效应的影响规律，并对钴基非晶丝和铁基纳米晶带这两种典型软磁材料的GMI效应特性进行对比，为探求具有更高GMI效应的软磁材料和研制高灵敏度GMI传感器提供理论与实验依据，并为GMI磁引信的研制奠定基础。

现代战争越来越向着信息化、立体化、快速、多变的方向发展，从而对导航、制导及引信等武器系统的智能化、精确化、小型化、抗干扰能力与实时性等提出了新的要求。非晶丝是一种新型磁性材料，该材料的显著特点在于：在没有高频交变电流或脉冲激励的前提下，它不会显示出任何磁特性，因此该材料用于导航、制导及引信等武器系统可抵御弹道上的各种有源和无源干扰。利用非晶丝的巨磁阻抗效应，可显著提高该类武器系统的探测灵敏度和定距精度。非晶丝的体积很小（普通的非晶丝直径约为150 μm，一般二维集成的MI（磁阻抗）传感元件尺寸为1.5 mm×0.5 mm），十分有利于该类武器系统的微小型化。

1992年，日本名古屋大学毛利佳年雄教授等发现，当高频电流或脉冲电流通过Co–Fe–Si–B（钴铁硅硼）非晶丝时，丝阻抗沿轴向外磁场发生巨大的变化，最大相对变化率达到50%～100%，此现象被称为巨磁阻抗效应。它比1988年发现的巨磁电阻效应的值要高1～2个数量级。这是目前世界上对微弱磁场最敏感的信息传感材料之一。它可以直接接入集成电路，制成灵敏度高、响应速度快（1 MHz）、温度稳定性高（−40 ℃～80 ℃）、功耗低（10 mW）的微型GMI磁场传感器。导弹的三维地磁匹配制导系统、磁近炸引信、可攻顶反坦克导弹复合引信等现代武器装备系统，都需要具有灵敏度高、响应速度快、温度稳定性好、功耗低、可微型化等优点的微磁传感探测技术。因此将非晶丝 GMI 微磁传感器用于引信或制导系统，不仅可提高上述武器系统抗有源干扰的能力及作用的可靠性，而且对于导航、制导及引信领域摆脱对 GPS（全球定位系统）、伽利略等系统的依赖均具有重要战略意义。

另外，坦克、装甲车、潜艇、舰船、鱼雷等陆地或海洋战场上的主战武器均属铁磁物质，在现代战争中起着举足轻重的作用。因此非晶丝微磁物理场探测技术无论是在导航、制导还是在引信领域均具有广阔的应用前景。

近年来，国外在非晶丝和纳米晶丝中发现了巨磁阻抗效应，由于利用该效应可使其探测灵敏度得到显著提高，因而在磁传感器技术中有广阔的应用前景，受到国内外专家的广泛关注。同时随着用于机器人控制的磁旋转编码器的高密度化及非破坏性磁探伤系统的高精度要求，对该类磁信号检测用的磁传感器的小型化及高速响应等性能提出了更严格的要求。在此背景下，利用非晶磁性材料的巨磁阻抗效应作为微型磁传感器的研究十分活跃。它们在微弱磁场测量、目标方位检测以及作为旋转编码器用磁头等方面获得了应用，并具有良好的特性。

与传统晶态磁性材料相比，非晶丝在机械、力学、化学及电磁性能上都有明显优势。近些年来，利用非晶态合金材料研制新型传感器的技术得到了迅速发展。至目前为止，国外已利用非晶态材料研制出可测量多种物理量的传感器。我国也在非晶态材料研制传感器及其应用方面均开展了相关研究。

20 世纪 90 年代初，日本名古屋大学毛利佳年雄教授等首先报道了在非晶态磁性材料中发现其交流磁阻抗随外加磁场而变化的现象，该现象在体现由磁场变化所引起的因果效应方面非常灵敏。非晶丝的灵敏度达 12%～120%/Oe，因此将此现象称为巨磁阻抗效应。在室温下显著的磁阻抗效应和低能量外磁场下的高灵敏度，使该效应在传感器技术和磁记录技术中具有巨大的应用潜能。接着美国波士顿大学教授 Humphrey、瑞典皇家工学院 Rao、日本 Unitika ltd 公司在 1994 年的“MMM－INTERMAG 联合会”和“快淬非晶磁性丝及应用研讨会”上均做了专题报告，对 GMI 效应的产生机制做了深入系统的分析，并就实验数据做了理论阐释。

毛利佳年雄教授等的研究成果表明，在适当的成分下，Fe－Co－Si－B 非晶软磁丝具有良好的软磁特性。磁致伸缩系数趋近于零（约 10^{-7}），因为负的磁致伸缩导致切向各向异性，从而使磁畴结构沿着磁丝呈环行畴排列。通过该磁丝中的电流产生了一个易轴场，该场使畴壁移动产生环形磁化。外加纵向场 H_{ex} 相对于环形磁场而言是一个难轴场，会阻止环形磁通的变化，即当 $H_{ex}=0$ 时，切向磁导率较大（约 10^{-4}），当 H_{ex} 增加时，切向磁导率随外磁场急剧减小，切向磁导率随外场灵敏度变化是巨磁阻抗效应产生的主要原因。

Panina 等在研究用急淬火法制造非晶软磁丝时发现，在电流频率较低的情况下（1～10 kHz），其感生电压下降 350%，灵敏度为 25%/Oe。这反映了切向磁导率随外磁场的灵敏变化。在较高的交变电流频率下（0.1～10 MHz），此时趋肤效应显著（即电子向丝表面趋移）。当外加 3～10 Oe 的磁场时，磁丝的总电压降是 40%～60%，灵敏度约为 10%/Oe。这些效应随外磁场变化不会出现磁滞现象，并且能在 1 mm 长和几个微米直径的非晶丝上得到，这对制作探测数量级为 10^{-5} Oe 的弱磁场的高灵敏度微磁传感器非常重要。

新型磁传感器技术的发展，必然推动新型磁引信技术的发展。笔者所带领的北京理工大学团队依托国家自然科学基金、总装预研基金等项目的支持，率先在 GMI 微磁传感器应用领域取得突破，使得首个 GMI 磁引信在 AFT-11 多用导弹上对坦克打靶成功。它对坦克目标的作用距离由普通磁引信的 2 m 提高至 6 m 以上，开创了磁引信探测的新体制。对此，本团队的“基于巨磁阻抗效应的新型铁磁目标探测技术”于 2018 年底获国防科学技术进步二等奖。

2.1 软磁材料 GMI 效应原理分析

2.1.1 GMI 效应原理

如图 2-1 所示，在软磁导体（如非晶丝、纳米晶带和非晶薄膜等）中通入幅值较小的交变电流，软磁导体的阻抗会随着外加轴向磁场 H_{ex} 而发生剧烈变化，该现象称为 GMI 效应。

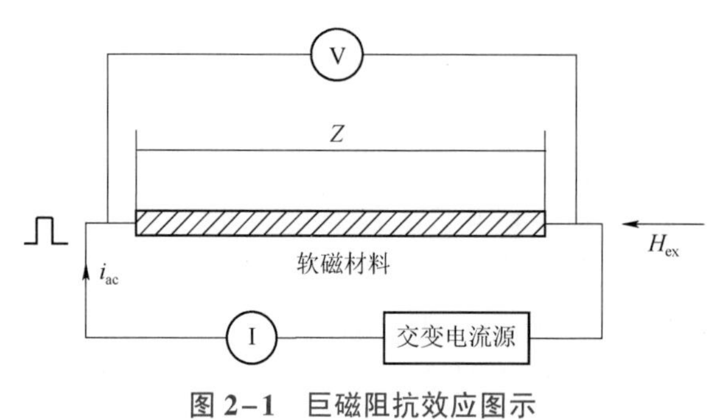

图 2-1 巨磁阻抗效应图示

图 2-2 所示为典型的非晶丝阻抗变化曲线，在频率为 0.5 MHz 的交变电流激励下，非晶丝阻抗 Z 随着磁场强度 H 的增加而迅速下降，在磁场强度达到 40 Oe 时，阻抗的变化趋于平缓。

在磁场强度 H 的作用下，阻抗 Z 的相对变化定义为 GMI 效应，其强弱用 GMI 比率表示，如式（2-1）所示，GMI 比率也称阻抗变化率。

$$\Delta Z / Z(\%) = \frac{Z(H) - Z(H_{\max})}{Z(H_{\max})} \times 100\% \tag{2-1}$$

式中　$H_{\max}$——使阻抗达到磁饱和的外部磁场强度，工程中一般取仪器设备的可用值为 $H_{\max}$ 的值，也有一些研究者取 $H_{\max}=0$。

值得指出的是，在外部磁场为零时，阻抗 $Z(0)$ 还依赖于材料剩磁状态，这样取值可能存在较大误差，故本书不采用零值。为了更清晰地表示非晶丝的 GMI 效应，按照式（2-1）计算图 2-2 中的数据，得到图 2-3 所示的阻抗变化率曲线。

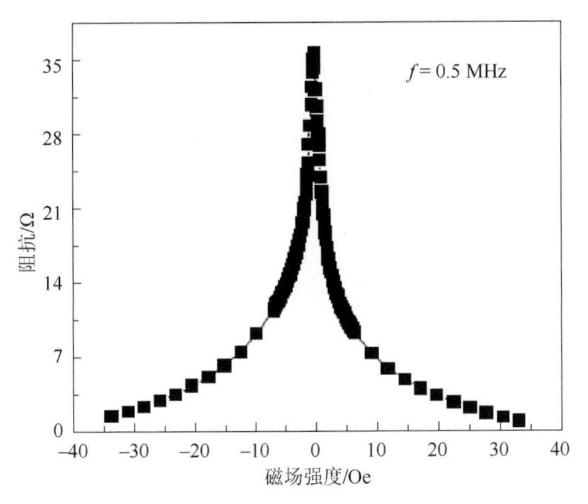

图 2-2　外磁场作用下非晶丝的阻抗变化曲线

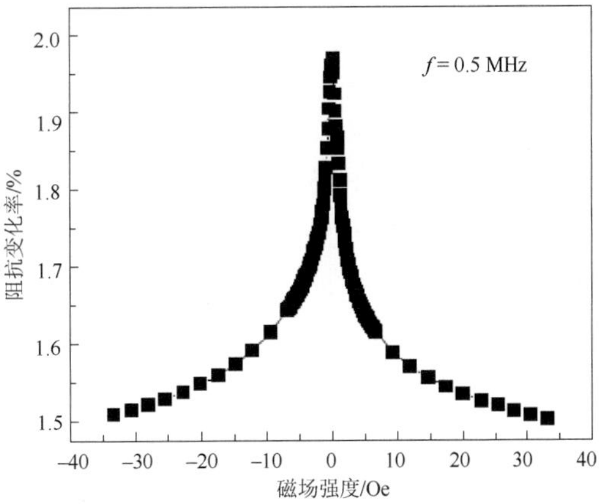

图 2-3　外磁场作用下阻抗变化率曲线

阻抗 Z 的相对变化越大，软磁材料的 GMI 效应就越强，依此制作的磁传感器的灵敏度就越高。为了设计出高灵敏度的 GMI 传感器，首先对软磁材料（磁导体）的阻抗进行理论分析。

2.1.2　磁导体阻抗分析

磁导体阻抗的标准定义是：$Z = R + \mathrm{j}\omega X_L$。$R_{\mathrm{dc}}$ 和 X_L 分别是磁导体的直流电阻和感抗，阻抗 Z 可以用 $U_{\mathrm{ac}} / I_{\mathrm{ac}}$ 计算，U_{ac} 为磁导体两端的测量电压，I_{ac} 为流过导体的正弦电流 $I = I_{\mathrm{ac}} \exp(-\mathrm{j}\omega t)$ 的幅值。图 2-4 所示为磁导体的阻抗定义图示，用电流表与非晶丝串联后可测量交变电流 I_{ac}，电压表与非晶丝并联后可测量其两端的电压 U_{ac}，通过 U_{ac} 和 I_{ac} 两个值即可计算出磁导体阻抗。

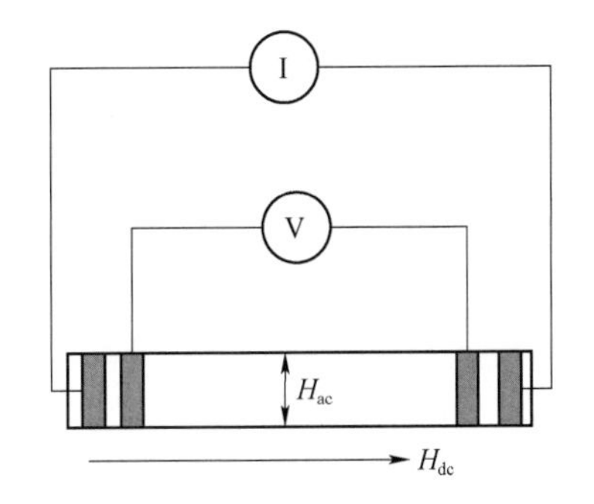

图 2-4　磁导体的阻抗定义图示

通过测量计算的磁导体阻抗只适用于均匀一致的磁导体，对于长度为 L、横截面积为 S 的金属铁磁体，假设近似线性，则其阻抗可用式（2-2）表示：

$$Z = \frac{U_{ac}}{I_{ac}} = \frac{LE_z(\text{Sur})}{S\langle j_z \rangle} = R_{dc}\frac{j_z(\text{Sur})}{\langle j_z \rangle_{\text{Sur}}} \tag{2-2}$$

式中　$E_z(\text{Sur})$——电场强度的轴向分量；

$j_z(\text{Sur})$——表面电流密度的轴向分量；

R_{dc}——直流电阻；

$\langle j_z \rangle$——电流密度平均值；

$\langle j_z \rangle_{\text{Sur}}$——横截面上的电流密度平均值。

另外，阻抗 Z 可以用表面阻抗张量 $\boldsymbol{\xi}$ 表示，其表达式如式（2–3）所示：

$$Z = R_{dc}\frac{S}{\rho L}\left[\xi_{zz} - \xi_{z\phi}\frac{H_z(\text{Sur})}{H_\phi(\text{Sur})}\right] \tag{2-3}$$

式中　ρ——电阻率；

L——导体的长度；

H_z，H_ϕ——激励电流在非晶丝中产生的交流磁场强度的轴向和环向分量；

ξ_{zz}，$\xi_{z\phi}$——表面阻抗张量 $\boldsymbol{\xi}$ 的对角元和非对角元。

在连续介质的经典电动力学框架下，通过同时解算麦克斯韦方程和 Landau–Lifshitz 磁化矢量运动方程，解得式（2–2）中电流密度 j 和式（2–3）中的磁场强度 H。铁磁导体属于非线性介质，在较小电流驱动条件下的麦克斯韦方程如式（2–4）所示：

$$\nabla^2 H - \frac{\mu_0}{\rho}H = \frac{\mu}{\rho}M - \mathbf{grad}\ \text{div}M \tag{2-4}$$

式中　μ——磁导率；

μ_0——真空中的磁导率；

M——磁化强度。

Landau–Lifshitz 磁化矢量运动方程如式（2–5）所示：

$$M = \gamma M \times H_{\text{eff}} - \frac{\beta}{M_s}M \times M - \frac{1}{\tau}(M - M_0) \tag{2-5}$$

式中　γ——旋磁比；

M_s——饱和磁化强度；

M_0——静态磁化强度；

H_{eff}——有效磁场强度；

β——吉尔伯特阻尼系数；

τ——弛豫时间常数。

有效场强可通过系统的自由能量密度计算，这和非晶丝试样的特定磁畴结构有关，电流密度与非晶丝试样的材料特性、非晶丝导体几何形状和磁化状态均有关。因此，同时计算式（2–4）和式（2–5）两个方程的精确解非常困难，本书根据简化假设条件和边界条件来解决这一问题。假设材料的磁感应强度和磁场强度是线性关系，即 $B=\mu H$ ，μ 是常量，利用这一关系和介质的边界可以同时解算麦克斯韦方程式（2–4）和 Landau–Lifshitz 磁化矢量运动方程式（2–5）。求得磁场强度 H 后，按照 H 与 j_z 的关系可求得：电流密度 $j_z=\text{rot}H$ ，按照式（2–2）可求阻抗值 Z 。简化磁化强度和磁场强度的关系为 $M=\chi_\text{m}H$ ，χ_m 为磁介质的磁化率，由式（2–3）得到经典趋肤效应方程，如半径为 a 的圆柱形磁导体的阻抗 Z 如式（2–6）所示：

$$Z=\frac{R_\text{dc}\bullet kaJ_0(ka)}{2J_1(ka)} \tag{2–6}$$

厚度为 $2d$ 的无限大平面磁导体的阻抗 Z 如式（2–7）所示：

$$Z=R_\text{dc}\bullet \text{j}kd\cot\text{th}(ikd) \tag{2–7}$$

式（2–6）和式（2–7）中：

J_0，J_1——零阶和一阶第一类贝塞尔函数；

a——非晶丝半径；

R_dc——直流电阻；

$k=(1+j)/\delta_\text{m}$；

j——虚部单位。

趋肤深度 δ_m 按照不同情况确定，在圆周磁导率 μ_ϕ 下，圆柱形磁介质中的趋肤深度如式（2–8）所示：

$$\delta_\text{m}=c/\sqrt{4\pi^2 f\sigma\mu_\phi} \tag{2–8}$$

在横向磁导率为 μ_T 下，无限大薄膜中的趋肤深度如式（2–9）所示：

$$\delta_\text{m}=c/\sqrt{4\pi^2 f\sigma\mu_T} \tag{2–9}$$

式（2–8）和式（2–9）中：

c——电磁波速；

σ——电导率；

$f=\omega/2\pi$——软磁材料中交变电流的频率。

根据式（2–6）、式（2–8）或者式（2–7）、式（2–9），可以解释直流磁场作用下的 GMI 效应原理。在圆柱形磁导体中，改变式（2–8）中磁性材料的圆周磁导率 μ_ϕ，会影响趋肤深度，从而影响软磁材料的 GMI 效应。在无限大薄膜磁导体中，通过改变式（2–9）中的横向磁导率 μ_T，可使趋肤深度变化，从而影响软磁材料的 GMI 效应。

为了获得较大阻抗变化率，需选择μ_ϕ值（或者μ_T）较大且 δ_m 和 R_dc 值较小的磁性材料，以减小趋肤深度，如图 2–5 所示，随着外加磁场 H_dc 的增大，磁性材料的磁导率增大，从而能够减小趋肤深度。图 2–5 中上半部分的曲线是外加直流磁场与趋肤深度和可逆磁导率的变化曲线，下半部分分别是非晶丝和非晶带趋肤深度与外加磁场的变化示意图。

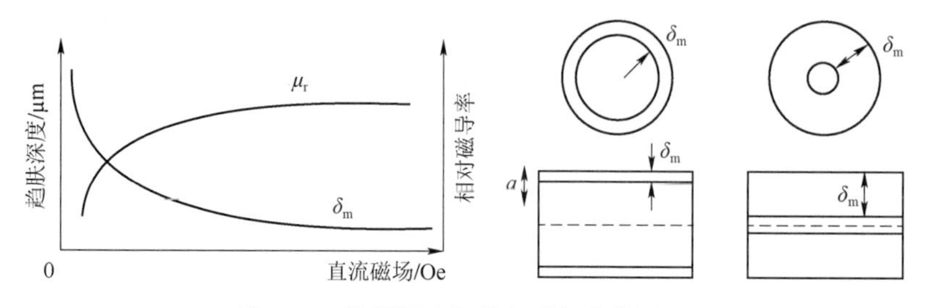

图 2-5 趋肤深度与外加磁场变化图示

阻抗 Z 的虚部和实部都会随着外加磁场 H_{dc} 发生变化，若进行一阶近似估算，直流电阻 R_{dc} 可用式（2-10）表示：

$$R_{dc}=(\rho L)/2\pi(a-\delta_m)\delta_m \tag{2-10}$$

由式（2-10）可知，外加直流磁场 H_{dc} 通过影响磁导率 μ_ϕ（或者 μ_T）的值改变趋肤深度 δ_m，从而影响 R_{dc}，使 Z 发生变化。趋肤深度通过测量 R_{dc} 按照式（2-10）估算。

非晶丝电感由式（2-11）表示：

$$L_D=0.175\mu_0 lf\langle\mu_r\rangle/\omega \tag{2-11}$$

式中 $\langle\mu_r\rangle$ ——平均相对磁导率。

外加直流磁场 H_{dc} 的变化会影响 $\langle\mu_r\rangle$，从而改变 L_D 和 Z。所以 R_{dc} 和 L_D 的变化都会对 Z 的变化产生影响，从而影响非晶丝的 GMI 效应。

2.1.3 GMI 效应中交变电流频段的划分与分析

软磁材料只有在交变电流的激励作用下才呈现 GMI 效应，要研究软磁材料 GMI 效应规律，应当对交变电流的频段和特征进行分析。按照交变电流频率 f 的高低，GMI 效应通常可分成低频、中频和高频三个频段。

（1）低频范围为 0～100 kHz，在此频率范围内，非晶丝两端的电压变化主要是由磁感应效应引起的，非晶丝的阻抗变化主要源于导体沿圆周磁化时产生的巴克豪森效应。对于丝状软磁导体（如非晶丝），在外加磁场 H_{dc} 的作用下，电感 L_D 和周向磁导率 μ_ϕ 成比例关系，阻抗变化主要取决于感抗的变化；对于平滑的薄膜磁体，如纳米晶带，电感 L_D 和横向磁导率 μ_T 成比例关系，阻抗变化也主要取决于感抗的变化。在低频范围内，趋肤效应较微弱，软磁材料的 GMI 效应也较弱。

（2）中频范围为 100 kHz～100 MHz，GMI 效应主要是在外加直流磁场的作用下，有效的磁场磁导率发生强烈变化而使趋肤深度发生变化，此频率范围内趋肤效应强弱依赖于软磁材料的几何形状。由于磁畴结构中磁畴壁的移动和磁化旋转，GMI 效应在 0.5～10 MHz 频率范围内能达到峰值。在高频范围内，GMI 效应会减弱，这是因为涡流作用使得磁畴壁受到强烈的抑制，只有磁化旋转对 GMI 效应有贡献。

中频范围可以细分为两个频率区间：在频率小于 10 MHz 的范围内，趋肤效应增强，外磁场引起材料磁导率发生变化，进而影响趋肤深度，材料的磁化过程由磁畴壁位移和磁矩转动构成，具有单峰值的阻抗变化曲线；在频率大于 10 MHz 范围内，涡流效应会强烈阻碍磁畴壁的位移，磁矩转动过程为主要的磁化方式，阻抗变化曲线呈双峰值形态。

（3）高频范围为 100 MHz～1 GHz，此时 GMI 效应与回转磁效应和铁磁弛豫有关，最大阻抗值转向更高的区域，此频率下软磁材料已饱和磁化。趋肤深度由于铁磁共振而剧烈变化。

由上面交变电流频率范围的划分和分析可知，在中频范围内非晶丝 GMI 效应能达到峰值，故该频段最有利于高灵敏度传感器的设计。本书选择中频段作为研究对象，并重点研究中频段 0.5～10 MHz 频率范围内的 GMI 效应。

2.2 GMI 效应理论模型

为了更好地阐释和理解实验数据，国内外学者提出了多个理论模型，并按照不同的标准（如软磁材料的几何尺寸、模型的磁畴结构等）建立了不同的模型。

1. 准静态模型

准静态模型是假设交变电流的频率足够小，系统在每一时刻都能保持平衡状态。在此假设下才能使用式（2–6）和式（2–7）以及式（2–5）计算出有效磁化率。当易轴方向与磁导体轴向垂直时，环向磁导率对 GMI 效应的贡献主要是由磁畴壁位移所致，而当易轴方向平行于磁导体轴向时，环向磁导率对 GMI 效应的贡献主要是由磁化旋转所致。准静态模型可以很好地解释在相对较低频率下各类软磁材料（薄膜、带材和丝材）中 GMI 效应的基本特征，但不能解释在中频和高频范围内 GMI 效应随频率的变化规律。

2. 涡流模型

准静态模型只适用于较低频率下的 GMI 效应，此时的趋肤效应非常微弱，而在较高频率下，趋肤效应变强，趋肤深度变大，除了趋肤效应对 GMI 效应所起的重要作用外，还应考虑环向磁导率对其的贡献。Panina 等提出涡流模型，能够计算非晶丝中周期性竹状磁畴结构的环向磁导率。值得指出的是：该模型的优点是在磁畴壁结构造成磁化不均匀时，式（2–6）和式（2–7）也能进行有效的近似计算。涡流模型能够很好地解释频率在 100 kHz～30 MHz 范围内 GMI 的基本特征和大部分实验数据。

3. 磁畴模型

磁畴模型和涡流模型相比，能更严谨地处理软磁丝材中的 GMI 效应问题，也能定性地解释非晶丝 GMI 效应中的单峰和双峰 GMI 曲线。尽管阻抗 Z 的理论计算值与实验数据非常一致，但环向磁导率的理论预测值和实验测试结果却存在很大差异。Betancourt 等通过修正完善磁畴模型解决了这一问题，即计算环向磁导率时只考虑感抗 X_L，而不使

用阻抗 Z，可以使预测值和实验值相接近，然而磁畴模型不能圆满地揭示非晶丝等磁性材料中磁导率谱发散的根本机制。Kim 等提出了一种唯象模型，在非晶丝和非晶带的磁导率谱分析中，对可逆的磁畴壁运动和磁化旋转加以区分。当非晶丝处于较小磁场作用时，通过该模型有助于在基本物理意义上理解磁畴壁位移和磁化旋转过程。

涡流模型和磁畴模型能很好地解释激励电流频率在 100 MHz 以下 GMI 效应的几个主要特征。激励电流频率继续增大会使趋肤效应变强，在趋肤深度变化到一定程度后，这两种模型都变得不准确，因为在频率很高尤其是接近 1 GHz 时，软磁材料中会产生铁磁共振（ferromagnetic resonance，FMR）现象，铁磁共振对软磁材料 GMI 效应起主要作用。在高频范围内，则需要考虑电磁模型和交换电导率模型。

4. 电磁模型

在高频范围内，磁畴壁位移对环向/横向磁导率的贡献和对 GMI 效应的贡献可忽略不计，而只考虑磁化旋转产生的作用。不考虑磁场之间的交互作用，可理论推算出式（2-4）和式（2-5）在 FMR 时的解法，Yelon 等提出了磁饱和状态下软磁材料的 GMI 效应和 FMR 之间的关系。能量的吸收可以理解为：在 FMR 频率下，由电磁辐射造成的阻抗的增加，其共振角频率如式（2-12）所示：

$$\omega_{\mathrm{r}} = \gamma\mu[(H + M_{\mathrm{s}})(H + 2K_{\mathrm{A}} / \mu M_{\mathrm{s}})]^{1/2} \tag{2-12}$$

式中　K_{A}——各向异性常数。

在共振磁场中，有效磁导率剧烈增加，趋肤深度非常小。在给定频率下，外加直流磁场 H_{dc} 的增加会导致谐振频率的转换，从而减小了磁导率并显著增强 GMI 效应，理论趋肤深度达到其最小值（约 0.1 μm），如式（2-13）所示：

$$\delta_{\min} = \sqrt{\beta\rho / \gamma\mu_0 M_{\mathrm{s}}} \tag{2-13}$$

趋肤深度达到最小值时阻抗变化率达到最大值。根据式（2-13），可不依赖频率计算出趋肤深度的最小值，从而计算出阻抗变化率的最大值。虽然理论上能获得较高的阻抗变化率，但在实验中难以达到，通常理论值远高于在实验中所获得的数据。

5. 交换电导率模型

上述电磁模型可定性解释在高频范围内软磁材料 GMI 效应的基本特征及大部分实验数据，但在其框架下不能解释另外的一些特征，需要考虑交换刚度的因素。磁化矢量运动方程和麦克斯韦方程中的有效磁场强度 H_{eff} 包含交换项，式（2-4）和式（2-5）需要同时求解。实际上，交换电导率受趋肤效应和交换作用的共同影响。由于趋肤效应，流经导体轴线的交变电流因感应作用而磁化，而从导体表面至导体内部磁化强度的交变成分逐渐减小至零，因此，磁化是不均匀的。另外，交换能量的增加会弱化趋肤效应，使得趋肤深度变大。不均匀的交变磁场会激发波长为趋肤深度量级的自旋波，从而增强涡流的能量耗散，这也解释了铁磁材料中电阻率显著增大的现象。

简化式（2–4）和式（2–5），当忽略阻尼系数（$\beta=0$）时，趋肤深度达到最小值，如式（2–14）所示：

$$\delta_{\min}=(A\rho/\omega\mu_0{}^2M_s^2)^{1/4} \tag{2-14}$$

式中，ω 小于特征角频率 ω_c，其值如式（2–15）所示：

$$\omega_c=4\beta^2\gamma^2AM_s/\rho \tag{2-15}$$

式中　A——交换刚度系数。

典型软磁材料（如非晶丝）的特征频率（$\omega_c/2\pi$）约为 100 MHz 量级。

在低频和中频范围（$\omega<\omega_c$）内，GMI 比率的理论最大值为 $\omega^{1/4}$ 量级，在特征频率之上（$\omega\geqslant\omega_c$）。通常 GMI 比率的理论计算中采用式（2–13）计算其趋肤深度。

交换电导率模型能够定性地解释频率和磁场对 GMI 效应的影响，其适用频率范围比电磁模型要宽，但是两种模型都不能在整体上解释 GMI 效应的问题，这是因为实际软磁材料的磁畴结构复杂，故需要给出近似的假设。

6. 其他理论模型

在薄膜材料中，考虑磁阻（MR）对磁阻抗（MI）效应的贡献，Barandiaran 等提出了简单的模型。这种模型认为 MR 和 MI 现象相类似，但两种现象的起因有所不同。MR 效应反映了磁性材料在磁场作用下其电阻的变化，这是因为在直流或低频电流激励下，磁场会对磁性不均匀系统中旋转离散电子的散射产生影响。而 MI 效应反映了在外加直流磁场中磁性导体材料受高频交变电流激励时的总阻抗（包括电阻和感抗）变化。通过理论计算，在低频电流激励时，MR 对 GMI 效应起主导作用，但在高频电流激励下，MR 对 GMI 效应的贡献可以忽略。

上述几个理论模型根据各自的假设能很好地解释特定频段的 GMI 效应特点和实验数据，但没有一个模型能解释所有频段的 GMI 效应。考虑本书讲述的激励电流频率范围为中频，所以选用磁畴模型作为 GMI 效应理论分析的基础，这样能使我们去严谨地分析和解释中频段交变电流激励下非晶丝的 GMI 效应，尤其适合处理 100 kHz～30 MHz 范围内非晶丝 GMI 效应的基本规律和实验数据。本书重点介绍 0.5～30 MHz 频段，包含在上述范围之内。

2.3　非晶丝和纳米晶带中的 GMI 效应

钴基非晶丝和铁基纳米晶带都是制作 GMI 传感器的理想选择，为使 GMI 传感器获得更优良的性能，许多学者都通过调整软磁材料的合金成分和后处理技术来提高 GMI 效应。钴基非晶丝和铁基纳米晶带正是由于包含这两种元素成分，才使得非晶丝具有优异的综合性能，并将钴和铁两种元素整合在一起，通过调整各自所占比例来探索非晶丝的 GMI 效应和磁场灵敏度。软磁材料的成分表达式为$(Co_{1-x}Fe_x)_{89}Zr_7B_4$，其中，$x$=0、0.025、0.05、0.1。纳米晶带在垂直于轴线方向、磁场强度为 400 Oe 的磁场中，在 540 ℃高温下经过 1 h 的退火处理，纳米晶带长 30 mm、宽 2 mm、厚 30 μm。

2.3.1 非晶丝和纳米晶带的阻抗变化率对比

合金成分为$(Co_{1-x}Fe_x)_{89}Zr_7B_4$的非晶丝和纳米晶带在频率分别为 0.5 MHz 和 3 MHz 的电流激励下，其阻抗变化率随磁场强度变化曲线分别如图 2-6～图 2-9 所示。

比较图 2-6 和图 2-7 中的两组曲线，可以看出在频率 0.5 MHz 的电流激励下，纳米晶带的阻抗变化率比非晶丝的大。

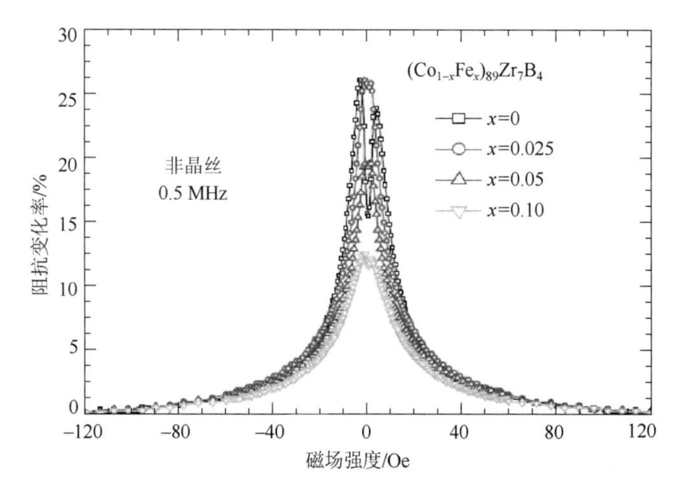

图 2-6 非晶丝在 0.5 MHz 电流激励下阻抗变化率随磁场强度变化曲线

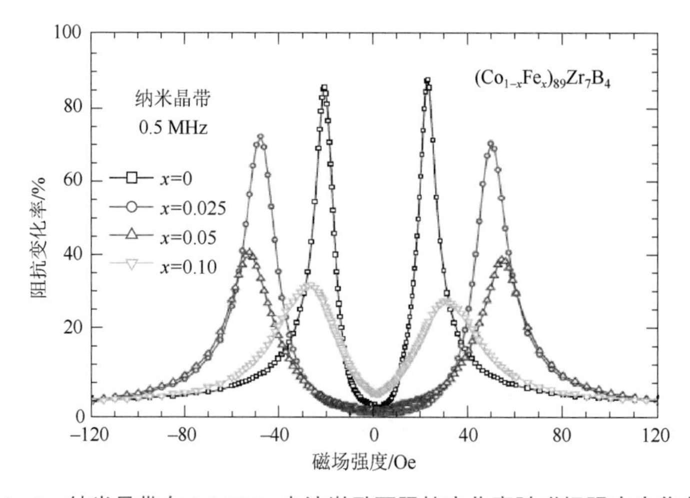

图 2-7 纳米晶带在 0.5 MHz 电流激励下阻抗变化率随磁场强度变化曲线

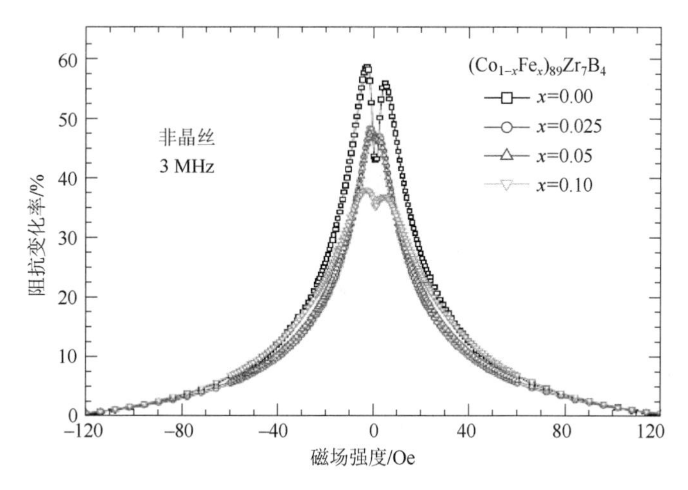

图2-8　非晶丝在3 MHz电流激励下阻抗变化率随磁场强度变化曲线

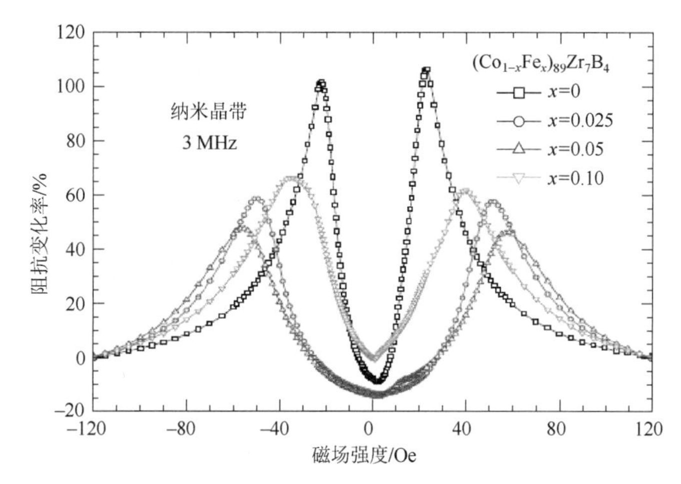

图2-9　纳米晶带在3 MHz电流激励下阻抗变化率随磁场强度变化曲线

比较图2-8和图2-9中的两组曲线可知，在3 MHz电流激励下，纳米晶带的阻抗变化率比非晶丝的高。在图2-6～图2-9中，随着铁元素的掺加，GMI效应特征发生了较大变化，阻抗变化率曲线也发生了较大变化，非晶丝和纳米晶带都出现了双峰特征，但双峰波形在纳米晶带中更加明显，这是因为在纳米晶带中存在较大的磁场感应各向异性。比较四组曲线可知，非晶材料在3 MHz的电流激励下比在0.5 MHz的激励下，趋肤效应更强，因而具有更大的阻抗变化率，在3 MHz激励下，纳米晶带中阻抗变化率超过了100%。

2.3.2　交变电流频率和幅值对GMI效应的影响

通常认为，非晶材料阻抗的变化与交变电流产生的环向磁化过程相关。因此，阻抗对交变电流有式（2-2）所示的依赖关系。交变电流的幅值越大，则阻抗值越大。理论计算可以预测非晶丝的 GMI 效应曲线具有双峰值（double peak，DP）特性，即非晶材料的阻抗变化率随着外加磁场的变化呈现 DP 特性，这种 DP 特性受交变电流幅值的影响较大，取典型的钴基非晶丝 $Co_{68.5}Mn_{6.5}Si_{10}B_{15}$（钴锰硅硼）做试验，在不同幅值交变电流的激励作用下，计算非晶丝的阻抗变化率，绘制不同幅值交变电流作用下阻抗变化率随磁场变化的曲线。如图 2-10 所示，交变电流幅值在 2.5～25 mA 范围内取 6 个典型值，在小电流时，阻抗变化率曲线显示了 DP 特性，此时磁畴壁产生移动，这种移动是可逆的；在较大电流时，由于矫顽力的作用，阻抗变化率曲线变为单峰值特性。随着激励电流的增大，钴基非晶丝的阻抗变化率降低，其 GMI 效应减弱。

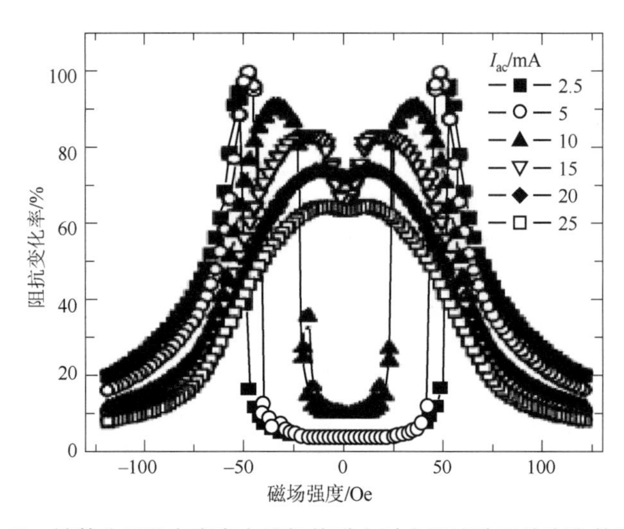

图 2-10　钴基非晶丝在交变电流幅值增大时由双峰波形转变为单峰波形

对于$(Fe_{0.94}Co_{0.06})_{72.5}B_{15}Si_{12.5}$非晶丝，随着 I_m 的增加，GMI 效应逐渐减弱，但是对于成分为 $Fe_{73.5}Si_{13.5}B_9Nb_3Cu_1$（铁钴硼铌铜）的铁基纳米晶带会迅速增强。对于铁基纳米晶带，在固定频率 3 MHz、不同幅值的交变电流作用下，随着激励电流 I_m 增加，其 GMI 效应增强，矫顽力 H_c 降低，且纵向磁导率变化率 $\Delta\mu/\mu$ 也减小，如图 2-11 所示。当激励电流大于 25 mA 时，由于横向磁化饱和，GMI 效应也趋于饱和，阻抗变化率曲线的轮廓变得平滑。

在激励电流幅值一定时，改变激励电流的频率，观察非晶材料阻抗变化率随磁场的变化情况，可绘制出如图 2-12 所示曲线。比较不同频率的交变电流激励下非晶材料阻抗变化率曲线，在频率小于 1 MHz 时，非晶材料阻抗变化率具有单峰特性，当频率增大时，阻抗变化率渐渐转化为双峰特性。GMI 曲线的单峰和双峰特性取决于磁畴壁位移与磁化旋转过程对环向或横向磁导率的贡献，当频率高于 1 MHz 时，非晶材料的各向异性增强，同时涡流效应阻碍了磁畴壁的位移，磁矩旋转占磁化过程的主导地位，此时曲线呈双峰特性。

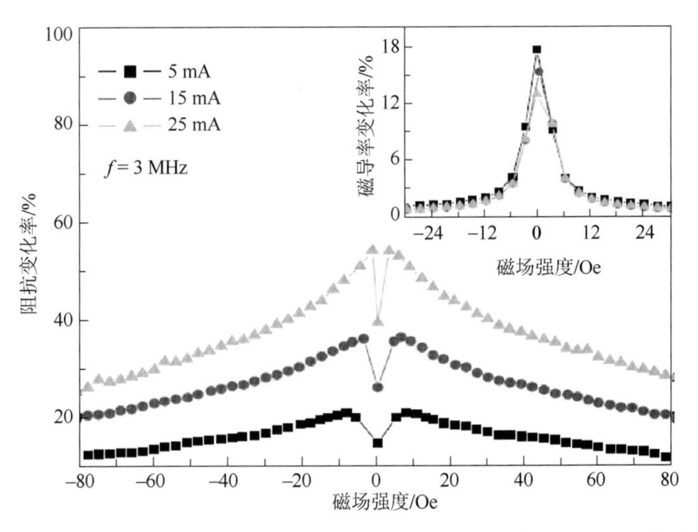

图 2-11 不同幅值电流下阻抗变化率和纵向磁导率变化率随磁场强度的变化曲线

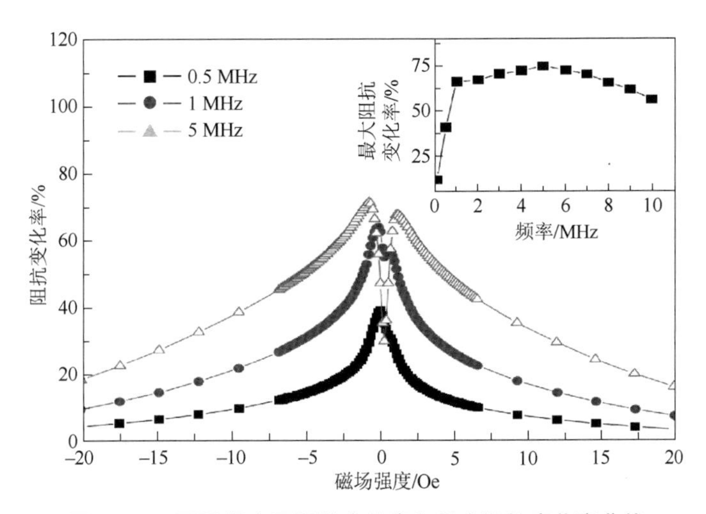

图 2-12 不同频率下阻抗变化率和最大阻抗变化率曲线

通过实验对比，纳米晶带的最高阻抗变化率比非晶丝高，所以具有更高的 GMI 效应，因为在纳米晶带中更容易产生双峰特性。但是双峰特性对于高灵敏度、高分辨率的传感器设计不利，因为在微弱磁场，即在磁场强度接近零点时，双峰的阻抗变化率很低，只有在磁场强度幅值 20 Oe 左右时，其阻抗变化率达到峰值，如图 2-7 和图 2-9 所示。非晶丝阻抗变化率呈单峰特性，在零磁场附近其阻抗变化率最高，如图 2-6 和图 2-8 所示。高灵敏度 GMI 传感器一般用来检测较低的磁场强度，即工作于磁场强度较低的场合，所以非晶丝更适合于设计微弱磁场 GMI 传感器。为提高磁引信对铁磁目的探测距离，本书第 3 章及第 5 章之所以选择非晶丝传感器作磁引信探测器前端，正是基于该结论。

2.4 钴基非晶丝的 GMI 效应

2.4.1 合金成分和表面粗糙度对 GMI 效应的影响

钴基非晶丝因为软磁特性好，具有优良的机械性能且磁致伸缩系数接近零，故非常适合制作 GMI 传感器。通常钴基非晶丝的成分为 Co-Fe-Si-B，研究发现非晶丝中加入少量的 Ni、Al、Cr 等，可有效提高钴基的非晶丝性能。经过试验研究，成分比例为 Co69%、Fe4.5%、X1.5%、Si10%、B15%的非晶丝具有更高的 GMI 效应，其中 X 表示 Ni、Al 或 Cr。

图 2-13 所示为钴基非晶丝在频率 $f=1$ MHz 的交变电流激励下其阻抗变化率 $\Delta Z/Z$ 和磁场强度的关系。从图 2-13 中的曲线可以看出，在 1 MHz 交变电流激励下，三种成分的非晶丝中，含铝非晶丝的阻抗变化率 $\Delta Z/Z$ 最大，含镍非晶丝的阻抗变化率 $\Delta Z/Z$ 最小。图 2-14 所示为钴基非晶丝在典型频率 $f=6$ MHz 交变电流激励下其阻

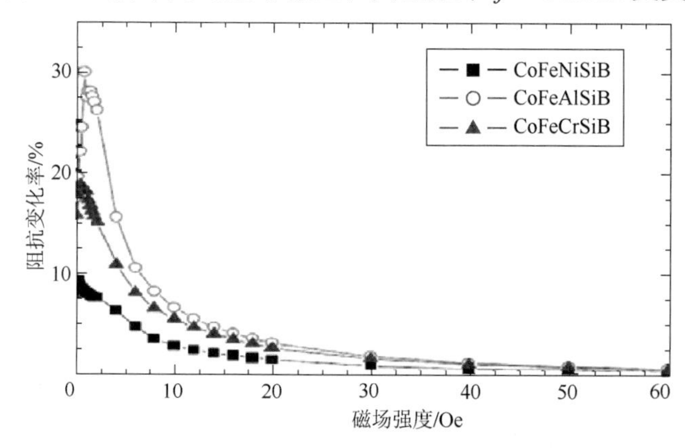

图 2-13 非晶丝在 1 MHz 交变电流激励下其阻抗变化率和磁场强度的关系

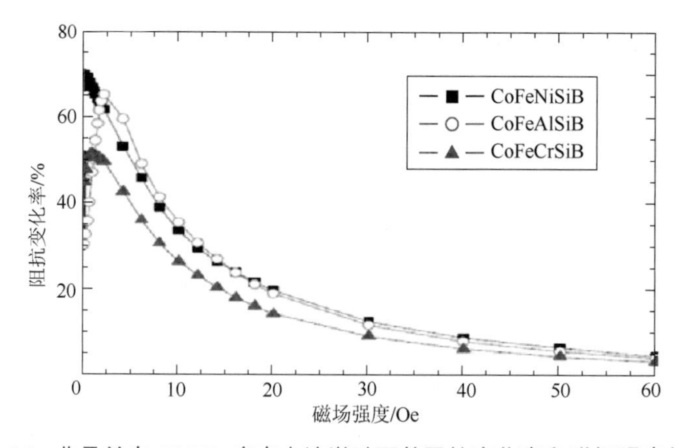

图 2-14 非晶丝在 6 MHz 交变电流激励下其阻抗变化率和磁场强度的关系

抗变化率 $\Delta Z/Z$ 和磁场强度的关系。从图 2–14 中可以看出，在 6 MHz 交变电流激励下，含铝或镍非晶丝的阻抗变化率 $\Delta Z/Z$ 最大（二者相差无几），含铬成分非晶丝的阻抗变化率 $\Delta Z/Z$ 最小。这说明非晶丝 GMI 效应不但受合金成分的影响，还随着激励电流频率的变化而不同。通过对比图 2–13 和图 2–14 中的两组曲线可得结论，即同一种材料下，在 6 MHz 交变电流激励下钴基非晶丝的阻抗变化率比 1 MHz 时高。即频率越高，其阻抗变化率越大。

为了更好地描述 GMI 效应的特征，根据图 2–13 和图 2–14 中的数据，绘制非晶丝阻抗变化率最大值 $[\Delta Z/Z]_{max}$ 随交变电流频率的变化曲线，如图 2–15 所示。随激励电流频率（0.1～10 MHz）的增加，三种成分的非晶丝阻抗变化率最大值 $[\Delta Z/Z]_{max}$ 先增至最大值，然后缓慢降低，最大值对应的频率称为截止频率 f_0。阻抗变化率的变化趋势可以用磁畴壁位移和磁化旋转对横向磁导率的相对贡献来解释，二者对横向磁导率产生影响，从而影响非晶丝 GMI 效应。在频率低于 1 MHz 时，$a<\delta_m$，$[\Delta Z/Z]_{max}$ 相对较低，这是因为磁感应电压对测量的磁阻起主要作用。当频率在 $1\ \text{MHz} \leqslant f \leqslant f_0$ 时，$a \approx \delta_m$，趋肤效应占主导地位，因此可以获得较高的 $[\Delta Z/Z]_{max}$。当激励频率高于截止频率时，阻抗变化率最大值 $[\Delta Z/Z]_{max}$ 随着频率的增加而降低，其原因是在此频率范围内，磁畴壁位移因为涡流作用而强烈弱化，降低了横向磁导率 μ_T 和最大阻抗变化率 $[\Delta Z/Z]_{max}$。

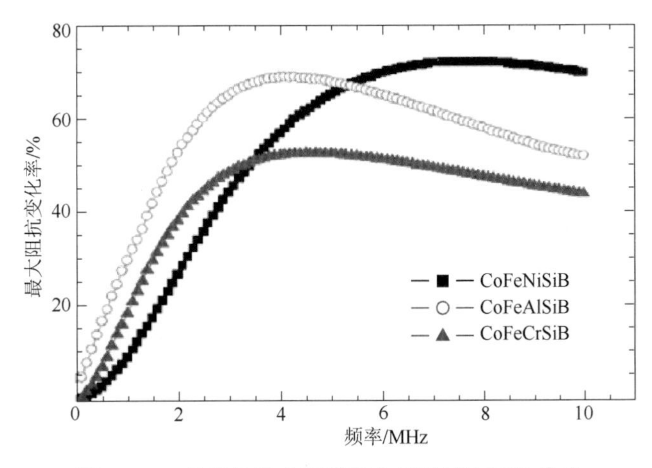

图 2–15　非晶丝最大阻抗变化率随频率变化曲线

按照式（2–16）计算非晶丝的磁场灵敏度 η，在不影响曲线特性的前提下，为简化只取 10 个代表性数据进行计算，然后绘制非晶丝磁场灵敏度随频率变化曲线，如图 2–16 所示。

$$\eta = (\Delta Z/Z)_{max} / \Delta(H) \tag{2–16}$$

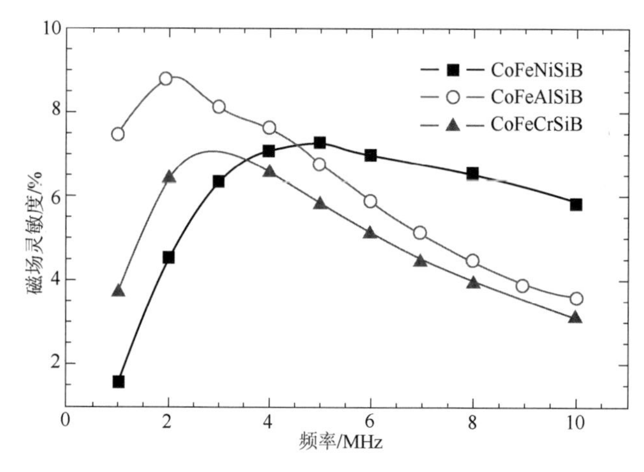

图 2-16 非晶丝磁场灵敏度随频率变化曲线

由图 2-16 中的曲线可以看出，在交变电流频率低于 5 MHz 时，含铝非晶丝具有最大的$[\Delta Z/Z]_{max}$和η，而在频率高于 5 MHz 时，含镍非晶丝具有最大的$[\Delta Z/Z]_{max}$和η。非晶丝内层和外层中的磁场活动规律是不同的，在低频交变电流作用下，趋肤深度δ_m反映了非晶丝内层的磁场活动；在高频交变电流作用下，趋肤深度δ_m反映了非晶丝外层的磁场活动。

在高频激励时，因为趋肤效应很强，故非晶丝的表面粗糙度会对 GMI 效应产生重要影响。相关文献给出了在频率 10 MHz 时，非晶丝趋肤深度δ_m的计算式，如式（2-17）所示：

$$\delta_m = aR_{dc}/(2R_{ac}) \tag{2-17}$$

式中 a——非晶丝直径；

R_{dc}——非晶丝的直流电阻；

R_{ac}——非晶丝在给定频率 10 MHz 交变电流激励时的交流电阻。

通过计算，趋肤深度比非晶丝的表面粗糙度大很多，因此在高频时，表面粗糙度产生的杂散磁场会削弱 GMI 效应。含铝非晶丝的表面粗糙度比含镍非晶丝大，所以，在激励频率大于 5 MHz 时，含铝非晶丝的$[\Delta Z/Z]_{max}$和η比含镍非晶丝的小。在频率 5～10 MHz 范围内，含铬非晶丝的$[\Delta Z/Z]_{max}$和η最小。这是因为含铬非晶丝的表面粗糙度最大，产生的杂散磁场最大，对 GMI 效应的削弱最严重，表面粗糙度对 GMI 效应的影响与实际测试结果一致。

2.4.2 非晶丝长度对 GMI 效应的影响

合金成分为$Co_{69}Fe_{4.5}Ni_{1.5}Si_{10}B_{15}$（钴铁镍硅硼）的非晶丝在 5～10 MHz 的频率范围内具有最高的阻抗变化率和磁场灵敏度。图 2-13～图 2-16 所示的曲线是在非晶丝直径一定的条件下进行实验测试的，而非晶丝的几何形状对非晶丝 GMI 效应也会产生很大的影响。当铁基纳米晶丝的长度从 8 cm 减小到 1 cm 时，其 GMI 效应也会降低。在钴基非晶带、铁基纳米晶带和 CoSiB/Cu/CoSiB 多层结构的薄膜中也发现了类似的现象。当钴基非晶丝的长度从 4 mm 减小到 1 mm 时，其 GMI 效应显著减弱。这些研究显示出一个规律：对于每一种软磁材料，都具有一个临界的长度，当材料长度小于临界长度时，随着试样长度的减小其 GMI 效应减弱；当材料长度大于临界长度时，随着试样长度的减小其 GMI 效应增强。这一理论在钴基非晶丝和铁基非晶丝中得到了验证。临界长度记为 L_0，当试样长度小于临界长度时（$L < L_0$），软磁材料中因形状各向异性的影响会破坏其磁畴结构，进而导致其 GMI 效应减弱。

本章选择了具有代表性的典型长度（L =2 mm、5 mm、8 mm、10 mm）的 $Co_{69}Fe_{4.5}Ni_{1.5}Si_{10}B_{15}$ 非晶丝，探讨这几种长度非晶丝的 GMI 效应和磁场灵敏度，频率范围选择 0.1～10 MHz。通过实验测试，确定 $Co_{69}Fe_{4.5}Ni_{1.5}Si_{10}B_{15}$ 非晶丝的临界长度 L_0，在此长度下具有最强的 GMI 效应和磁场灵敏度 η。同时讨论截止频率 f_0，在此频率的交变电流激励下，长 L_0 的非晶丝具有最强的 GMI 效应和磁场灵敏度 η，在非晶丝的长度大于或者小于临界长度时，GMI 效应和磁场灵敏度有所下降。

不同长度钴基非晶丝（$Co_{69}Fe_{4.5}Ni_{1.5}Si_{10}B_{15}$）的磁滞回线如图 2-17 所示。该图中曲线显示在非晶丝长度小于临界长度时其磁化未饱和，即表明磁畴结构的消失。

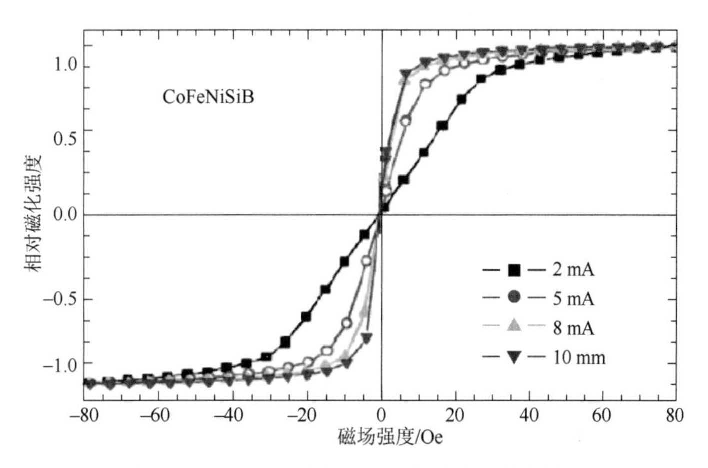

图 2-17　不同长度钴基非晶丝的磁滞回线

非晶丝的矫顽力 H_c 和初始磁化率 χ_i 随试样长度变化曲线如图 2-18 所示。从图中曲线可以看出，随着非晶丝长度从 10 mm 减小至 2 mm，矫顽力 H_c 增大，初始磁化率 χ_i 降低。值得指出的是：在试样长度小于 8 mm 时，初始磁化率 χ_i 急剧增长，这是因为在长度小于临界长度（L_0 约为 8 mm）时，软磁材料的软磁特性弱化，消磁效应占主导地位。由于强烈的消磁效应，在非晶丝的两端形成磁畴，这在很大程度上破坏了移动的磁畴结构，使磁畴结构消失，从而使初始磁化率 χ_i 降低，使矫顽力 H_c 增大。

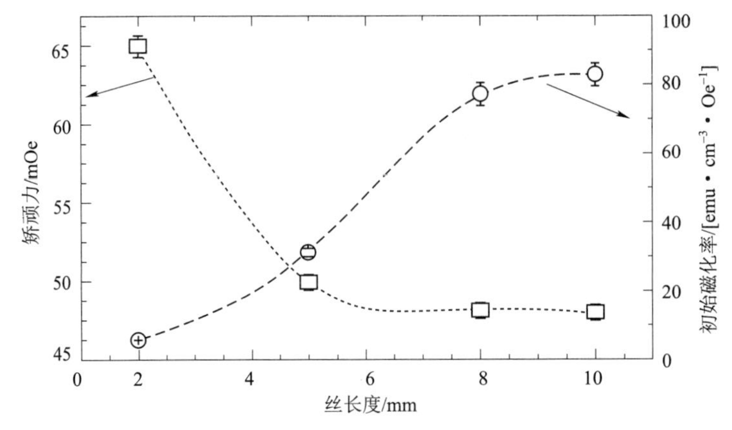

图 2-18　钴基非晶丝的矫顽力 H_c 和初始磁化率 χ_i 随试样长度的变化曲线

在 f 为 1 MHz 和 6 MHz 两种典型交变电流激励下，钴基非晶丝阻抗变化率 ($\Delta Z / Z$) 随着试样长度变化而发生变化，图 2-19 和图 2-20 所示分别为频率 f 为 1 MHz 和 6 MHz 时非晶丝的阻抗变化率随磁场强度的变化曲线，非晶丝的长度取典型值：2 mm、5 mm、8 mm 和 10 mm。在频率为 1 MHz 时长度为 2 mm 的非晶丝阻抗变化率最大，而在频率为 6 MHz 时长度为 8 mm 的非晶丝阻抗变化率最大。

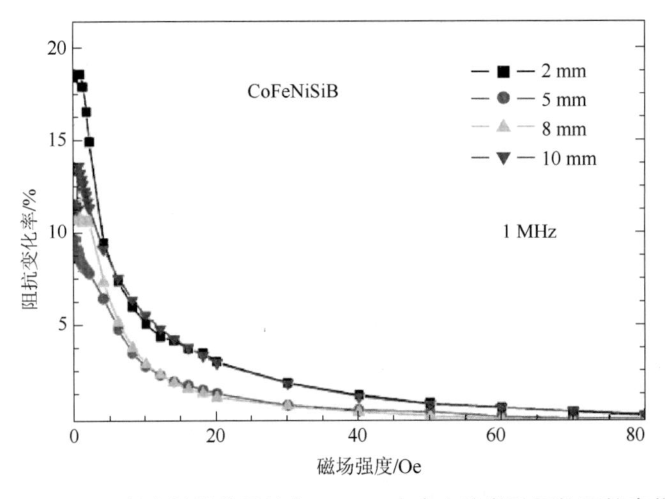

图 2-19　不同长度钴基非晶丝在 1 MHz 交变电流激励下的阻抗变化率

为了更好地表述非晶丝长度和频率对 GMI 效应的影响规律，将交变电流频率 f 从 0.1 MHz 至 10 MHz 连续变化，测试在几种典型长度下非晶丝在不同激励频率下的阻抗变化率，并绘制不同长度非晶丝阻抗变化率随激励频率 f 的变化曲线，如图 2-21 所示。在激励频率 f 小于 2 MHz 时，长度为 2 mm 的非晶丝具有较大的阻抗变化率；在激励频率大于 2 MHz 时，长度为 8 mm 的非晶丝具有较大的阻抗变化率。

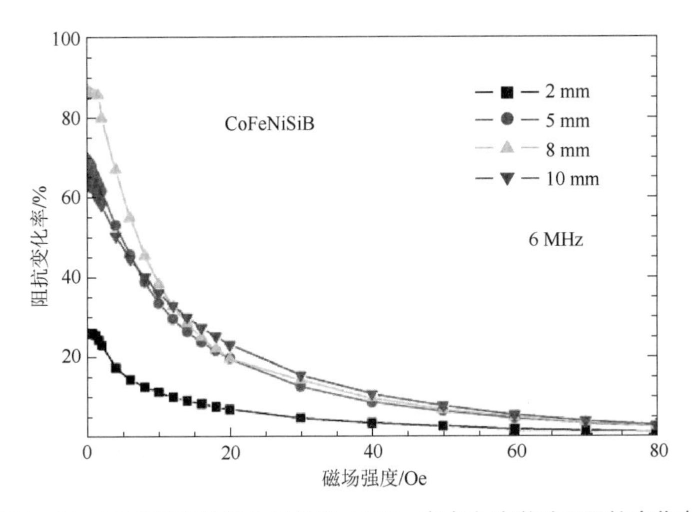

图 2-20　不同长度钴基非晶丝在 6 MHz 交变电流激励下阻抗变化率

不同长度的非晶丝最大阻抗变化率随频率变化曲线如图 2-21 所示。

从图 2-21 中的四条曲线可以看出阻抗变化率的变化规律：当激励频率 f 从 0.1 MHz 至 10 MHz 连续变化时，非晶丝的阻抗变化率先是增大，在截止频率 f_0 时达到最大值，然后随着频率的继续增大而降低。这一变化规律可解释为：磁畴壁和磁化旋转对横向磁导率贡献的相对比例大小影响了非晶丝 GMI 效应的强弱。在交变电流频率 f 低于 1 MHz 时，磁感应电压较低，磁感应电压对磁阻抗的影响较小，所以非晶丝阻抗变化率相对较低。在交变电流频率处于 $1\ \text{MHz} \leqslant f \leqslant f_0$ 范围时，趋肤效应占主导地位，因而可以获得较高的阻抗变化率 $[\Delta Z / Z]_{max}$。当 $f > f_0$ 时，最大阻抗变化率 $[\Delta Z / Z]_{max}$ 随着频率的增大而降低，这是因为在此频率范围内磁畴壁位移因涡流效应而大大削弱，从而降低横向磁导率，削弱了最大阻抗变化率 $[\Delta Z / Z]_{max}$。

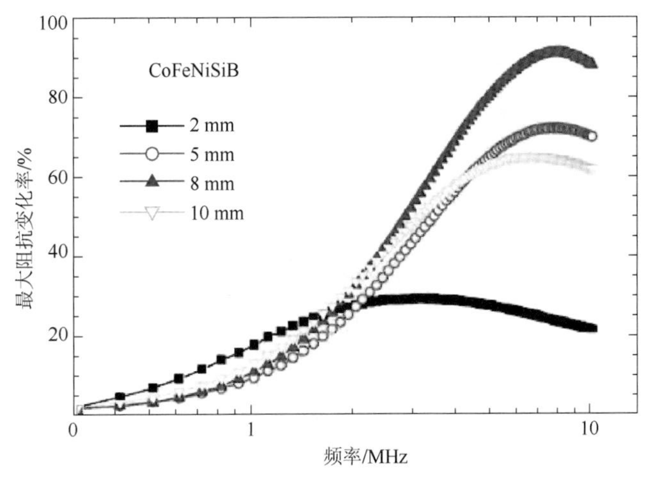

图 2-21　钴基非晶丝最大阻抗变化率随频率变化曲线

用上述同样的数据绘制最大阻抗变化率$[\Delta Z / Z]_{max}$和截止频率f_0与非晶丝长度的曲线，如图 2−22 所示，曲线的变化趋势明显，即随着非晶丝长度从 2 mm 变化到 10 mm，阻抗变化率$[\Delta Z / Z]_{max}$和截止频率f_0先增加，在临界长度时达到最大值，然后随着长度的继续增大而减小，这验证了非晶丝 GMI 效应存在一个临界长度L_0。

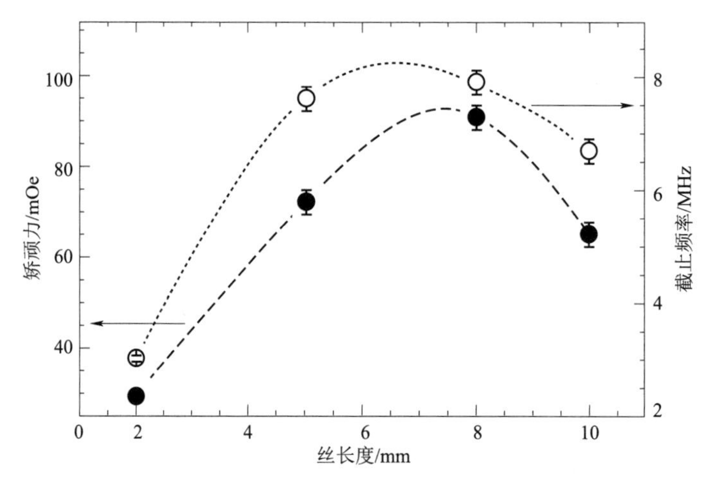

图 2−22　非晶丝阻抗变化率$[\Delta Z / Z]_{max}$和截止频率f_0随长度的变化曲线

为了更好地说明非晶丝 GMI 效应的临界长度，用阻抗长度比（Z_m / L）作为一个变量，来表示 GMI 效应的强弱，阻抗长度比随频率变化曲线如图 2−23 所示。在非晶丝试样长度小于临界长度（$L < L_0 \approx 8$ mm）时，阻抗长度比的幅值随着长度的减小而增大；在试样长度大于临界长度（$L < L_0$）时，阻抗长度比的幅值随着长度的减小而减小。

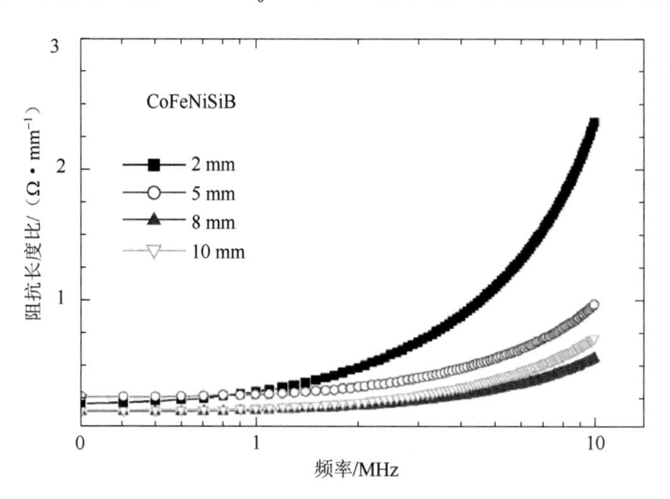

图 2−23　阻抗长度比随频率的变化曲线

利用非晶丝 GMI 效应制作传感器除了研究阻抗变化率的变化规律外，更重要的是研究磁场灵敏度η随长度的变化规律。按照式（2−16）计算磁场灵敏度η，得到不同长度的非晶丝在频率 0.1～10 MHz 内变化时的磁场灵敏度。为简化计算，在不影响数据规律的前提下，每一种长度只取 10 个频率点，绘制磁场灵敏度随激励频率的变化曲线，如图 2–24 所示。在频率小于 2 MHz 的范围内，长度 2 mm 的非晶丝具有最大的磁场灵敏度；而在频率大于 2 MHz 的范围内，长度 8 mm 的非晶丝具有最大的磁场灵敏度。

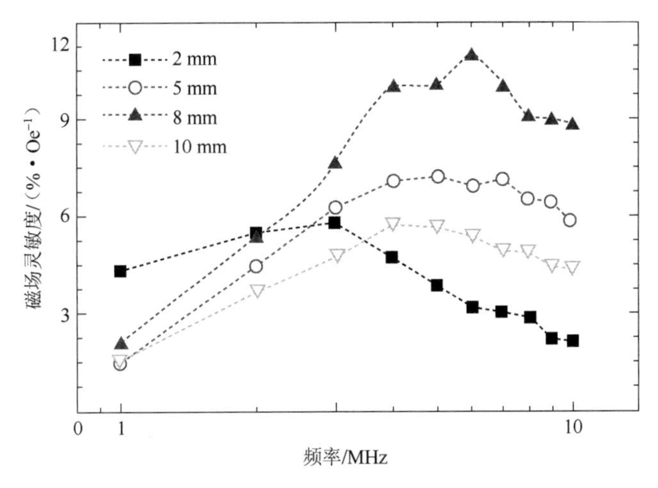

图 2–24 磁场灵敏度随频率的变化曲线

为了说明非晶丝长度对磁场灵敏度 η 和临界长度 L_0 的影响，绘制磁场灵敏度 η 和截止频率 f_0 随非晶丝长度 l 的变化曲线，如图 2–25 所示。

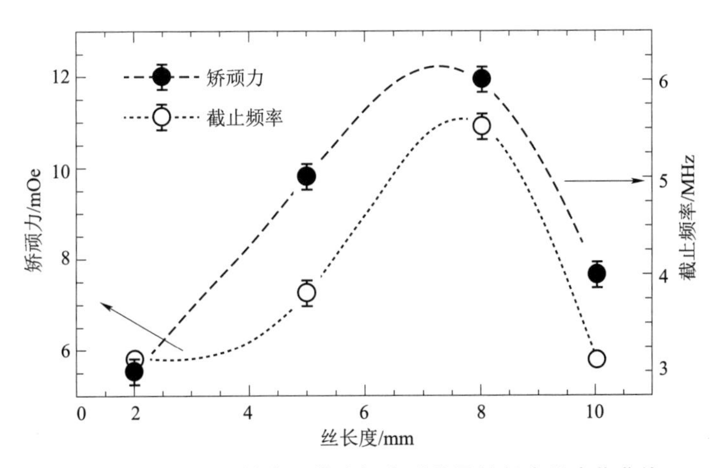

图 2–25 磁场灵敏度和截止频率随非晶丝长度的变化曲线

由图 2–25 中的曲线可以看出，磁场灵敏度和截止频率随着非晶丝长度的变长而增大，在试样长度为 8 mm 时，磁场灵敏度和截止频率达到最大值，之后随着试样长度的继续增大而降低。所以在设计 GMI 传感器时，应选择临界长度的非晶丝来制作磁敏感元件，以保证 GMI 传感器具有最大的磁场灵敏度。本书后面的设计将遵循该原则。

2.5 结　　论

（1）本章通过分析软磁材料的 GMI 效应原理，基于麦克斯韦方程 Landau－Lifshitz 磁化矢量运动方程推导出了非晶丝阻抗数学模型。

（2）根据阻抗数学模型所反映的阻抗变化规律选用中频交变电流作为非晶丝材料激励源，并根据选定的频段确定用磁畴模型作为 GMI 传感器设计的理论依据。

（3）通过对比分析钴基非晶丝和铁基纳米晶带的 GMI 特性，选用钴基非晶丝作为高灵敏度 GMI 传感器材料。

(4）重点讨论了钴基非晶丝合金成分、表面粗糙度、直径，以及交变电流的频率、幅值等因素对 GMI 效应的影响规律，为实现高灵敏度 GMI 传感器提供了理论与实验依据。由实验数据可得结论：表面粗糙度小的非晶丝具有更高的阻抗变化率，非晶丝在临界长度值时具有最大的阻抗变化率，交变电流幅值增大会提高非晶丝阻抗变化率，增大到一定值时 GMI 效应趋于饱和，激励电流在截止频率下非晶丝 GMI 效应最强。

第3章　GMI磁引信探测器设计与实现

本章提要　目前，随着非晶丝材料制造技术的日臻成熟，国内外许多企业、研究所正投入大量人力和资金研制非晶丝传感器。由于其中大部分传感器的探测电路都是基于巨磁阻抗效应的，即通过测量非晶丝两端的阻抗变化获取目标信息，因此本章也基于该思路，研究和设计非晶丝传感器，并对传感器各部分电路进行仿真与实验分析，为非晶丝磁引信探测器的设计奠定基础。在此基础上，针对磁近炸引信的应用背景，仍基于非晶丝的GMI效应且结合法拉第电磁感应定律，探讨出一种适于引信应用且性能可靠的非晶丝GMI磁引信探测电路。

3.1　GMI传感器设计

非晶丝磁探测的技术途径是利用高频交变信号对非晶丝进行激励，使之产生巨磁阻抗效应。巨磁阻抗效应表现为：钴基非晶丝材料中通入高频电流后，材料两端电阻抗强烈地依赖于施加在丝轴方向上的外磁场场强。当外磁场改变导致其阻抗发生变化时，非晶丝两端的电压也随之变化，即端电压的变化反映了外加磁场的变化。根据该原理，把非晶丝传感器设计分为三部分：高频激励信号产生电路（即脉冲产生电路）；非晶丝两端阻抗获取电路；放大滤波电路。非晶丝磁传感器电路框图如图3-1所示。

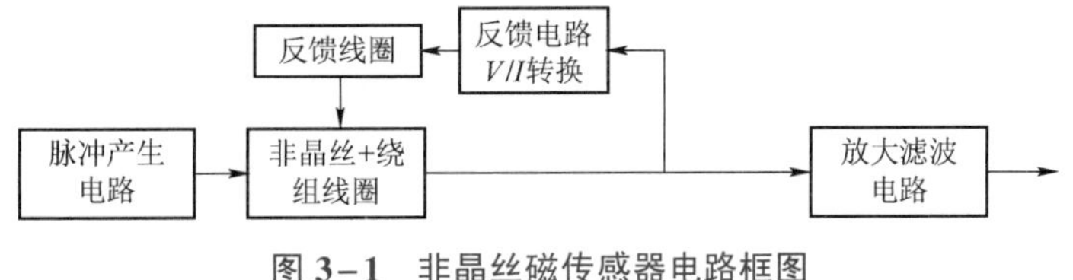

图3-1　非晶丝磁传感器电路框图

3.1.1　脉冲产生电路设计

为使非晶丝呈现出GMI效应，需对其进行高频激励。经资料调研，目前可供选择的激励方式有两种：采用高频交变电流激励；采用尖脉冲电流激励。前者若使用高频交变电流作为激励，由于传感器电路存在绕行电阻，其功耗较大，且绕行电阻还会对传感器的稳定性产生影响。基于上述两种原因，本书选择尖脉冲电流的激励方式。

单位周期内的方波可看作单位阶跃信号。单位阶跃信号经微分后即可得到单位脉冲信号，而方波则可以通过方波发生器得到。基于该设计思想，本书设计窄脉冲发生电路，如图 3-2 所示，它由多谐振荡器及微分电路组成。在该电路中，Q1A、Q2B、R_1、R_2 以及 C_1 构成一个简单的非对称多谐振荡器。该振荡器的输出为一方波，其振荡周期 $T=2.3R_1C_1$。R_1 的阻值一般选择 100 Ω～1.5 kΩ；C_1 的最小值一般取几十皮法，R_2 用于改善由于电源电压变化引起的振荡频率不稳定，但必须保证 $R_2 \gg R_1$，本书取 $R_2=10R_1$。R_d 及 C_d 构成微分电路，对多谐振荡器输出的方波微分后产生尖脉冲。脉冲宽度与时间常数 $\tau=R_dC_d$ 有关，τ 越小，窄脉冲越尖，反之越宽。为使输出脉冲稳定，选择 $R_d=510\ \Omega$，改变 C_d 可改变触发脉冲的宽度，经调试取 $C_d=4.7\ \text{pF}$。

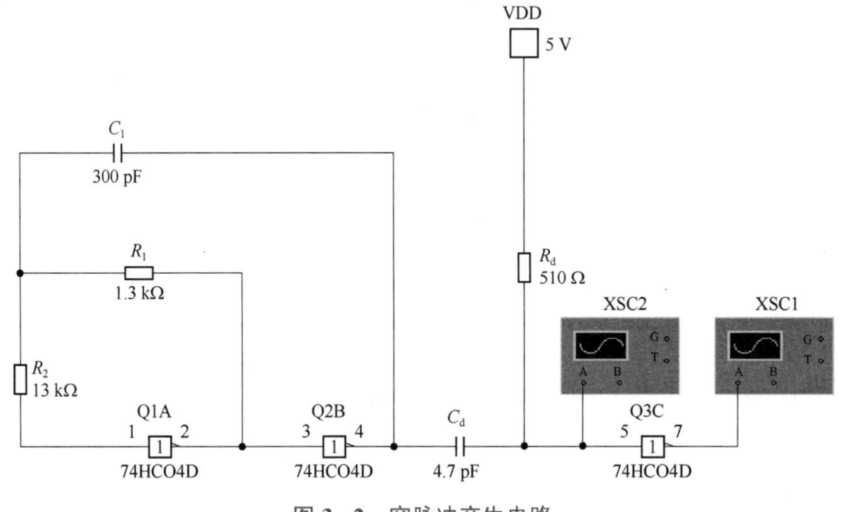

图 3-2　窄脉冲产生电路

严格说来脉冲波的幅值大小也受 R_d 与 C_d 的取值影响，电压源只影响脉冲波形的直流偏置。为使电路正常工作，经调试取 $C_1=300\ \text{pF}$，$R_1=1.3\ \text{k}\Omega$，$R_2=13\ \text{k}\Omega$，$R_d=510\ \Omega$，$C_d=4.7\ \text{pF}$，其测得的多谐振荡器输出方波的频率为 1.115 MHz，电路各节点输出波形分别如图 3-3 与图 3-4 所示。

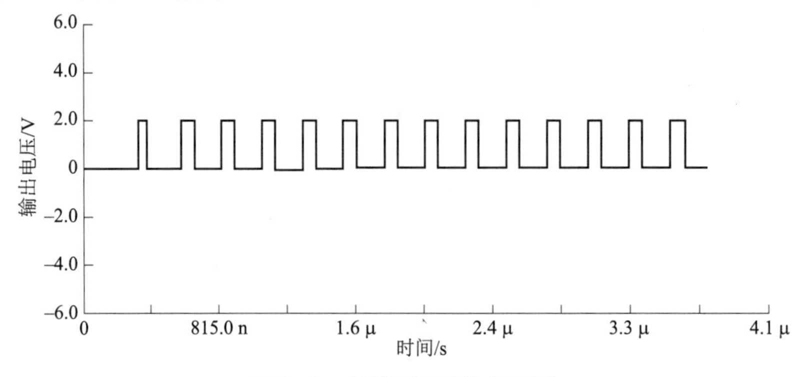

图 3-3　多谐振荡器输出波形

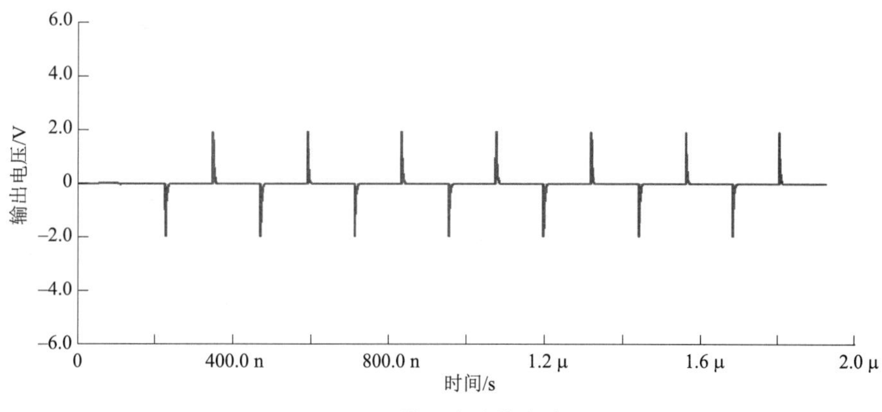

图 3−4 微分电路输出波形

为探讨 C_d 、 R_d 取值变化对电路的影响，先进行电路仿真，首先改变 C_d 值，取 $C_d=27$ pF，其微分后输出波形如图 3−5 所示；然后改变 R_d 值，取 $R_d=1\ k\Omega$ ，其微分后输出波形如图 3−6 所示，此时微分电路近似为耦合电路。

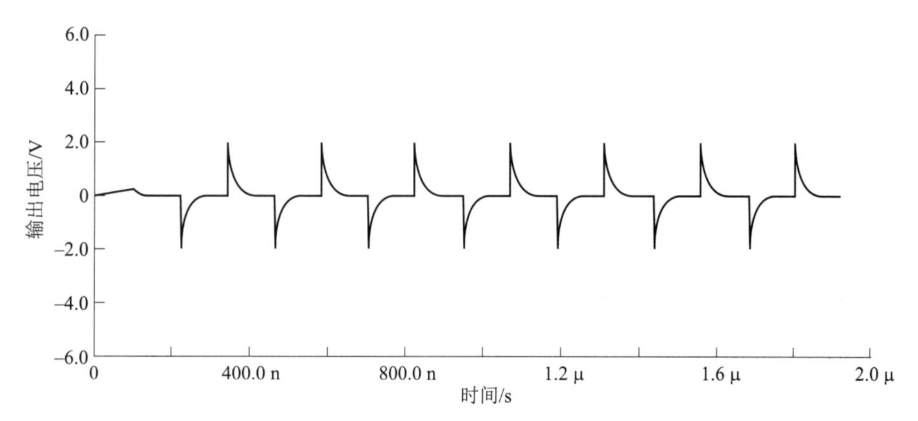

图 3−5 改变电容后微分电路输出波形

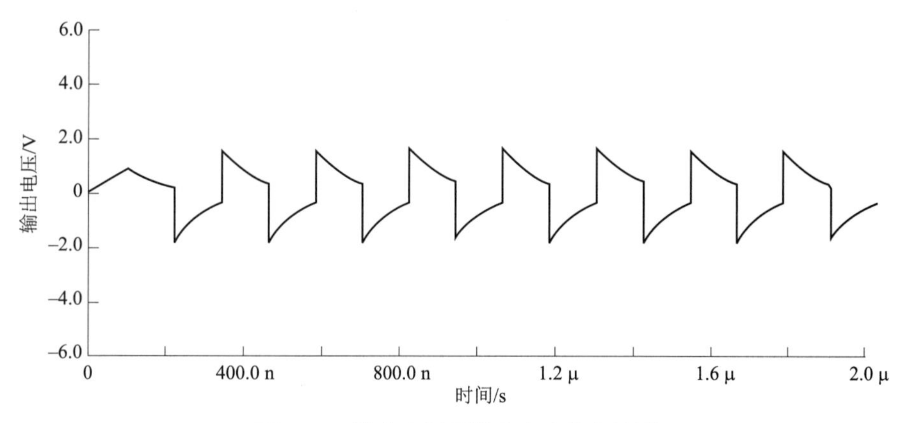

图 3−6 改变电阻后微分电路输出波形

改变C_d和R_d的值后，电路触发脉冲宽度随之变大，甚至由尖脉冲又变回方波，故应控制C_d和R_d，以保证尖脉冲质量。

3.1.2 负反馈电路设计

为使电路稳定工作，本传感器电路引入控制理论中的负反馈方法，将输出电压信号进行V/I转换，使其输出成为随外磁场变化的电流信号，遂在反馈线圈中产生与外磁场H_{ex}反向的磁场H_f，则非晶丝受到$H_{ex}-H_f$的磁场作用，即反馈磁场削弱了非晶丝的外磁场。若V/I的转换系数足够大，则可使非晶丝工作在零场附近的线性区域，此时输出的电压信号可从反馈电阻R_f中得到。为减小测量误差，反馈电阻R_f应采用温度系数小的精密电阻。当系统的闭环增益足够高时，传感器的输出电压与外磁场的场强变化成一一对应关系，而不受外界因素所影响。因此，在引入负反馈电路形成闭环系统后，该传感器电路能使磁传感器的性能得到显著改善。

如图3-7所示，H_{ex}为待测外磁场；H_f为反馈磁场；$Z(H_{ex})$为巨磁阻抗效应增益；A为开环电路放大倍数；E_{dc}为传感器电路输出电压；ΔE为输出电压变化值；$E_{dc\,(n-1)}$为上一时刻电路输出电压；E_f为反馈负载压降。令P为反馈增益；$F(E_{dc})$为传感器电路输出电压（E_{dc}）到非晶丝轴向复合磁场（$H_{ex}-H_f$）的映射关系；$G(H_f)$为反馈电路负载（E_f）压降到反馈磁场（H_f）的映射关系。那么，当待测磁场为零时，非晶丝阻抗不发生变化，即$Z(H_{ex})=0$，故电路输出$E_{dc}=0$，反馈电路负载压降$E_f=0$，反馈磁场$H_f=0$；当待测磁场不为零时，非晶丝阻抗发生变化，即$Z(H_{ex})\neq 0$，故电路输出$E_{dc}\neq 0$，反馈电路负载压降$E_f\neq 0$，反馈磁场$H_f\neq 0$，此时非晶丝轴向的复合磁场为$H_{ex}-H_f$，电路输出为$E_{dc}-\Delta E$，它们之间的对应关系为$H_{ex}-H_f=F(E_{dc}-\Delta E)$。

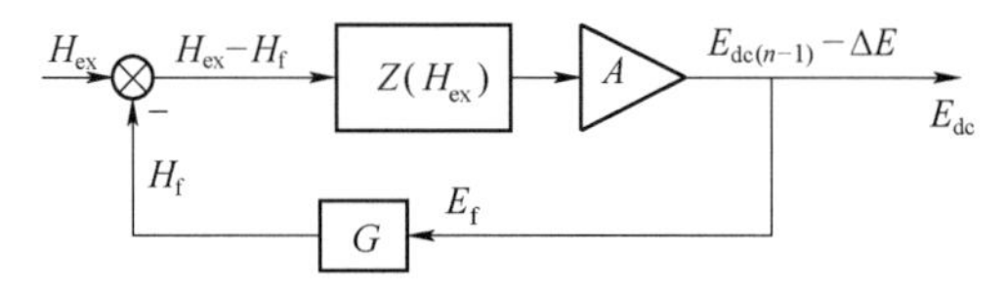

图3-7 非晶丝脉冲激励电路负反馈电路原理框图

因此，在接入负反馈电路后，输出信号E_{dc}不能准确反映待测磁场H_{ex}的大小，必须考虑反馈磁场带来的影响。在反馈电路中，E_f与H_f呈对应关系，可写为$H_f=G(E_f)$。

由上分析，当接入负反馈电路后，非晶丝高频脉冲电流激励电路形成一个闭环系统，此时待测磁场H_{ex}由开环电路输出信号和反馈压降共同决定，即

$$H_{ex}=F(E_{dc})+G(E_f) \tag{3-1}$$

映射F由非晶丝阻抗和电路阻容参数决定；映射G由负载电阻、负载线圈匝数等因素决定。

3.1.3　敏感元件结构设计

非晶丝高频脉冲激励电路敏感元件结构采用拾级线圈测量输出电压的方案，如图 3–8 所示。反馈磁场在铁芯上缠绕，通入反馈电流后，产生与待测磁场相反的反馈磁场。

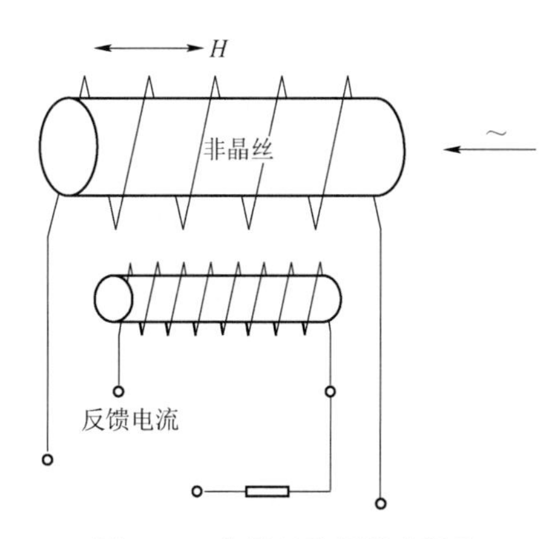

图 3–8　非晶丝高频脉冲激励电路线圈结构

3.1.4　非晶丝磁传感器前端感应电路设计

图 3–9 所示为非晶丝磁传感器的前端感应电路，其原理为脉冲电流源产生高频脉冲信号对非晶丝励磁，当外磁场施加在非晶丝轴向时，其阻抗发生明显的变化，通过拾级线圈的方法获取非晶丝两端的电压，即传感器的输出信号。

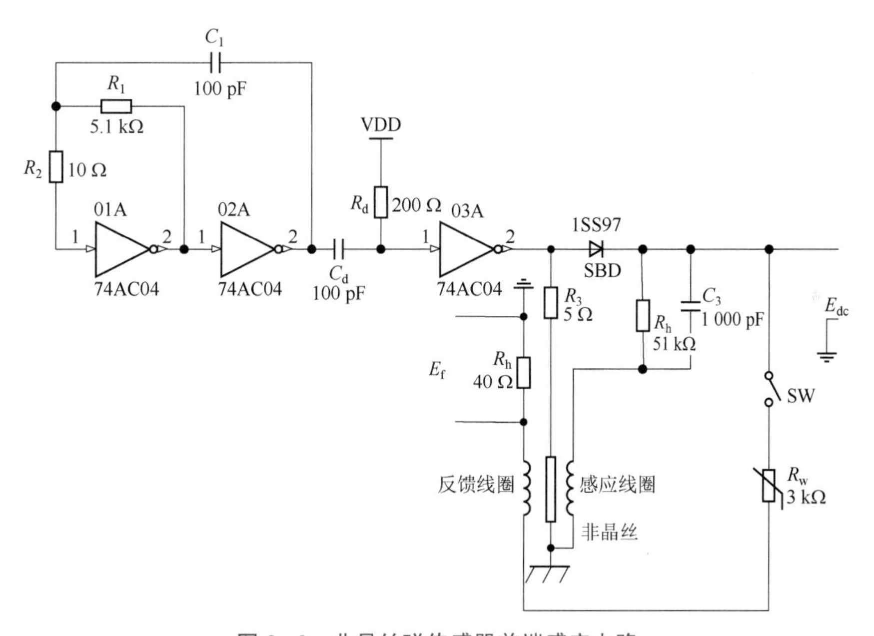

图 3–9　非晶丝磁传感器前端感应电路

由于非晶丝材料本身决定了其线性量程，当外加磁场强度大于量程上限时，通过引入负反馈电路，在外磁场的基础上叠加一个逆向的反馈磁场，从而拓宽传感器的线性量程。经仿真与电路调试后，该电路中诸元器件的参数选择如图 3–9 所示。

3.1.5　放大电路设计

非晶丝两端获取的信号为毫伏级的差模小信号，并含有较大的共模部分，因此，要求放大器应具有较强的共模抑制能力。而仪表放大器除具备足够大的放大倍数外，还具有较高的输入电阻和高共模抑制比。如图 3－10 所示，非晶丝磁传感器的输出信号作为放大电路的输入信号 V_i，V_i 即放大电路的信号源。由于信号源的内阻 R_s（由非晶丝的阻抗及前端感应电路的阻容参数决定）随外磁场变化，对于放大器而言，信号源内阻 R_s 是变量，则电压放大倍数的表达式为

$$A_{us} = \frac{R_i}{R_s + R_i} A_u \tag{3-2}$$

式中 R_i——放大器的输入内阻；

A_u——通用放大倍数；

A_{us}——考虑信号内阻时放大器的放大倍数。

为了保证放大器对不同幅值信号具有稳定的放大倍数，就必须使得放大器的输入电阻 $R_i \gg R_s$，R_i 越大，因信号源内阻 R_s 变化而引起的放大误差就越小，如图 3－10 所示。

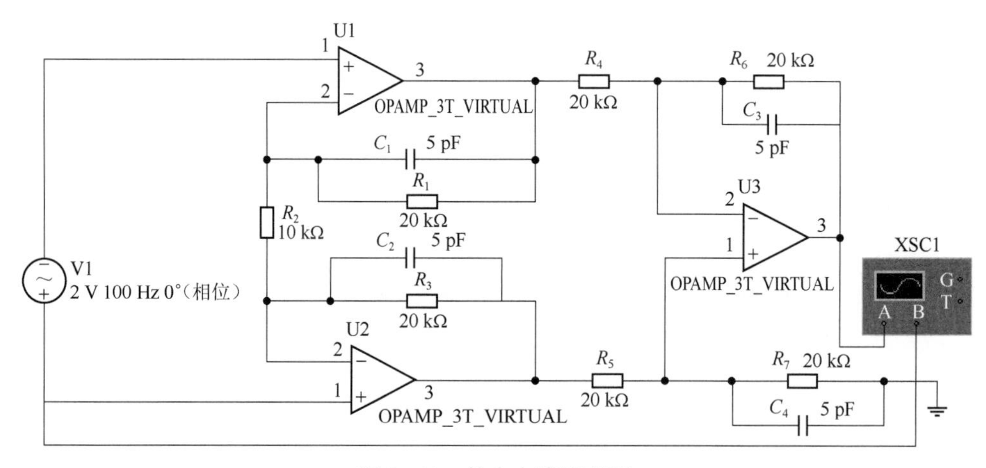

图 3－10　放大电路原理图

仪表放大电路由 U1、U2、U3 三个放大器电路组成，C_1、C_2、C_3 均为相位补偿电容，通过电阻 R_2 来调整放大增益值。

用 Multisim 软件对该电路进行仿真，仿真波形如图 3－11 所示，输入幅值为 1 V 的正弦信号，输出幅值为 10 V 的正弦信号，仿真结果显示，R_2 取 10 kΩ，放大倍数为 10，符合设计要求。

3.1.6　低通滤波电路设计

当外界磁场变化时，非晶丝两端的电压信号发生变化，当外界磁场方向改变时，电压极性相应地发生改变。若非晶丝处于按一定频率变化的磁场中，其传感器的输出信号将具有基波和次谐波分量。另外，高频交变脉冲信号在影响电路阻容的同时还会

不可避免地带来高频噪声，因此必须对传感器的输出信号进行滤波，以消除或削弱其高频成分。

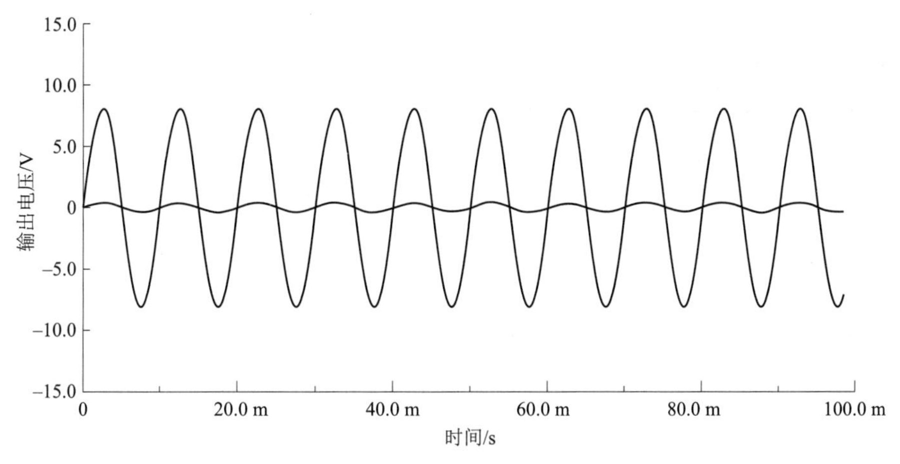

图 3－11　放大电路输出波形

本电路设计采用有源滤波的方式。由于在后续信号处理中无须信号的相位信息，仅要求幅频响应特性较好即可，故选择巴特沃思低通滤波器。该滤波器在通带中具有最平幅度特性，但从通带到阻带衰减缓慢，这一缺陷可通过提高所用滤波器的阶数得以解决。考虑到本书实际应用背景，本设计选择 4 阶巴特沃斯低通滤波器，它由两个 2 阶巴特沃斯低通滤波器串联而成，如图 3－12 所示。

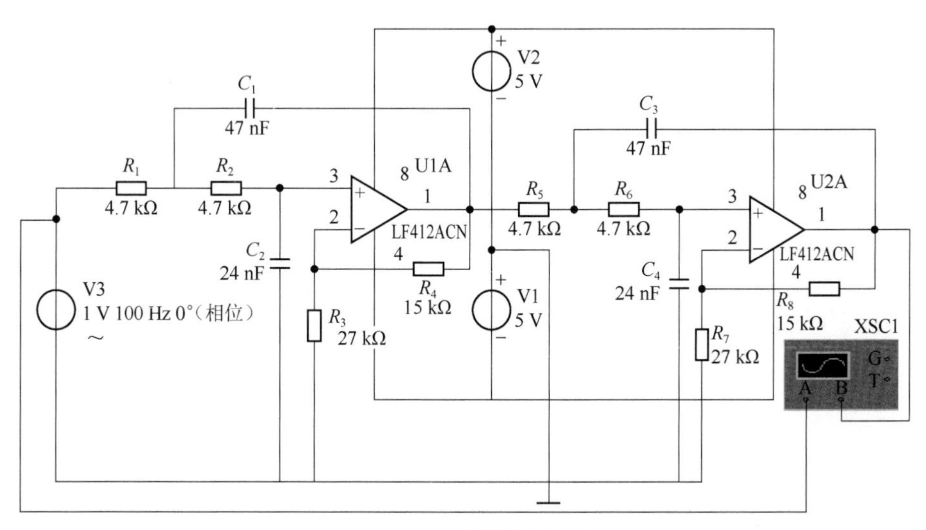

图 3－12　低通滤波器电路

电路中运放选择 LF412，该运放具有 JFET 作输入级的失调低、输入阻抗高的特性。截止频率设为 $f_c = 1\ \text{kHz}$，当频率 $f = 10 f_c$ 时，幅度衰减大于 70 dB。四阶滤波器每 10

倍频程幅度衰减 80 dB（即按 – 80 dB/10 oct. 变化），可知四阶滤波器满足幅度衰减要求；4 阶巴特沃斯滤波器的传递函数的分母多项式可以通过表 3–1 查出。

表 3–1　归一化后，n 为 1～4 阶的巴特沃斯低通滤波器传递函数的分母多项式

n	归一化的巴特沃斯低通滤波器传递函数的分母多项式
1	S_L+1
2	$S_L^2+\sqrt{2}S_L+1$
3	$(S_L^2+S_L+1)(S_L+1)$
4	$(S_L^2+0.765\ 37S_L+1)(S_L^2+1.847\ 76S_L+1)$

由于 4 阶巴特沃斯滤波器由两个 2 阶巴特沃斯滤波器串联构成，故要确定滤波器的元器件参数，只需确定 2 阶巴特沃斯滤波器的元器件参数即可。

由于通带内的电压放大倍数为

$$A_{u0}=A_{uf}=1+(A_{uf-1})\frac{R_4}{R_3} \tag{3-3}$$

取 $R_1=R_2=R$，$C_1=2C_2$，$C=\sqrt{2}C_2$，则传递函数为

$$A(s)=\frac{V_o(s)}{V_i(s)}=\frac{A_{uf}}{1+(3-A_{uf})s+s^2} \tag{3-4}$$

其截止角频率为

$$\omega_c=\frac{1}{\sqrt{R_1R_2C_1C_2}}=\frac{1}{RC} \tag{3-5}$$

由 $\frac{\omega_c}{Q}=\frac{1}{R_1C_1}+\frac{1}{R_2C_2}+(1-A_{uf})\frac{1}{R_2C_2}=\frac{1}{R_1C_1}$，知

$$Q=\frac{1}{3-A_{uf}} \tag{3-6}$$

其中，Q 为品质因数，与式（3–4）联立得

$$A(s)=\frac{A_{uf}\omega_c^2}{s^2+\frac{\omega_c}{Q}+\omega_c^2}=\frac{A_0\omega_c^2}{s^2+\frac{\omega_c}{Q}+\omega_c^2} \tag{3-7}$$

式（3–7）即为二阶低通滤波电路传递函数。其中，ω_c 为该电路的特征角频率，即 3 dB 截止角频率。取 $C_1=47$ nF，则 $C_2=23.5$ nF，取标准值 $C_2=24$ nF，即

$$R=\frac{1}{2\pi f_c C}=4.79\ \text{k}\Omega$$

取标准值 $R=4.7\ \text{k}\Omega$。为使幅频特性在通带内最大限度地平缓，通常情况下取

Q=0.707，则有 $R_4=0.568\ R_3$。为减小偏置电流的影响，运放同相端对地直流电阻与反相端对地直流电阻应尽可能相等，即

$$R_1+R_2=R_3//R_4 \Rightarrow R_1+R_2=\frac{R_3R_4}{R_3+R_4} \tag{3-8}$$

解得 $R_3=15.2\ \text{k}\Omega$，$R_4=25.93\ \text{k}\Omega$，取标准值 $R_3=15\ \text{k}\Omega$，$R_4=27\ \text{k}\Omega$。

基于上述参数，对 4 阶巴特沃斯滤波器特性进行了仿真分析，其频响特性如图 3－13 所示，由于所选器件的参数值与计算值略有出入，故截止频率有少许变化。

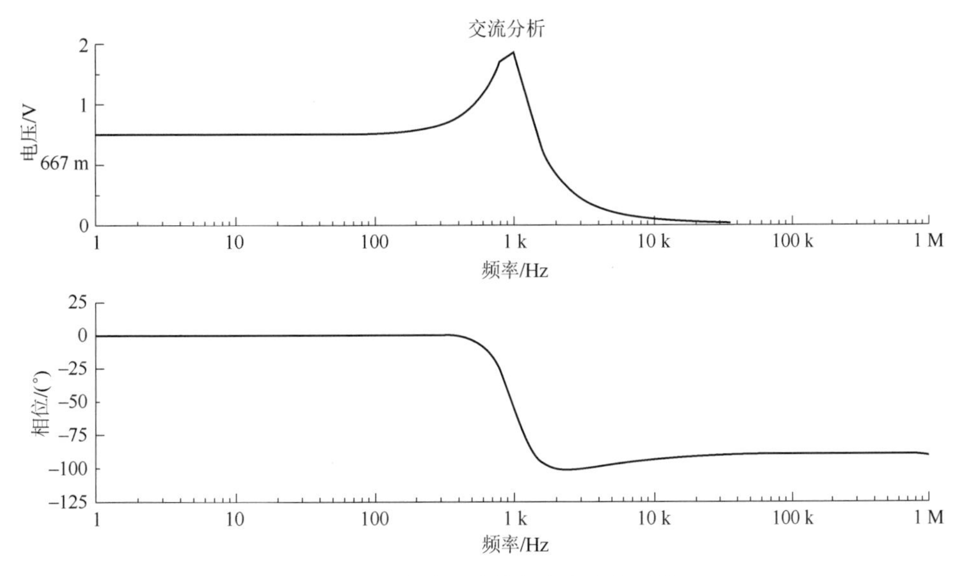

图 3－13　滤波电路的幅频与相频特性

由图 3－13 知，当频率大于 1 kHz 时，输出信号开始衰减，低频信号保留，高频信号被削弱，符合滤波器的设计要求。

3.1.7　传感器输出特性

图 3－14 所示为仿真得出的传感器频响特性曲线，由该曲线可知，当变化磁场的频率达到 30 Hz 左右时，传感器性能开始急剧恶化。

图 3－15 所示为仿真得出的传感器输出特性曲线。由该图中曲线“1”可知，当不外接负反馈线圈，外磁场从 0 变化到 3 Oe 时，传感器输出电压信号近似线性增大，直到 3 Oe 时，输出电压信号取最大值；外磁场从 3 Oe 变化到 8 Oe 时，输出电压信号近似以固定斜率减小；当外磁场大于 8 Oe 而小于 10 Oe 时，输出电压信号变化极不明显，误差显著增大；当外磁场大于 10 Oe 时，由于电路诸器件具有内阻及驱动门限，故传感器输出为 0，即该非晶丝传感器的有效量程为 0～8 Oe。

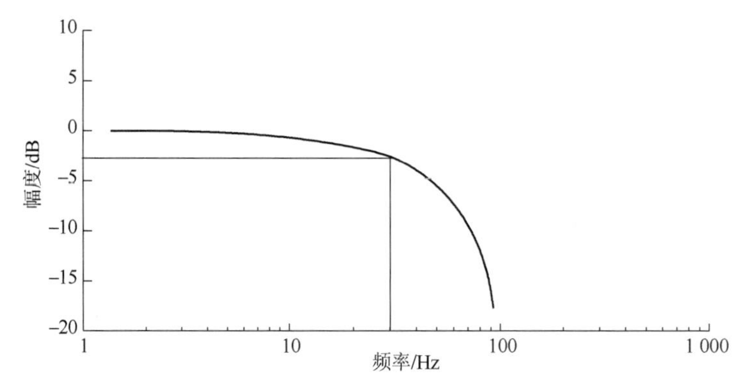

图 3-14　非晶丝传感器频响特性曲线

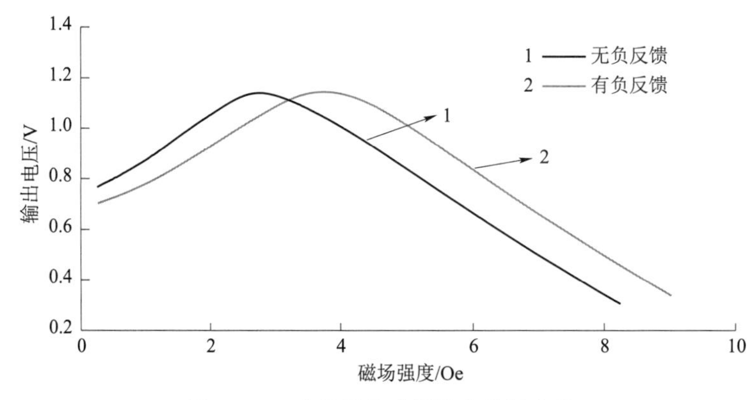

图 3-15　非晶丝传感器输出特性曲线

当接入负反馈线圈时，曲线如图 3-15 中的“2”所示，显见量程比不接负反馈线圈多 1 Oe，由于负反馈线圈可看作一个感性元件，若反馈线圈缠绕的匝数过多，势必给探测电路带来更多扰动，所以反馈线圈不能过密，即依靠负反馈电路只能小幅提升传感器的线性量程。

非晶丝传感器在变化磁场中的输出特性较差，15 Hz 以上的变磁场就使传感器性能大大降低，这是非晶丝传感器的一个缺陷。

3.2　GMI 磁引信探测器设计

非晶丝传感器电路由于存在较明显的缺陷，诸如线性量程低、探测电路中高频噪声过高及频率响应差等特点，故不能直接用于引信探测电路。在此基础上针对近炸引信的应用背景，仍基于非晶丝巨磁阻抗效应且结合法拉第电磁感应定律，探讨一种适于引信应用且性能可靠的非晶丝微磁探测电路。

由上述讨论可知，在保持较高探测灵敏度的基础上，有效拓宽线性量程、减少高频噪声的干扰、提高频响范围成为非晶丝磁近感引信探测器设计中必须解决的问题。

因此，本章提出了双路探测并行处理的探测模式：一路为基于非晶丝巨磁阻抗效应的磁—脉冲探测电路，这一方案解决了噪声干扰和灵敏度低的问题；另一路为基于法拉第电磁感应定律的单磁芯双绕组谐振电路，用其解决探测器频响范围过低和线性量程范围窄的问题。其探测电路框图如图 3－16 所示。

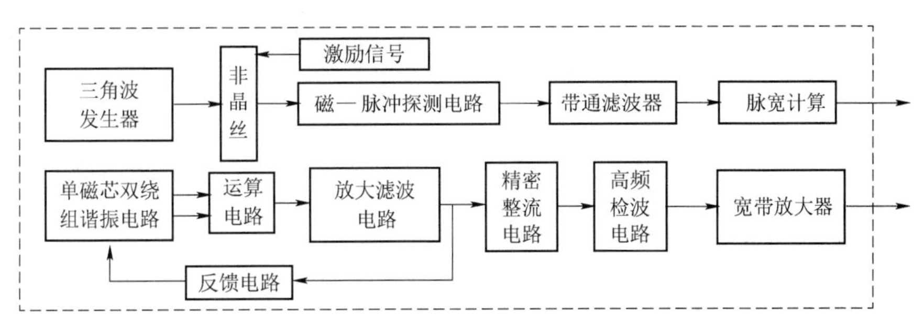

图 3－16　非晶丝磁近感引信探测电路框图

磁—脉冲探测电路基于巨磁阻抗效应原理采用脉冲调制体制，利用非晶丝的阻抗变化测量外磁场大小。激励信号由高频脉冲源产生，当非晶丝轴向外磁场发生变化时，非晶丝两端的阻抗发生变化，从而影响电路输出信号的脉冲宽度，将脉冲信号宽度输入计数器，通过脉宽与磁场的线性关系，计算待测磁场强度。单磁芯双绕组谐振电路基于法拉第电磁感应定律，利用单磁芯双绕组多谐振荡电路测量外磁场大小。单磁芯双绕组多谐振荡电路的两个输出电压幅值较小且包含高频噪声，因此需经低通滤波电路滤除高频成分，将多谐信号的基波和次谐波分量滤除，最终获得反映目标信息的检波电压信号。

3.2.1　非晶丝磁—脉冲探测电路

非晶丝的高频激励特性决定了任何一种非晶丝电路的输出电压信号一定含有高频噪声干扰，这就为信号的后续处理带来了困难。如果不能有效地滤除干扰，就无法保证探测器的高分辨率。常用的低通滤波电路也只能部分消除或削弱基波和次谐波分量，怎样从根本上消除干扰，成为决定非晶丝磁近感引信探测器性能的关键因素。

本章弃传统的、通过测量非晶丝两端电压降来获取外磁场强度大小的方法，而采用通过计算脉冲宽度获取非晶丝外磁场强度的新尝试，其电路框图如图 3－17 所示。

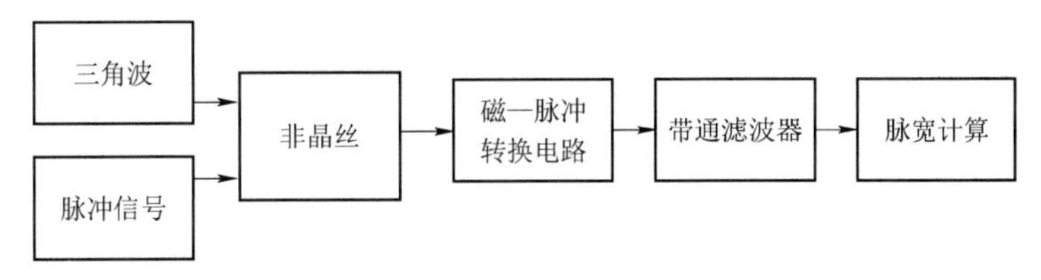

图 3－17　非晶丝磁—脉冲探测电路框图

通过高频信号源对非晶丝进行激励，当沿丝轴向施加外磁场时，必产生巨磁阻抗效应。此时把一个低频三角波信号输入非晶丝，随着外磁场强度的变化，非晶丝两端的阻抗发生变化，其压降也发生变化，从而影响磁电脉冲转换电路输出脉冲信号的宽度，根据脉冲宽度的具体数值即可计算待测外磁场的大小。

1. 探测原理分析

图 3－18 所示为磁—脉冲转换电路原理图。图中，高频脉冲电流对非晶丝进行激励后，对非晶丝加以低频三角波电流信号。当非晶丝轴向无磁场时，其阻抗无变化。信号经整流二极管后，与参考电压值在比较器中进行比较，最后输出其脉宽由参考电压与信号本身共同决定的脉冲信号。

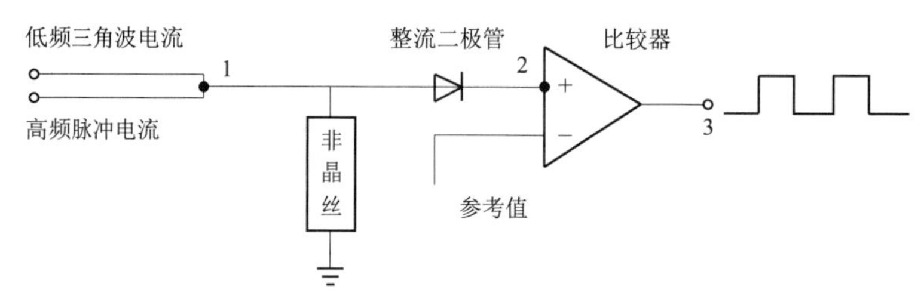

图 3－18　磁—脉冲转换电路原理图

如图 3－19（a）所示，当待测磁场场强 $H_{ex}=0$，且参考电压值也为 0 时，三个波形分别代表 1、2、3 点处的三角波信号、整流信号和采样脉冲；当待测磁场 $H_{ex}=0$，参考电压为 V_{ref} 时，图 3－19（b）所示的三个波形分别代表 1、2、3 点处的三角波信号、整流信号和采样脉冲。

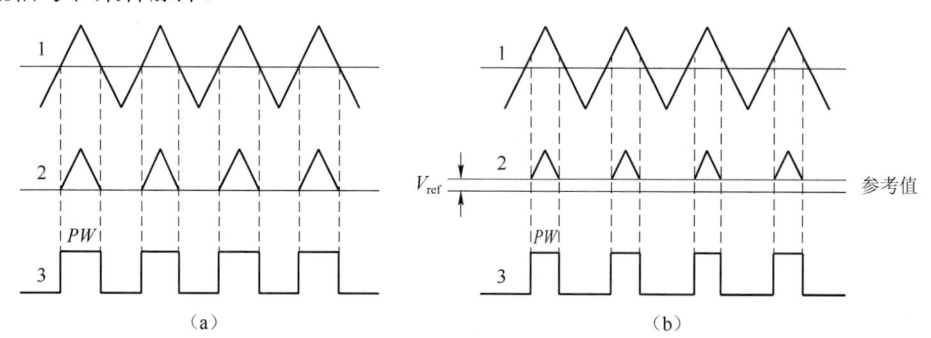

图 3－19　磁—脉冲转换电路输出脉宽的比较

（a）参考值为零；（b）参考值为 V_{ref}

如图 3－20 所示，当参考电压不为零时，待测磁场 H_{ex} 增大和减小两种情况分别对应图 3－20（a）和图 3－20（c）所示的两组波形。E_{dc} 为非晶丝巨磁阻抗效应引起的非晶丝两端电压变化的直流分量。

根据脉冲的宽度 PW 测算待测磁场强度 H_{ex}，如图 3－21 所示，E_0 为无外磁场时非晶丝两端的直流电压分量。图中，A 为三角波整流后的波形；B 为外磁场为 0 而 V_{ref} 不为 0 时，2 点处（比较器同向端）的波形；C 为外磁场不为 0 而 V_{ref} 不为 0 时，2 点处的波形。以下分别进行讨论。（为便于分析作图，设外磁场为零时非晶丝完全绝缘。）

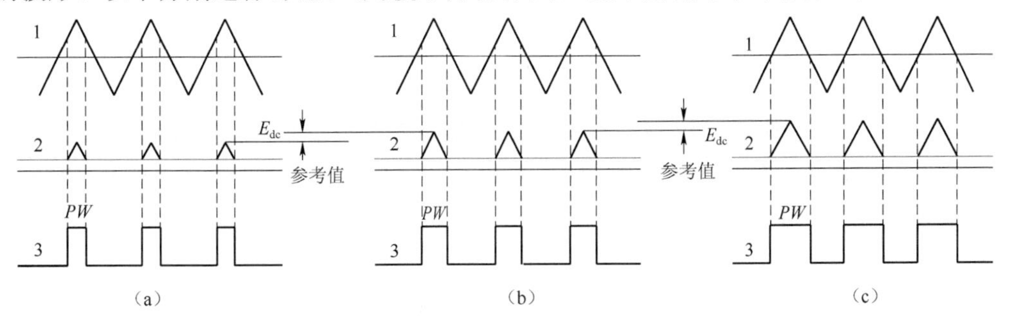

图 3-20　脉冲宽度随外磁场变化原理图

（a）H_{ex} 减小；（b）$H_{ex}=0$；（c）H_{ex} 增大

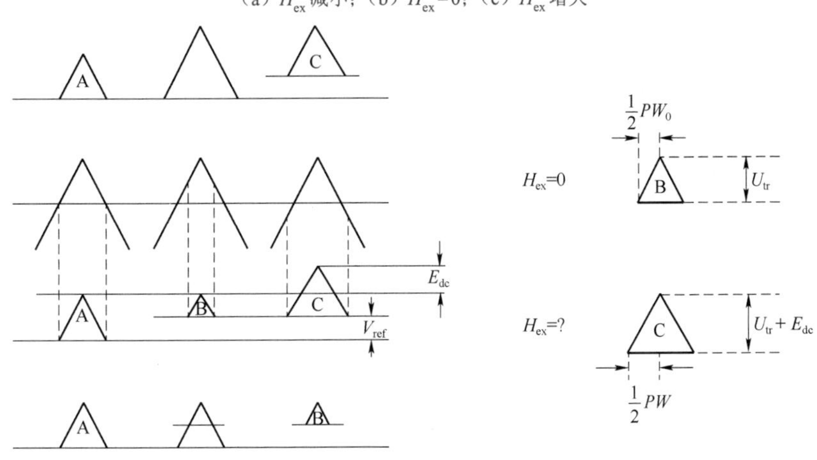

图 3-21　脉冲变化过程图示

（1）$H_{ex}=0$，$V_{ef}=0$。三角波对自身整流后，输出波形如三角形 A。

（2）$H_{ex}=0$，$V_{ef}\neq 0$。三角波对自身整流后，与 V_{ef} 相对比，形成波形如三角形 B。

（3）$H_{ex}\neq 0$，$V_{ef}\neq 0$，即大部分时刻的工作状态。三角波与非晶丝两端电压降的直流分量叠加，经二极管整流后，与 V_{ef} 相对比，形成波形如三角形 C。

图 3-21 中，三角形 B 与 C 为相似三角形。PW_0 为无外加磁场时输出脉冲宽度，U_{tr} 为三角波振幅。

根据相似三角形对应边成比例，得

$$\frac{PW_0}{PW}=\frac{U_{tr}}{U_{tr}+E_{dc}} \tag{3-9}$$

即

$$E_{dc}=\frac{PW\cdot U_{tr}-PW_0\cdot U_{tr}}{PW_0} \tag{3-10}$$

根据非晶丝巨磁阻抗效应的数学模型，算出待测磁场强度的具体数值。

2. 脉冲产生电路及三角波产生电路的设计

经设计计算选择高频脉冲电流信号源的输出电流为 $I=25$ mA，频率 $f_1=1$ MHz，电路具体结构同 3.1.1 小节所设计的脉冲产生电路。

考虑到探测器的功耗及稳定性，故选用低频三角波波形，选择频率 $f_2=250$ Hz，$U_{tr}=200$ mV。基本电路结构如图 3–22 所示，通过改变 R_4 和 C_1 可调节输出波形的幅度与频率，经过仿真分析与设计，当 $R_4=150$ kΩ，$C_1=0.08$ μF 时符合设计要求，输出的三角波如图 3–23 所示。

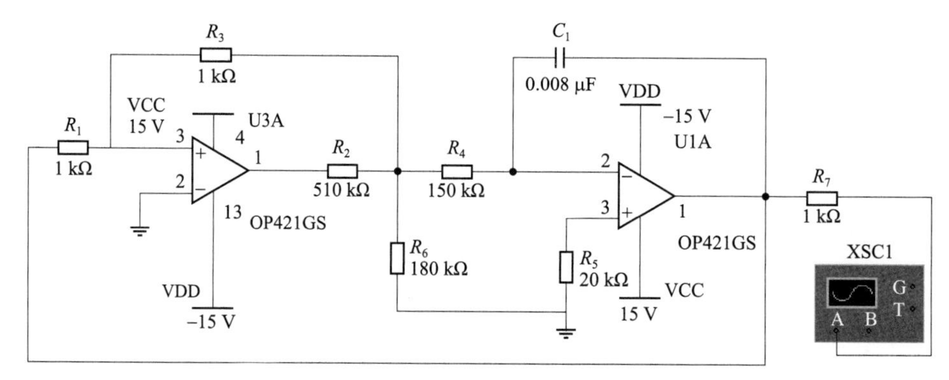

图 3–22　三角波发生电路

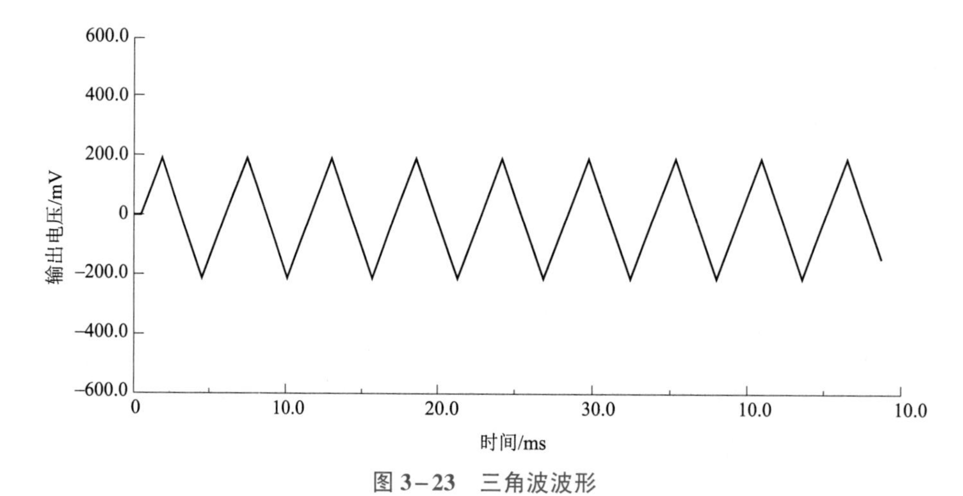

图 3–23　三角波波形

3. 磁—脉冲转换电路设计

磁—脉冲转换电路的主要功能是用比较器输出脉冲的宽度取代检波电压的大小来反映非晶丝阻抗的变化关系。本章所设计的该电路如图 3–24 所示。其中，比较器选用 MAXIM 公司的 MAX9075，其 VCC 的输入范围为 2.1～5.5 V；比较器输出为脉冲信号，可以直接接入数字电路处理，脉冲幅值由 VCC 决定；整流二极管 D 选用 IN4007；R_5～R_7 的作用是抑制噪声对比较器增益的影响；对 C_1 和 R_4 做适当调整即可以吸收信号中的尖峰，但 R_4 不宜过大、C_1 不宜过小。

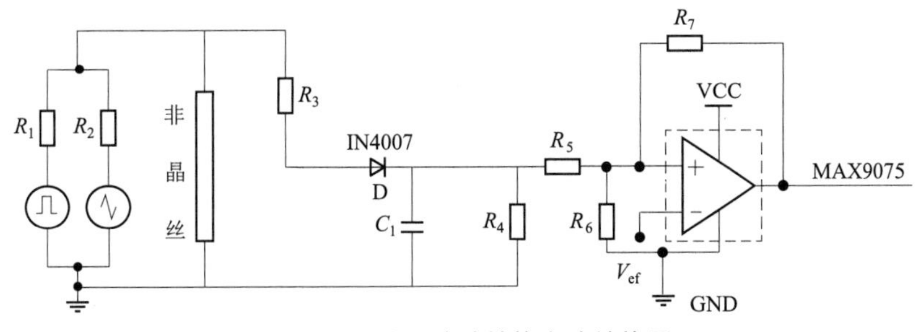

图 3-24　磁—脉冲转换电路结构图

图 3-25 所示为仿真调试电路，因尚未找到合适的非晶丝材料，电路中用一个电感与电阻的串联代替非晶丝的阻抗，三角波电流源用三角波产生器加串联电阻代替，其输出 5 mA、300 Hz 的低频三角波，脉冲电流源输出的是 30 mA、1 MHz 的电流信号。

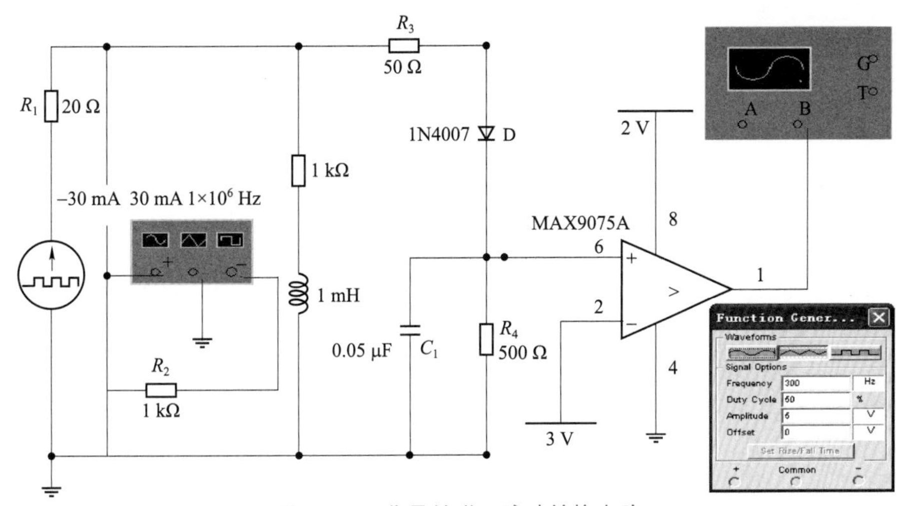

图 3-25　非晶丝磁—脉冲转换电路

电路中各节点（同图 3-18 中标注的 1、2、3 节点）的仿真结果分别如图 3-26、图 3-27 及图 3-28 所示。

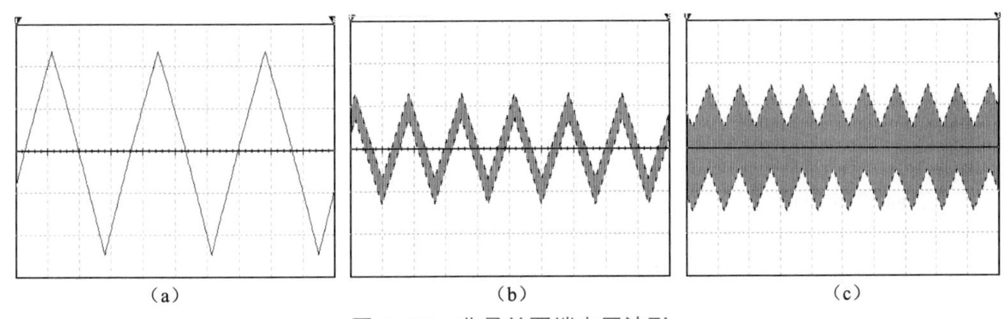

图 3-26　非晶丝两端电压波形

（a）I=5 mA；（b）I=2 mA；（c）I=1 mA

图 3－26 为在三角波电流源输出不同电流的情况下，流过非晶丝的波形。图 3－26（a）～图 3－26（c）所示三角波电流分别为 5 mA、2 mA、1 mA。由该图知，当 $I>1$ mA 时，节点输出复合波形仍然是三角波，频率与三角波频率相同；当 $I\leqslant 1$ mA 时，节点输出复合波形产生失真，复合波形频率小于三角波频率。因此设计时参选电流分别取 5.5 mA、10 mA、30 mA 及 100 mA（均大于 1 mA）。

图 3－27 所示为通过整流二极管 D 后的电压波形。

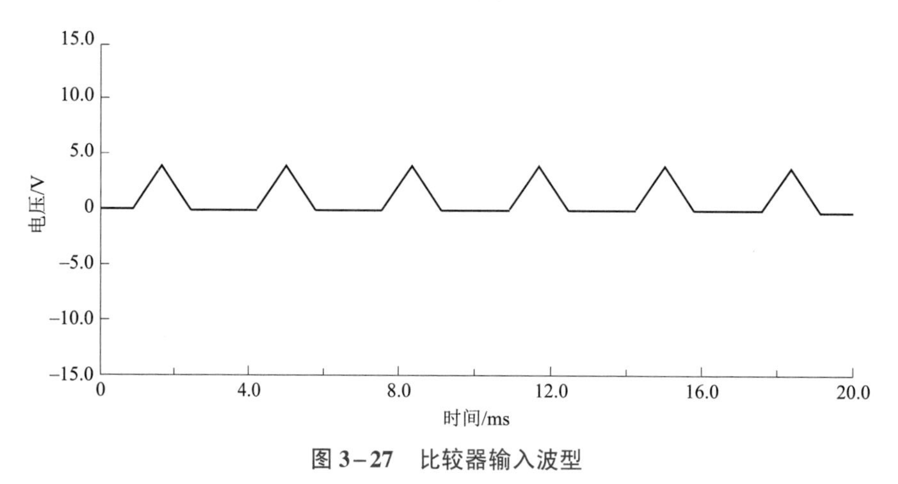

图 3－27　比较器输入波型

图 3－28 所示为比较器输出脉冲波形，脉冲信号的不规则性说明了电路中存在噪声和高频扰动。

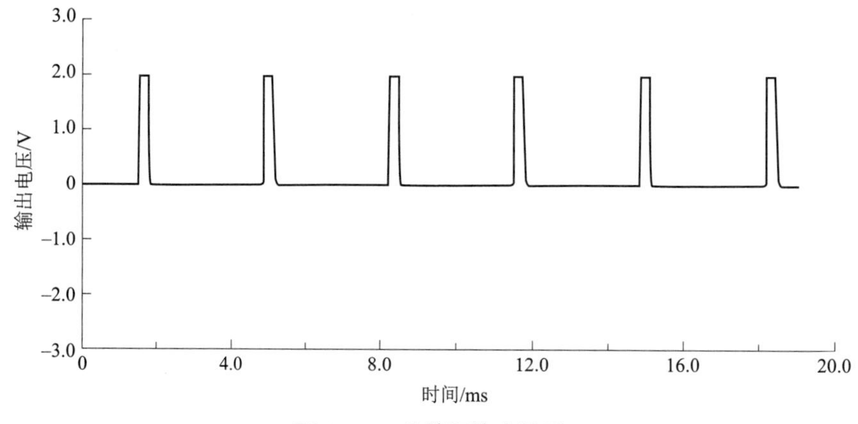

图 3－28　比较器输出波形

4. 带通滤波器设计

就低频三角波信号而言，其输出脉冲中不可避免地带有一定的直流分量，此外，高频交变脉冲以及电路中阻容元件必伴随高频噪声，因此在计算脉冲宽度之前，必须首先尽量滤除干扰、噪声及直流分量，只有这样才能保证探测器的灵敏度和分辨率。

故采用高通滤波器与低通滤波器串联而成的带通滤波器，本章所设计的带通滤波器的指标为：中心频率为600 Hz，3 dB的量程为500 Hz。

设计带通滤波器需考虑幅频及相频特性。由于探测电路输出的是脉冲信号，而磁场强度大小由脉冲宽度决定，因此通过对脉冲频率的限制可以抑制高频噪声的干扰。

1）有源低通滤波器设计

低通滤波器采用图3－29所示的RC有源低通滤波器，图中C_1的阻抗为Z，C_2的阻抗为KZ，即$C_1=\frac{C_2}{K}$，其中K为两电容的比例系数。

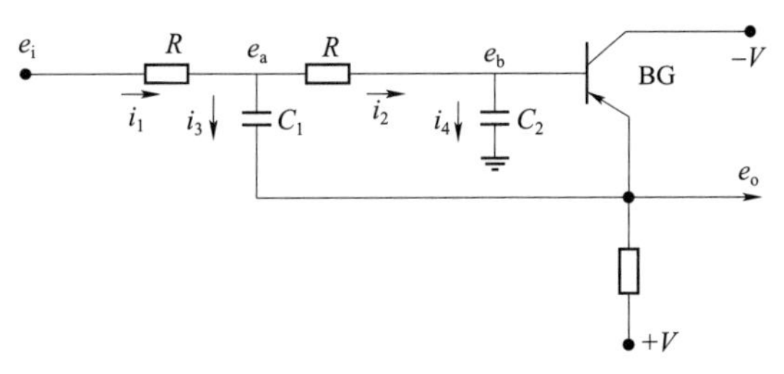

图3－29　RC有源低通滤波器电路

为合理设计滤波器电路，首先需推导低通滤波器频率的传递函数，以便掌握其幅频特性和相频特性。假设射极输出器的输入阻抗为无限大，即基极与发射极电位相等，增益不大于1，输出阻抗为0，则有

$$i_1=i_2+i_3$$
$$i_2=i_4$$

且

$$i_1=\frac{e_i-e_a}{R},i_2=\frac{e_a-e_b}{R},i_3=\frac{e_a-e_o}{Z},i_4=\frac{e_b}{KZ} \tag{3-11}$$

联立以上三式得

$$\frac{e_o}{e_i}=\frac{K}{K+2\frac{R}{Z}+\frac{R^2}{Z^2}}=\frac{K}{K+\mathrm{j}2x-x^2} \tag{3-12}$$

因为

$$\frac{R}{Z}=\mathrm{j}\omega RC=\mathrm{j}x,(x=\omega RC) \tag{3-13}$$

代入式（3－12）可得低通滤波器的频率传递函数

$$\frac{e_o}{e_i}=\frac{K}{K+2(\mathrm{j}\omega RC)+(\mathrm{j}\omega RC)^2}=\frac{K}{T^2(\mathrm{j}\omega)^2+2T(\mathrm{j}\omega)+K}=\frac{K}{T^2S^2+2TS+K} \tag{3-14}$$

式中，$T=RC$，$S=\mathrm{j}\omega$。

滤波器的幅频特性为

$$\left|\frac{e_o}{e_i}\right|_L=\frac{K}{\sqrt{(K-X^2)^2+(2X)^2}}=\frac{K}{\sqrt{X^4+(4-2K)X^2+K^2}} \tag{3-15}$$

滤波器的相频特性为

$$\tan\phi=-\frac{2x}{K-x^2} \tag{3-16}$$

低通滤波器的最大增益是指当 K 为常值时，X 取何值使 $\left|\frac{e_o}{e_i}\right|_L$ 获得最大值。对幅频特性表达式微分，令其一阶导数为零，得

$$\frac{\mathrm{d}\left|\frac{e_o}{e_i}\right|_L}{\mathrm{d}X}=0$$

即

$$\left[\frac{K}{\sqrt{X^4+(4-2K)X^2+K^2}}\right]'=0$$

$$K[X^4+(4-2K)X^2+K^2]^{-\frac{3}{2}}[4X^3+2(4-2K)X]=0$$

取

$$4X^2+2(4-2K)X=0$$

得

$$X=\sqrt{K-2} \tag{3-17}$$

即当 $X=\sqrt{K-2}$ 时，低通滤波器的增益最大，即 K 的取值决定滤波器增益。

2）有源高通滤波器设计

同理，推导高通滤波器频率的传递函数，如图 3-30 所示。

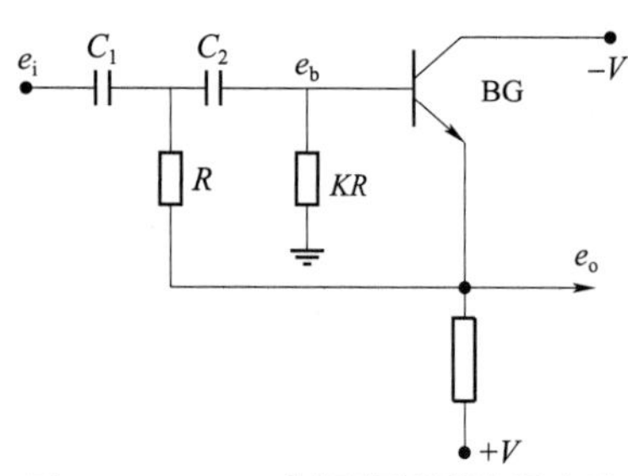

图 3-30 RC 有源高通滤波器电路

把高通和低通两种电路原理图比较可知，只要将有源低通滤波器电路中的电阻和电容分别对应置换，便可得到高通滤波器的电路图。因此，求其传递函数时，只要将 $X=-\frac{1}{y}$ 代入式（3-14）和式（3-15），就可得到其频率传递函数和相频特性。故其高通滤波器频率传递函数为

$$\frac{e_o}{e_i}=\frac{K}{K-2\left(\mathrm{j}\frac{1}{y}\right)+\left(\mathrm{j}\frac{-1}{y}\right)^2}=\frac{K(\mathrm{j}y)^2}{K(\mathrm{j}y)^2+2(\mathrm{j}y)+1}=\frac{K\tau^2S^2}{K\tau^2S^2+2\tau S+1}=\frac{Ky^2}{Ky^2-\mathrm{j}^2y-1} \tag{3-18}$$

式中，$y=\omega RC$；$S=\mathrm{j}\omega$；时间常数 $\tau=RC$。

其幅频特性为

$$\left|\frac{e_o}{e_i}\right|_H=\frac{K}{\sqrt{\left(K-\frac{1}{y^2}\right)^2+\left(\frac{2}{y}\right)^2}}=\frac{Ky^2}{\sqrt{K^2y^4+(4-2K)y^2+1}} \tag{3-19}$$

其相频特性为

$$\tan\phi=\frac{2}{y(K-y^{-2})}=\frac{2y}{Ky^2-1} \tag{3-20}$$

对幅频特性表达公式微分，令其一阶导数为零可得

$$\frac{\mathrm{d}\left|\frac{e_o}{e_i}\right|_H}{\mathrm{d}y}=0$$

计算得，当 $y=\frac{1}{\sqrt{K-2}}$ 时，有源高通滤波器增益最大。

3）带通滤波器幅频传递函数

对如图 3-29 及图 3-30 所示的两 RC 滤波器而言，要使其具有较窄的带宽，高通和低通的峰值频率必须重合。

因 $X=\sqrt{K-2}$，$X=\omega_L R_L C_L$，且 ω_L、R_L 和 C_L 分别为低通滤波器中的角频率、电阻和电容值，即 $\omega_L R_L C_L=\sqrt{K-2}$，有

$$f_{CL}=\frac{\sqrt{K-2}}{2\pi R_L C_L} \tag{3-21}$$

式中　f_{CL}——低通滤波器的峰值频率。

同理求得高通滤波器峰值频率 f_{CH}，有

$$y=\frac{2}{\sqrt{K-2}}，\quad \omega_H R_H C_H=\frac{1}{\sqrt{K-2}} \tag{3-22}$$

计算得

$$f_{CH}=\frac{1}{2\pi R_H C_H\sqrt{K-2}} \tag{3-23}$$

把带通滤波器的中心频率 f_0 选为峰值频率，即 $f_{CL}=f_0=f_{CH}$，则可得到带宽窄、选择性好的带通滤波器。

联立式（3-21）～式（3-23）得

$$\frac{\sqrt{K-2}}{2\pi R_L C_L}=\frac{1}{2\pi R_H C_H\sqrt{K-2}}=f_0 \tag{3-24}$$

令 $C_L = C_H$，代入式（3–24）得

$$R_H = \frac{R_L}{K-2} \tag{3-25}$$

因有源带通滤波器的频率传递函数 $W(X)=W(\mathrm{j}\omega RC)$，由于带通滤波器是由低通和高通滤波器串联构成的，因此带通滤波器的传递函数应为二者相乘之积，即

$$W(X)=\left(\frac{e_o}{e_i}\right)_L \cdot \left(\frac{e_o}{e_i}\right)_H = \frac{K}{K+\mathrm{j}2X-X^2} \cdot \frac{Ky^2}{Ky^2-\mathrm{j}2y-1} \tag{3-26}$$

把 $y=-\frac{X}{\sqrt{K-2}}$ 代入式（3–26）得

$$W(X)=\frac{K}{K+\mathrm{j}2X-X^2} \cdot \frac{KX^2}{KX^2-\mathrm{j}2X(K-2)-(K-2)^2} \tag{3-27}$$

则带通滤波器的增益 A（X）为

$$A(X)=\left(\left|\frac{e_o}{e_i}\right|\right)_L \left(\left|\frac{e_o}{e_i}\right|\right)_H = \frac{K}{\sqrt{X^4+(4-2K)X^2+K^2}} \cdot \frac{Ky^2}{\sqrt{K^2y^4+(4-2K)y^2+1}} \tag{3-28}$$

把 $y=-\frac{X}{\sqrt{K-2}}$ 代入式（3–28）得

$$A(X)=\frac{K}{\sqrt{X^4+(4-2K)X^2+K^2}} \cdot \frac{KX^2}{\sqrt{K^2X^4+(4-2K)X^2(K-2)^2+(K-2)^4}} \tag{3-29}$$

式（3–29）为本书后面带通滤波器的设计提供了依据。

4）有源带通滤波器设计

依设计指标取中心频率 $f_0 = 600\ \mathrm{Hz}$，经仿真选取 K=25，$C_L = C_H = 0.1\ \mu\mathrm{F}$，由 $\omega R_L C_L = \sqrt{K-2}$ 得

$$R_L = \frac{\sqrt{K-2}}{\omega C_L} = \frac{\sqrt{K-2}}{2\pi f_0 C_L} \approx 12.7\ \mathrm{k\Omega}$$

$$R_H = \frac{R_L}{K-2} \approx 0.55\ \mathrm{k\Omega}$$

另 $KZ = \frac{C_L}{L} = \frac{0.1\times10^{-6}}{25} = 4\ 000\ (\mathrm{pF})$，故 $KR = KR_H = 13.75\ \mathrm{k\Omega}$

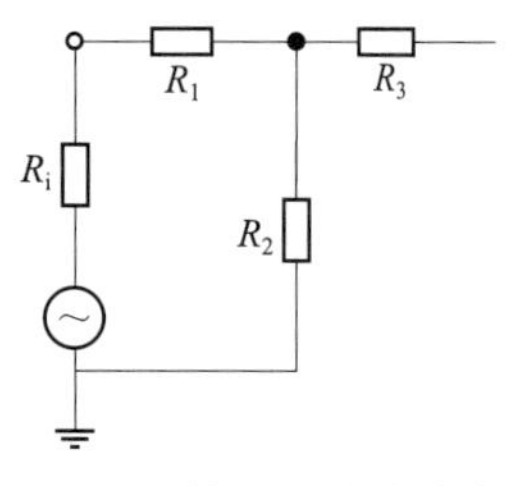

图 3–31　信号源电路结构图

滤波器前端的输入信号是前级放大级的输出级，其电阻 R_i（信号源内阻）对中心频率 f_0 有一定影响，如图 3–31 所示。R_i、R_1、R_2 及 R_3 的取值是根据多次实验得到的经验数值，它们与 R_L 之间的关系为

$$R_L = R_3 + \frac{R_2(R_i+R_1)}{R_i+R_1+R_2} \tag{3-30}$$

当信号源内阻 R_i 和 R_L 为已知时，R_2 的选择对中心频率有一定的影响。根据经验数值，取

$$R_2 = \frac{1}{2}R_L, R_1 = \frac{1}{3}R_L$$

考虑到磁电脉冲转换电路的具体情况，可以近似认为 $R_i \approx 0$，则 R_3 可近似求得

$$R_3 = R_L - \frac{\frac{1}{2}R_L \times \frac{1}{3}R_L}{\frac{1}{2}R_L + \frac{1}{3}R_L} = R_L - \frac{1}{5}R_L = \frac{4}{5}R_L$$

已知 $R_L = 12.7\ \text{k}\Omega$，$R_1 = \frac{1}{3}R_L \approx 4.23\ \text{k}\Omega$，$R_2 = \frac{1}{2}R_L = 6.35\ \text{k}\Omega$，$R_3 = \frac{4}{5}R_L = 10.16\ \text{k}\Omega$。

根据这些参数可完成带通滤波器的设计，其电路如图3-32所示。

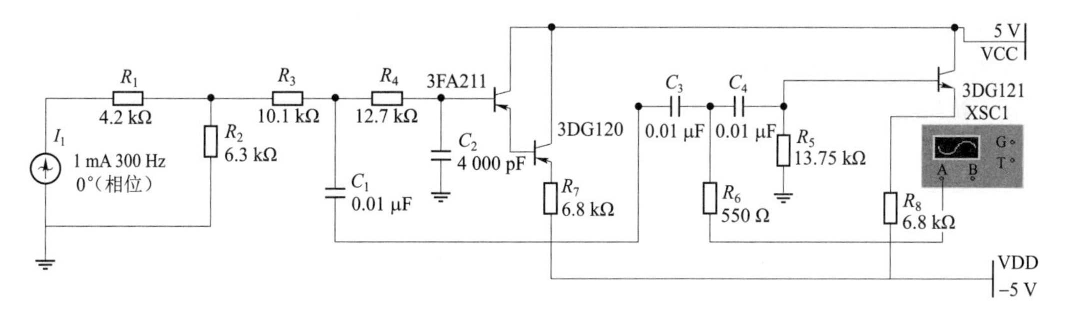

图3-32　带通滤波器电路图

经仿真得到该电路频响特性曲线如图3-33所示，由图可见，其中心频率约为400 Hz，信号具体带宽范围为30 Hz～3 kHz，完全符合本电路的设计要求，有效避免了高频噪声和直流分量，保证了低频三角波信号不受干扰。

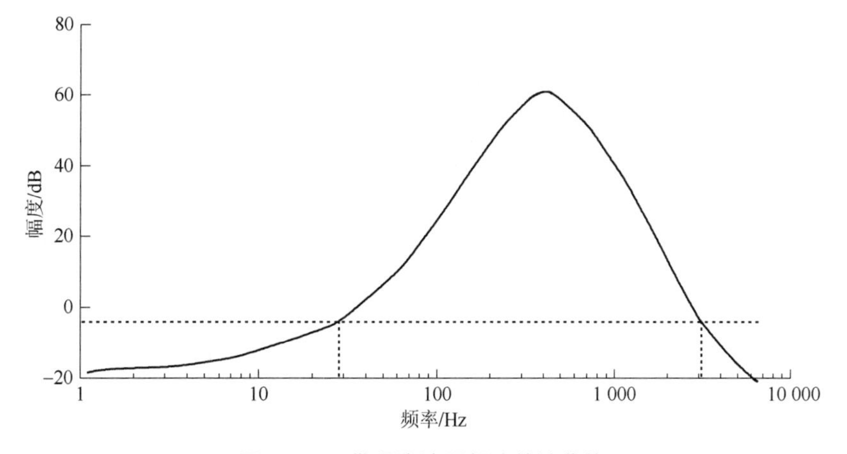

图3-33　带通滤波器频响特性曲线

5. 脉宽测量单元设计

在磁引信系统设计中，信号处理单元肩负着目标信号识别与抗干扰重任，是必不可少的一个关键环节，本章中脉宽的测量通过信号处理系统实现。武器系统对引信的实时性要求甚高，因此本章采用 FPGA（现场可编程门阵列）+DSP（数字信号处理单元）的方式构建信号处理电路。利用全数字锁相环（DPLL）技术对 FPGA 系统时钟进行倍频处理，从而可精确测量磁—脉冲转换电路输出脉冲信号的脉宽，并根据存储在 DSP 中的算法（脉宽与场强的转化算法）计算施加于非晶丝径向的外磁场强度。

FPGA 系统除了计算磁—脉冲探测电路的输出脉宽外，还对非晶丝磁近感引信信号处理电路的时序进行控制，包括 ADC（模数转换器）控制、转换结果缓存、中断信号产生等。DSP 芯片的作用是实现引信系统算法，包括：脉宽与场强的转化算法；检波电压与场强的转化算法；反馈电流与场强的转化算法；判断磁化工作点是否饱和算法；离线建立的权值 λ 规则表；探测器输出计算；坦克模型逐步回归算法；坦克磁场磁梯度、磁场变化率计算；坦克磁场垂直分量磁梯度计算；坦克目标频率计算；坦克目标吨位计算；磁场干扰量计算；目标磁场特征量样本空间建立；特征量先验知识规则库建立等。

测量电路主要由 FPGA 硬件实现，测量算法框图如图 3-34 所示。

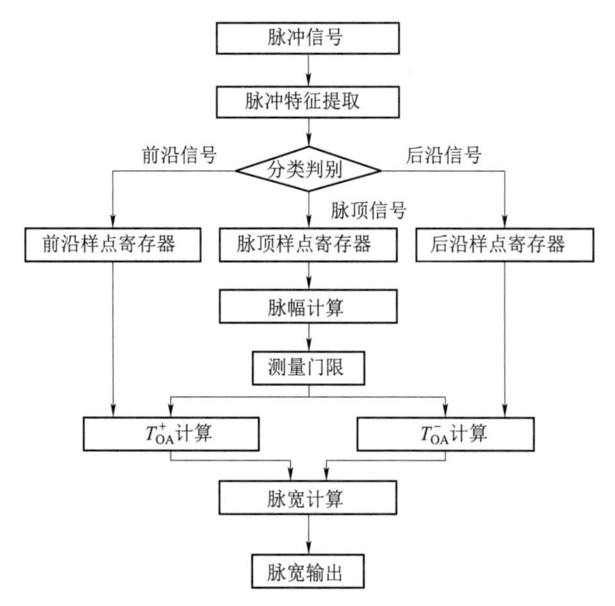

图 3-34　脉宽测量算法框图

脉宽测量算法根据对脉冲样点的积累计算出脉冲幅度，并根据脉冲幅度自适应地调整门限，再根据此门限计算出脉冲到达时间（T_{OA}）和脉冲宽度。

（1）脉冲样点分类

首先，在 FPGA 内根据微分电路的输出进行分类，即分成三类样点集：前沿样点集$\{S_r\}$；脉顶样点集$\{S_p\}$；后沿样点集$\{S_d\}$。图 3-35 所示为分类判别电路，该图中各输入输出拐脚定义如下：

```
CLK              :FPGA 时钟;
EN               :使能信号;
DIN[7:0]         :输入 FPGA 的脉冲样点;
N_R[7:0]         :前沿样点个数;
DOUT_R[7:0]      :前沿样点值;
N_P[7:0]         :平顶样点个数;
DOUT_P[7:0]      :平顶样点值;
N_D[7:0]         :后沿样点个数;
DOUT_D[7:0]      :后沿样点值。
```

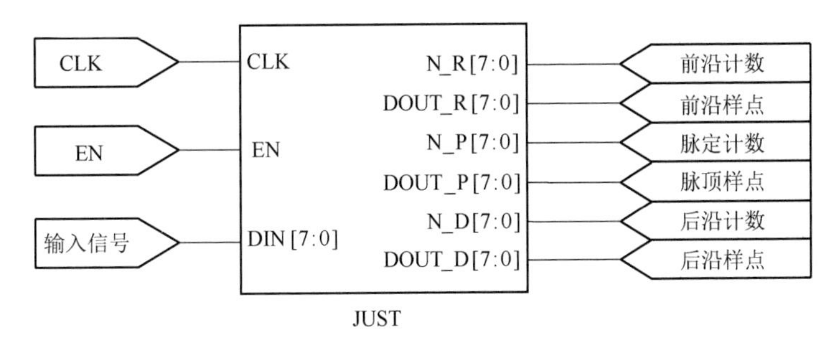

图 3-35　分类判别电路

分类判别算法框图如图 3-36 所示，其中，S_i 为输入信号，DS_i 为采样值的差分，根据 DS_i 与给定的差分判别门限 Δ（根据输入信号平顶的波动情况选取）来对采样点进行分类：

当 $DS_i > \Delta$ 时，S_i 为前沿采样点，定义为 S_{rk}；

当 $-\Delta \leqslant DS_i \leqslant \Delta$ 时，S_i 为平顶采样点，定义为 S_{pk}；

当 $DS_i < -\Delta$ 时，S_i 为后沿采样点，定义为 S_{dk}。

将采样点进行分类后，再将前沿、后沿、平顶的样点分别进行存储计算，可节省每个寄存器的深度，同时也可对前沿、后沿、评定的数据平行处理。

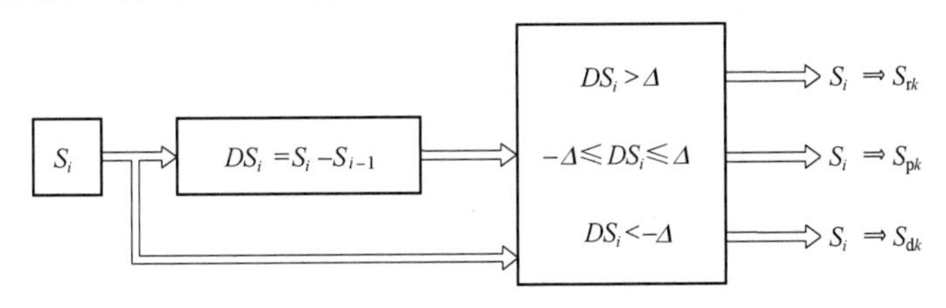

图 3-36　分类判别算法框图

（2）脉冲幅度计算

① 计算原理

根据采样点的分类，符合平顶的样点不断累加，得到脉顶样点的累加和 $\sum_{1}^{M} S_{pk}$ 及参与累加的样点个数 M。将 FPGA 求出的脉顶样点累加和 $\sum_{1}^{M} S_{pk}$ 与 M 做除法求出 PA，即

$$PA = \frac{1}{M}\sum_{1}^{M} S_{pk} \tag{3-31}$$

根据脉冲幅度 PA 可求测量门限值 $V_{-6\text{dB}}$，即

$$V_{-6\text{dB}} = \frac{1}{2}PA \tag{3-32}$$

图 3-37 所示为本章设计的脉冲幅度计算电路，该图中各输入输出拐脚定义如下：

CLK　　　　:FPGA 时钟;

EN　　　　:使能信号;

DIN[7:0]　　:平顶样点;

M[7:0]　　　:平顶样点个数;

PA[7:0]　　:脉冲幅度;

GATE[7:0]　:－6 dB 门限值。

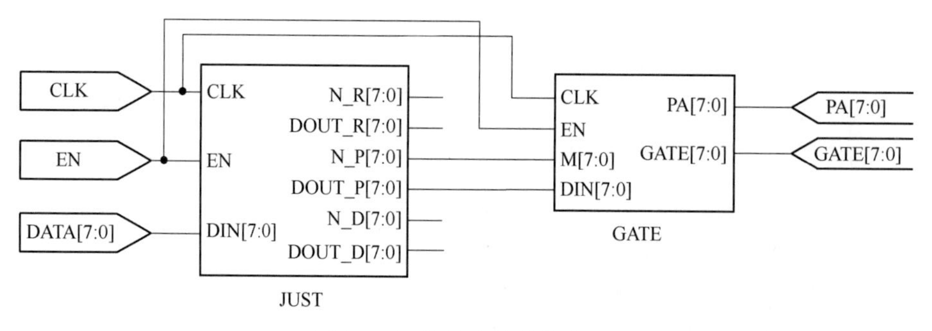

图 3-37　脉冲幅度计算电路

脉冲幅度计算框图如图 3-38 所示。

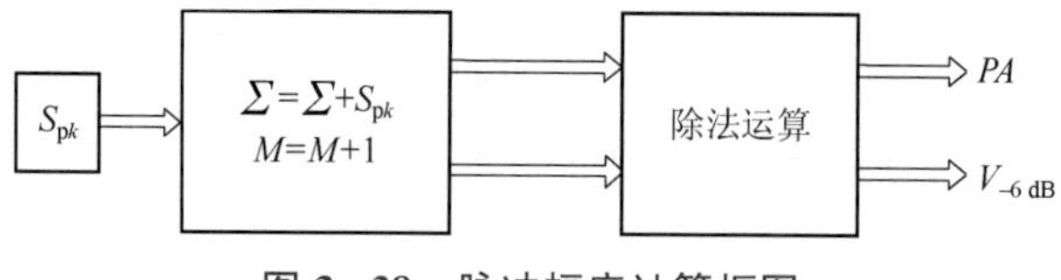

图 3-38　脉冲幅度计算框图

② 二进制除法的实现

在 FPGA 中，除法的计算采用移位的方式来得到，每右移一位即为一次除 2 操作，

但前提为除数必须为 2 的整数倍。当平顶的样点数不是 2 的整数倍时，就不能用内部指令来实现。根据二进制乘法的原理，采用被除数与除数的倒数相乘的方法来实现二进制的除法，这就解决了采样点不为 2 的整数倍这一问题。下面先讨论 16 位二进制乘法。

（a）十六位二进制乘法。十六位二进制乘法是通过逐项移位相加的原理来实现的。从被乘数的最低位开始，如果为 1，则乘数左移后送入寄存器进行累加；如果为 0，则左移后以全零相加。如此往复，直到被乘数的最高位为止，此时累加器中的输出值即为十六位二进制乘法最后的乘积，如图 3－39 和图 3－40 所示。

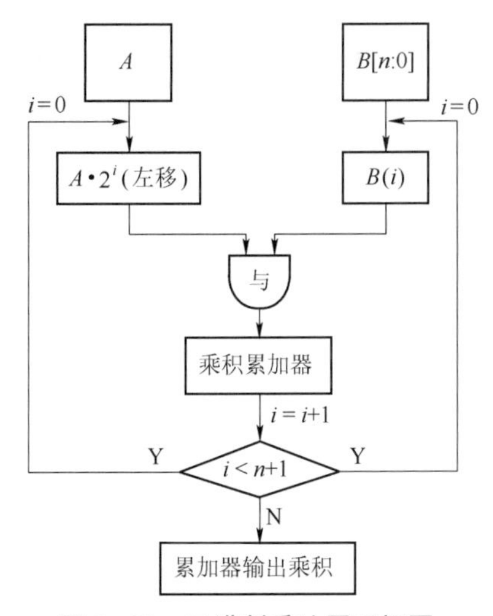

图 3－39　二进制乘法原理框图

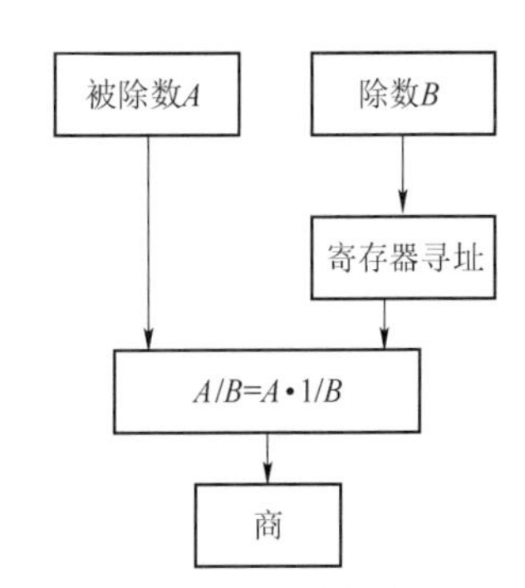

图 3－40　改进的二进制除法原理框图

根据上述原理，设计 VHDL 算法，实现十六位二进制乘法，乘法在一个时钟周期内完成。

（b）二进制除法的改进。在实现二进制除法时采用被除数与除数的倒数相乘的方法，因此在给定除数的同时必须计算出除数的倒数。由于除数的倒数是小数形式，因此把倒数小数部分的 16 位和整数部分的最后 1 位记录为 17 位二进制，再与被除数进行二进制乘法运算。乘积的后 16 位为商的小数部分，前面为商的整数部分。

在 FPGA 中，将除数作为寄存器的地址，其倒数的小数部分作为寄存器的内容。这样，每计算一次除数的倒数，就相当于一次寄存器的寻址过程。

用 VHDL 设计的寄存器寻址算法可在一个时钟周期内将除数 B 转换成 $\frac{1}{B}$，输出结果 M[15:0] 为倒数的小数部分，M[16] 为倒数的整数部分。

图 3－41 所示为除法运算电路，在该图中，A[15:0] 为被除数，B[7:0] 为除数，C[31:16] 为商的整数部分，C[15:0] 为商的小数部分。

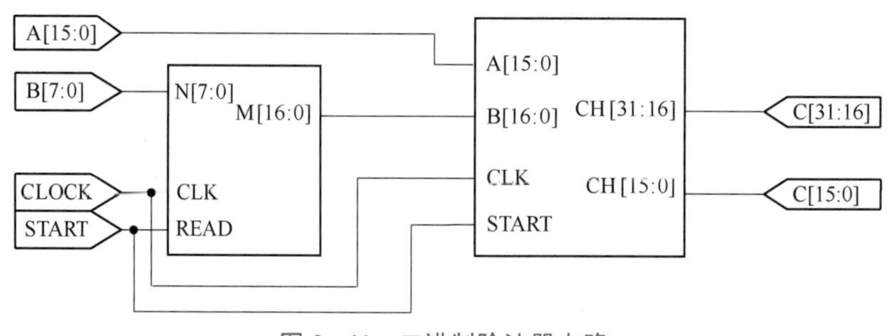

图 3-41　二进制除法器电路

（3）脉冲到达时间计算

首先根据计算得到的 $-6\ \mathrm{dB}$ 门限值对前沿样点集 $\{S_{\mathrm{r}}\}$ 中的样点进行门限判定，求得前沿上 $-6\ \mathrm{dB}$ 附近两点电压值 V_{B}^{+}、V_{A}^{+}（$V_{\mathrm{B}}^{+} \geqslant V_{-6\mathrm{dB}} \geqslant V_{\mathrm{A}}^{+}$）；然后沿样点集 $\{S_{\mathrm{d}}\}$ 中的样点进行门限判定，求得后沿上 $-6\ \mathrm{dB}$ 门限 $V_{-6\ \mathrm{dB}}$ 附近两点的电压值 V_{B}^{-}、V_{A}^{-}（$V_{\mathrm{B}}^{-} \geqslant V_{-6\ \mathrm{dB}} \geqslant V_{\mathrm{A}}^{-}$），则

$$\frac{1}{N}\sum_{k=1}^{N_{\mathrm{r}}} S_{\mathrm{r}k} \approx \frac{1}{N}\sum_{k=1}^{N_{\mathrm{r}}} k \cdot \Delta = \frac{\Delta}{N}\frac{N_{\mathrm{r}}(N_{\mathrm{r}}+1)}{2} = \frac{N_{\mathrm{r}}+1}{2}\varDelta \approx \frac{A}{2} = V_{-6\ \mathrm{dB}} \tag{3-33}$$

式中　$\varDelta$——差分判别门限；

A——脉冲幅度。

令 $V_{\mathrm{A}}^{+} \leqslant \frac{1}{2}A$，$V_{\mathrm{B}}^{+} \geqslant \frac{1}{2}A$，则

$$0 \leqslant \frac{1}{2}A - V_{\mathrm{A}}^{+} \leqslant \varDelta \Rightarrow 0 \leqslant \frac{1}{N_{\mathrm{r}}}k \cdot \varDelta - M \cdot \varDelta \leqslant \varDelta \tag{3-34}$$

式中　M——幅度等于 V_{A}^{+} 的采样点序号，因为 $V_{\mathrm{A}}^{+} \leqslant \frac{1}{2}A$，故必有 $M \leqslant \frac{N_{\mathrm{r}}+1}{2}$。

$$0 \leqslant \frac{1}{N_{\mathrm{r}}}\frac{N_{\mathrm{r}}(N_{\mathrm{r}}+1)}{2} - M \leqslant 1 \Rightarrow 0 \leqslant \frac{N_{\mathrm{r}}-1}{2} \leqslant M \leqslant \frac{N_{\mathrm{r}}+1}{2} \tag{3-35}$$

由式（3-35）知，脉冲前沿 $-6\ \mathrm{dB}$ 附近两点 V_{A}^{+}、V_{B}^{+} 出现在 $\{S_{\mathrm{r}}\}$ 中的第 $\frac{1}{2}N_{\mathrm{r}}$ 或 $\frac{1}{2}(N_{\mathrm{r}}+1)$ 样点附近，N_{r} 为前沿样点数；同理，后沿 $-6\ \mathrm{dB}$ 附近两点 V_{A}^{-}、V_{B}^{-} 出现在 $\{S_{\mathrm{d}}\}$ 中的第 $\frac{1}{2}N_{\mathrm{d}}$ 或 $\frac{1}{2}(N_{\mathrm{d}}+1)$ 样点附近，N_{d} 为后沿样点数。因此，对前沿和后沿样点进行门限检测时，只要对 $\frac{1}{2}N_{\mathrm{r}}$ 或 $\frac{1}{2}(N_{\mathrm{r}}+1)$ 附近和 $\frac{1}{2}N_{\mathrm{d}}$ 或 $\frac{1}{2}(N_{\mathrm{d}}+1)$ 附近的部分样点进行判断，找到 V_{A}^{+}、V_{B}^{+} 和 V_{A}^{-}、V_{B}^{-}，即可计算出 V_{A}^{+} 和 V_{A}^{-} 所对应的时间 T_{A}^{+} 和 T_{A}^{-}。基于此，本章设计了其计算电路。

如图 3-42 所示，该电路实现了 $-6\ \mathrm{dB}$ 附近两点 V_{A}^{+}、V_{B}^{+}（$V_{\mathrm{B}}^{+} \geqslant V_{-6\ \mathrm{dB}} \geqslant V_{\mathrm{A}}^{+}$）的计算。全部计算在 4 个时钟周期内完成，包括输出 T_{A}^{+}。

根据 V_A^+、V_B^+ 计算前沿脉冲的到达时间 T_{OA}^+，即

$$T_{OA}^+ = T_A^+ + \frac{V_{-6\,dB} - V_A^+}{V_B^+ - V_A^+} \cdot T_s \tag{3-36}$$

式中　T_s——前沿样点集 $\{S_r\}$ 中两采样点的采样周期。

同理，对后沿采样点处理，得 V_A^-、V_B^-，再计算后沿的脉冲到达时间 T_{OA}^-，即

$$T_{OA}^- = T_A^- - \frac{V_{-6\,dB} - V_A^-}{V_B^- - V_A^-} \cdot T_s \tag{3-37}$$

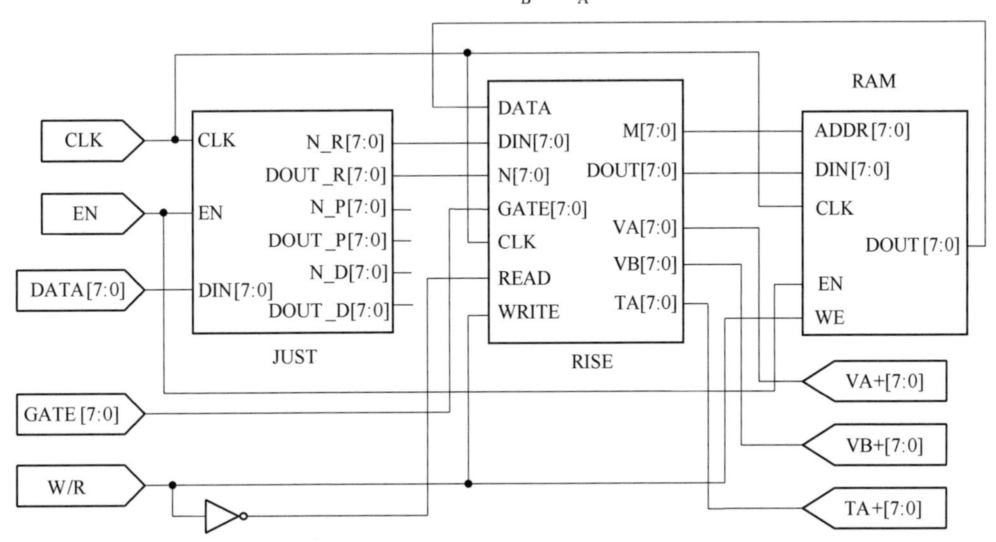

图 3-42　V_A^+、V_B^+、T_A^+的求解电路

图 3-43 所示为脉冲到达时间计算电路。

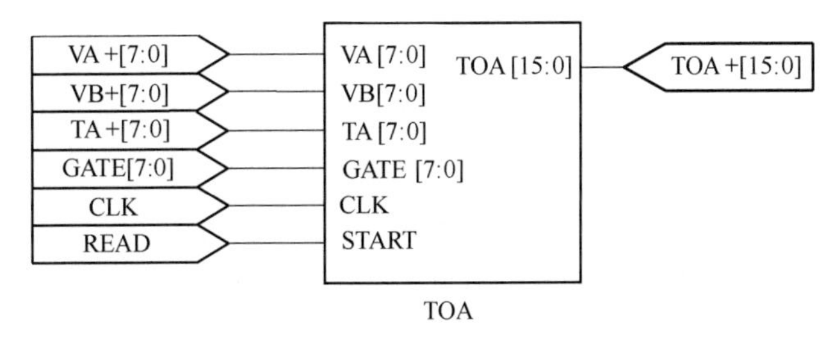

图 3-43　脉冲到达时间测量电路

图 3-43 中输入输出管脚定义如下：

CLK　　　　　:FPGA 时钟;

START　　　　:使能信号;

VA[7:0]　　　:V_A^+;

VB[7:0]　　　:V_B^+;

TA[7:0]　　　:T_A^+;

GATE[7:0]　　　　　　:$V_{-3\ \mathrm{dB}}$;

TOA + [15:0]　　　　　:T_{OA}^{+}。

（4）脉冲宽度计算

根据上升沿和下降沿的到达时间求脉冲宽度 PW，即

$$PW = T_{\mathrm{OA}}^{-} - T_{\mathrm{OA}}^{+} \tag{3-38}$$

据此所设计的脉冲宽度计算电路如图 3-44 所示，该图中输入输出管脚定义如下：

CLK　　　　　　　　　:FPGA 时钟;

EN　　　　　　　　　　:使能信号;

TOA_R[15:0]　　　　　:T_{OA}^{+};

TOA_D[15:0]　　　　　:T_{OA}^{-};

PW[15:0]　　　　　　　:PW。

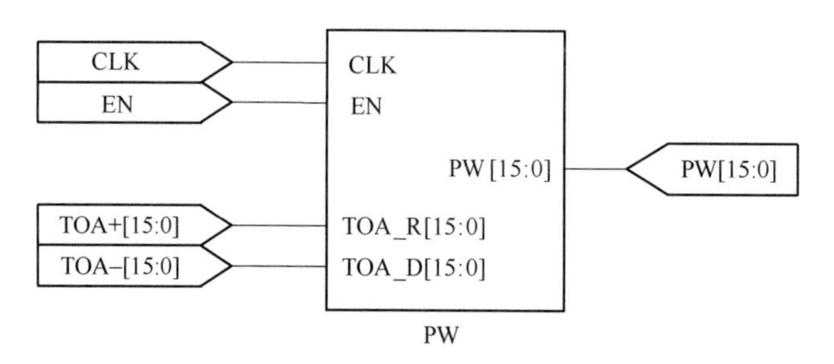

图 3-44　脉冲宽度计算电路

（5）信号处理时间

FPGA 芯片 XC3S200 的输入时钟频率为 50 MHz。

① 脉冲幅度

脉冲分类是在采样点顺序输入 FPGA 的同时进行的，只是在差分时延迟了一个周期，即 $T_s=1\times20=20$ (ns)。

脉顶采样值也是在采样点顺序输入 FPGA 的同时进行的，在后沿结束后将脉顶样点作平均，计算出 PA 和 -6 dB 门限值 $V_{-6\ \mathrm{dB}}$，此时需要两个时钟周期，即 $2T_s=2\times20=40$ (ns)。

② 脉冲到达时间

根据 -6 dB 门限值 $V_{-6\ \mathrm{dB}}$ 分别对脉冲前沿样点和后沿样点进行处理，找出 V_{A}^{+}、V_{B}^{+}、V_{A}^{-}、V_{B}^{-} 的值，对前沿和后沿的处理是同时进行的，约需 4 个周期，即 $4T_s=4\times20=80$ (ns)。

利用 V_{A}^{+}、V_{B}^{+}、V_{A}^{-}、V_{B}^{-} 分别求出 T_{OA}^{+}、T_{OA}^{-}，T_{OA}^{+} 和 T_{OA}^{-} 同时计算、同时输出，需约 4 个时钟周期，即 $4T_s=4\times20=80$ (ns)。

③ 脉冲宽度

根据 T_{OA}^{+}、T_{OA}^{-} 值计算出 PW，约需两个时钟周期，即 $2T_s=2\times20=40$ (ns)。

④ 总耗时

从脉冲样点前沿开始到 P_{A}、T_{OA}^{+} 和 T_{OA}^{-}、PW，最终输出时间总量为

$$T=1T_s+2T_s+4T_s+4T_s+2T_s=13T_s=260\ \text{ns}$$

260 ns 完成脉宽的测量并输出，可完全满足武器系统对引信的实时性要求。

3.2.2　非晶丝磁感应探测电路设计与分析

法拉第电磁感应定律是基于铁磁物质的磁化特性建立起来的，非晶丝材料具有非常低的矫顽力和剩磁比，与铁磁物质相比，它具有良好的磁化特性和极低的涡流损耗，因此更适合作为线圈和绕组的磁芯。

本章单磁芯双绕组谐振电路设计主要基于法拉第电磁感应定律，在此基础上设计了磁感应探测电路，电路框图如图 3－45 所示。电路分为 8 部分：敏感元件结构；脉冲电流源；负反馈电路；运算电路；鉴相整流电路；高频检波电路；放大电路；低通滤波电路。

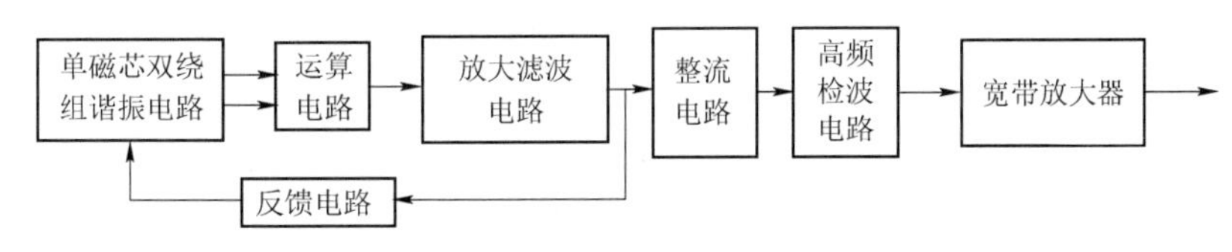

图 3－45　非晶丝磁感应探测电路框图

非晶丝微磁探测器与目标间的距离越大，信号强度就越小，因此探测电路需具有较大的信号增益。本章采用双放大单元组合的方案。为了减小噪声系数，第一个放大单元的增益要大于第二个放大单元。同时，由于系统的增益较高，需考虑噪声功率对待测信号的影响，这可以通过调整带宽来消除。低通滤波器可消除探测电路中产生的噪声以及输出电压信号的基波和次谐波分量，通过元器件选择与电路设计确定出适当的高频衰减率。最后通过第二个放大单元，得到符合数字电路 A/D（模/数转换）的直流分量。

1. 脉冲感应型线圈的工作机理

对钴基非晶丝而言，除了可利用其巨磁阻抗效应以外，还可利用其良好的软磁性能。本章基于法拉第磁感应定律，把非晶丝看作磁芯所设计的脉冲感应型敏感器件，如图 3－46 所示。

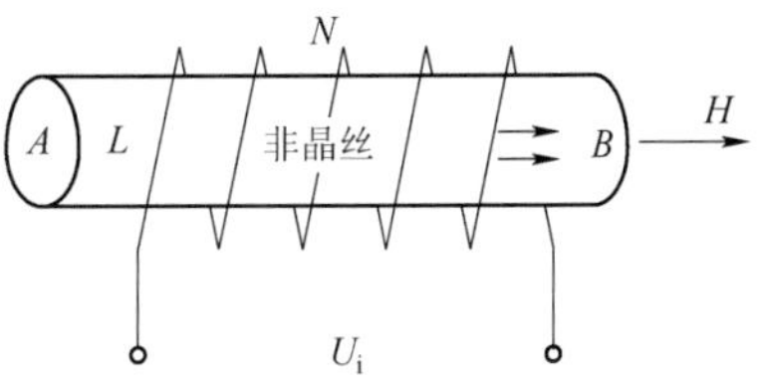

图 3－46　非晶丝脉冲感应型检测线圈

在图 3－46 中，L 为感应线圈，其匝数为 N。令非晶丝磁芯的平均横截面积为 A。若不考虑退磁因子的影响，即假设内部磁场强度与外部磁场强度相同（都是 H），那么当给线圈 L 通入脉冲电流，使

非晶丝磁芯磁化后，在断开电流（对应于脉冲电流下降沿）的瞬间，L 两端就会产生一个感应电压 U_i，由法拉第电磁感应定律可知，感应电压的大小为

$$U_i = -N\frac{d\Phi}{dt} = -NA\frac{dB}{dt} \tag{3-39}$$

式中 Φ ——磁芯的磁通量；

B ——磁芯的磁感应强度。

$$B = \mu_0(H + M) \tag{3-40}$$

式中 μ_0 ——非晶丝零场磁导率；

M ——非晶丝磁芯的磁化强度。

所以

$$\frac{dB}{dt} = \mu_0\left(1+\frac{dM}{dH}\right)\frac{dH}{dt} \tag{3-41}$$

即

$$U_i = -NA\mu_0\left(1+\frac{dM}{dH}\right)\frac{dH}{dt} \tag{3-42}$$

在非晶丝磁芯轴方向上，磁场强度 H 为外界待测磁场 H_{ex}，即

$$U_i = -NA\mu_0\left(1+\frac{dM}{dH_{ex}}\right)\frac{dH_{ex}}{dt} \tag{3-43}$$

非晶丝具有非常好的软磁特性，如果再选择适宜的驱动电路，就可近似认为每次断开电流的瞬间，dH/dt 都是一个常数，这样根据式（3-43），有

$$U_i = U_{i0} + \Delta U_i\text{，}\ U_{i0} = -NA\mu_0\frac{dH_e}{dt}\text{，}\ \Delta U_i = U_{i0}\frac{dM}{dH} \tag{3-44}$$

由式（3-44）知，在线圈两端所产生的感应电压中，U_{i0} 是一个与被测磁场强度无关的常量，称为零场电压；真正反映被测磁场变化的只能是 ΔU_i，也就是 dM/dH 的数值，即非晶丝磁化速率。

从非晶丝的基本性能知，虽然在微观结构上与相应的晶态合金不同，但是其磁化特性仍与一般的软磁材料大同小异，即服从铁磁材料的一般磁化规律。对 $a = 30\ \mu m$，$L = 80\ mm$，$\rho = 130\ \mu\Omega \cdot cm$ 的 $(Co_{0.94}Fe_{0.06})_{72.5}Si_{12.5}B_{15}$ 的非晶丝，其磁化曲线如图 3-47 所示，显然曲线呈非线性分布，当趋近于饱和值 M_s 时曲线的非线性更加突出。

通过选择不同的线圈结构参数和电路参数，可以设定激励磁场 H_e 的大小，即确定非晶丝磁芯在其磁化曲线上的基本工作点。如果不存在偏置磁场，对于恒定的 dH/dt，线圈两端所产生的感应电压 U_i 也是一个恒定的值。如果被测磁场 H_{ex} 不等于零，对非晶丝磁芯就相当于一个偏置磁场，它的存在会使非晶丝磁芯的工作点沿磁化曲线移动。如果移动发生在磁化曲线的非线性部分，那么不同的 H_{ex} 就会使 dM/dH 取不同的值，从而导致线圈两端在断电时产生不同的感应电压。由于磁化曲线实际存在的非线性和

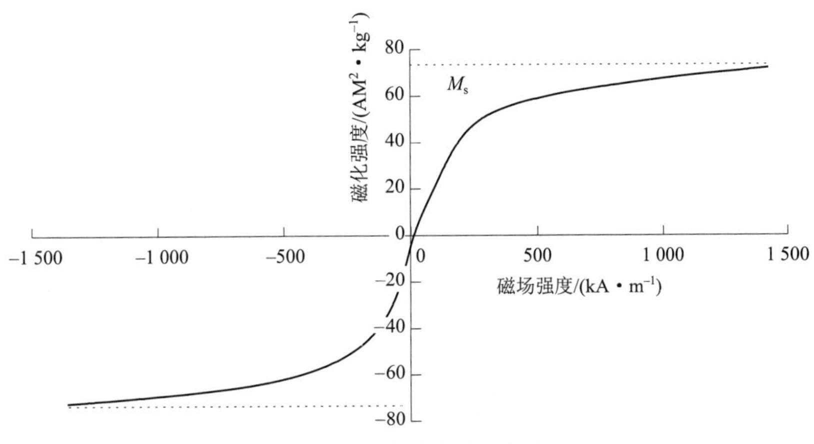

图 3-47 非晶丝磁化曲线

被测磁场 H_{ex} 的作用，使非晶丝磁芯的工作点在非线性区间移动，线圈两端的感应电压 U_i 会发生与被测磁场 H_{ex} 相关的变化。这就是脉冲感应型敏感元件电路的基本原理。

由此可以看出，要使被测磁场在 ΔU_i 中有所反映，$\mathrm{d}M/\mathrm{d}H$ 必须不能为常数，也就意味着磁化工作点必须落在非晶丝磁芯磁化曲线的非线性区间，最理想的情况是落在 $M=f(H)$ 二次函数曲线区间，因为只有在该区间内，ΔU_i 才随被测磁场作线性变化。

考虑到国产非晶丝的退磁因子不完全为零，因此非晶丝磁芯在被磁化的同时，其内部也会产生一个方向相反的退磁场，这时磁芯内部实际的磁场强度为

$$H = H_{ex} - DM \tag{3-45}$$

式中 H_{ex} ——外磁场强度；

D——退磁因子。

由式（3-45）和式（3-40）得

$$B = \mu_0[H_{ex} + (1-D)M] \tag{3-46}$$

由式（3-45）对 M 求导得

$$\frac{\mathrm{d}H_{ex}}{\mathrm{d}M} = \frac{\mathrm{d}H}{\mathrm{d}M} + D \tag{3-47}$$

对式（3-46）两端对 t 求导得

$$\frac{\mathrm{d}B}{\mathrm{d}t} = \mu_0\left(1+\frac{1-D}{\dfrac{\mathrm{d}H_{ex}}{\mathrm{d}M}}\right)\frac{\mathrm{d}H_{ex}}{\mathrm{d}t} \tag{3-48}$$

联立式（3-47）、式（3-48）得

$$\frac{\mathrm{d}B}{\mathrm{d}t} = \mu_0\left(1+\frac{1-D}{\dfrac{\mathrm{d}H}{\mathrm{d}M}+D}\right)\frac{\mathrm{d}H_{ex}}{\mathrm{d}t} \tag{3-49}$$

联立式（3-49）、式（3-43）得

$$U_i = -NA\mu_0\left(1+\frac{1-D}{\frac{dH}{dM}+D}\right)\frac{dH_{ex}}{dt} \tag{3-50}$$

显见式（3-43）是式（3-50）的推广，若式（3-50）中的D值为零，则两式等价。当退磁因子不为零时，感应电压的大小会受到影响。退磁因子D的大小是调节脉冲感应型磁场探测器灵敏度和量程的一种手段。

2. 敏感元件结构选择

式（3-44）表明，能够反映被测磁场的信息仅存在于ΔU_i中，U_i相当于一个零场输出，过高的U_i会使信号处理难度加大，因此需设法减小它。一般有两种方法：单磁芯双绕组励磁；双磁芯单绕组励磁。为选出合适的方法，下面分别加以讨论。

（1）单磁芯双绕组励磁

图3-48所示为单磁芯双绕组励磁电路框图，图中将两个检测线圈平行反向放置，它们各带有单独的励磁电路和感应电压检出电路。假设两个线圈的零场感应电压为U_{i0}，被测磁场H引起的电压变化量为ΔU_i，则两个线圈的实际感应电压分别为

$$\begin{cases}U_{i1} = U_{i0} + \Delta U_i \\ U_{i2} = U_{i0} - \Delta U_i\end{cases} \tag{3-51}$$

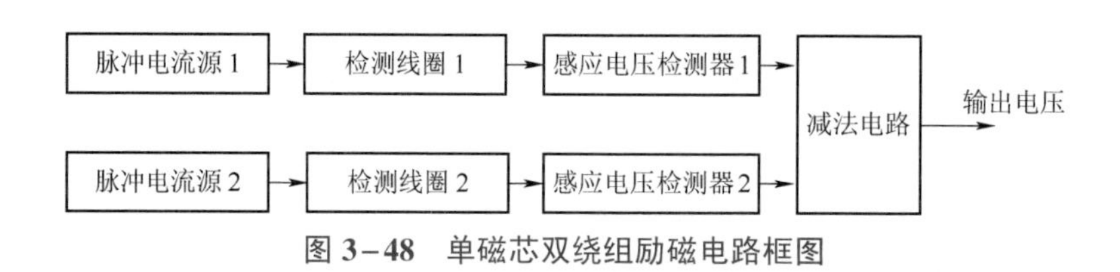

图3-48　单磁芯双绕组励磁电路框图

利用运算电路将上面两个感应电压相减，可得到不含零场电压的有效输出为

$$U_o = U_{i1} - U_{i2} = 2\Delta U_i \tag{3-52}$$

（2）双磁芯单绕组励磁

图3-49所示为双磁芯单绕组励磁电路框图，图中该模式仅有一个线圈，但有两个极性相反的感应电压检出器，对称接入的脉冲电流源交替进行双向励磁。假定前后两次的零场感应电压分别为U_{i0}和$-U_{i0}$，被测磁场H引起的电压变化量为ΔU_i，则两次实际感应电压分别为

$$\begin{cases}U_{i1} = U_{i0} + \Delta U_i \\ U_{i2} = -U_{i0} + \Delta U_i\end{cases} \tag{3-53}$$

利用运算电路将上面两个感应电压相加，可得到不含零场电压的有效输出为

$$U_o = U_{i1} + U_{i2} = 2\Delta U_i \tag{3-54}$$

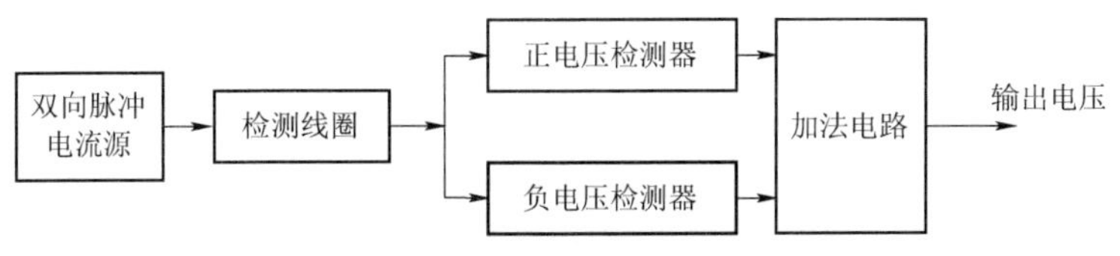

图 3-49　双磁芯单绕组励磁电路框图

鉴于选择非晶丝磁芯的低成本要求，故脉冲感应型电路的敏感元件结构本章采用单磁芯双绕组励磁模式，其结构如图 3-50 所示。

3. 磁场负反馈电路设计

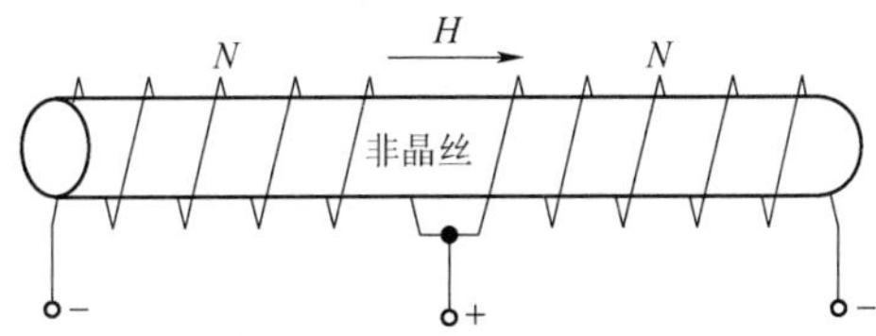

图 3-50　单磁芯双绕组励磁结构

采用多谐振荡电路对非晶丝磁芯进行励磁，然后测出感应电压，从而得出被测磁场的大小，该过程为开环方式。以开环方式工作的非晶丝脉冲感应电路不仅量程有限，而且稳定性差。其次，当待测磁场强度大于非晶丝磁化饱和点对应的磁场强度时，感应电压并非待测磁场强度的真实反映；非晶丝材料自身的磁滞特性，决定了其工作频响，当待测磁场频率高于非晶丝工作频率上限时，测量误差将呈指数级增长。如何改善这些缺陷是提高探测器性能的关键，一般采用负反馈的方法实现。

常用的负反馈方法有两种，即电流负反馈和磁场负反馈。前者将测得的磁场强度转换成一个负反馈电流与励磁电流相叠加，适用于单个线圈或直流励磁的情况；后者则将反馈电流通过一个线圈转换成与被测磁场方向相反的反馈磁场，适用于双线圈或交流励磁的情况。

由于本书所设计的单磁芯双绕组谐振电路含有两组串联线圈，因此通常采用磁场负反馈的补偿方法来稳定非晶丝磁芯的实际磁化工作点。其原理是将经滤波后得到的电压信号进行 V/I 转换，使其输出随外磁场变化的电流信号，遂在反馈线圈中产生与待测磁场 H_{ex} 反向的磁场 H_f，则非晶丝除了受到经脉冲电流激励线圈产生的感应磁场外，还受到 $H_{ex}-H_f$ 的磁场作用，即反馈磁场削弱了非晶丝的外磁场。若 V/I 转换器的转换系数很大，则可使非晶丝工作在零场附近的非线性区域。

图 3-51 所示为带负反馈的非晶丝磁芯脉冲感应探测器框图，这是一个一阶负反馈系统，用单独的反馈线圈对非晶丝磁芯进行磁场负反馈。其中 E_{dc} 为输出电压；$F(H_{ex})$ 为探测器磁场检测增益；A 为电流放大倍数；G 为受输出电压左右的磁反馈系数。

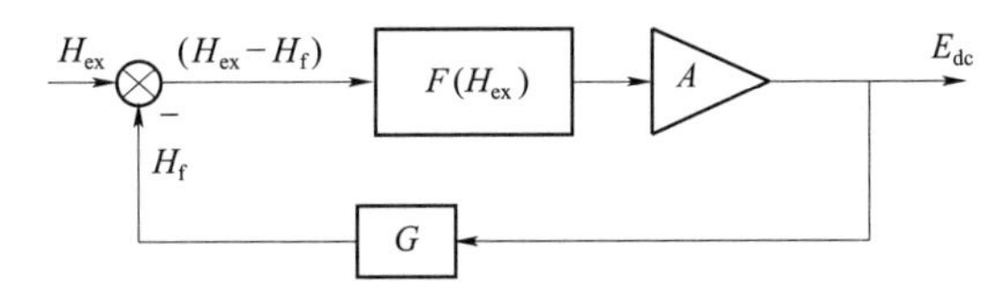

图 3-51　带负反馈的非晶丝磁芯脉冲感应探测电路框图

根据该框图，可写出输出电压 E_{dc} 与待测磁场 H_{ex} 的关系为

$$E_{dc}=\frac{F(H_{ex})A}{1+F(H_{ex})AG}H_{ex} \tag{3-55}$$

当系统闭环增益 $F(H_{ex})AG\gg 1$ 时，式（3-55）可近似为

$$E_{dc}=\frac{1}{G}H_{ex}=\frac{LR_f}{N_f}H_{ex} \tag{3-56}$$

式中　R_f ——反馈电阻；

　　　N_f ——负反馈线圈匝数。

式（3-56）表明，当闭环增益足够大时，输出电压 E_{dc} 与探测器磁场检测增益无关（电路结构一旦确定，其增益为常数），仅仅取决于反馈回路，即此时探测器闭环灵敏度不再受被测磁场的影响，而完全可由反馈电阻来调节。

反馈线圈 N_f 也绕在探头磁芯上，当非晶丝磁芯脉冲感应器工作时，N_f 中也会出现振荡电流。这种高频振荡电流进入反馈回路，势必会降低仪器的灵敏度。为防止该种情况发生，必须用高阻抗负载提供负反馈电流，故采用具有高感抗的高频扼流圈。但是，在电路调试过程中发现，加入该高感抗负载后，反馈电流也受到了很大影响，经过对电路的反复调试，最后选用一对互补型电流放大器充当反馈电流源。它由功率三极管 2 SA720 和 2 SC1318 组成，是将两功率三极管发射极相连组成射极跟随器，具有输入阻抗大、输出阻抗小的优点，并能同时放大输入电流，满足了电路的设计要求。另外，为了消除反馈电路中的高频信号，本章设计两个电平移位放大器对信号进行低通滤波并对基准噪声进行抑制。两个电流放大器和电平移位放大器组成一个桥式推挽功率放大器，对输入电压进行推挽放大（增益略小于 1），电路如图 3-52 所示。

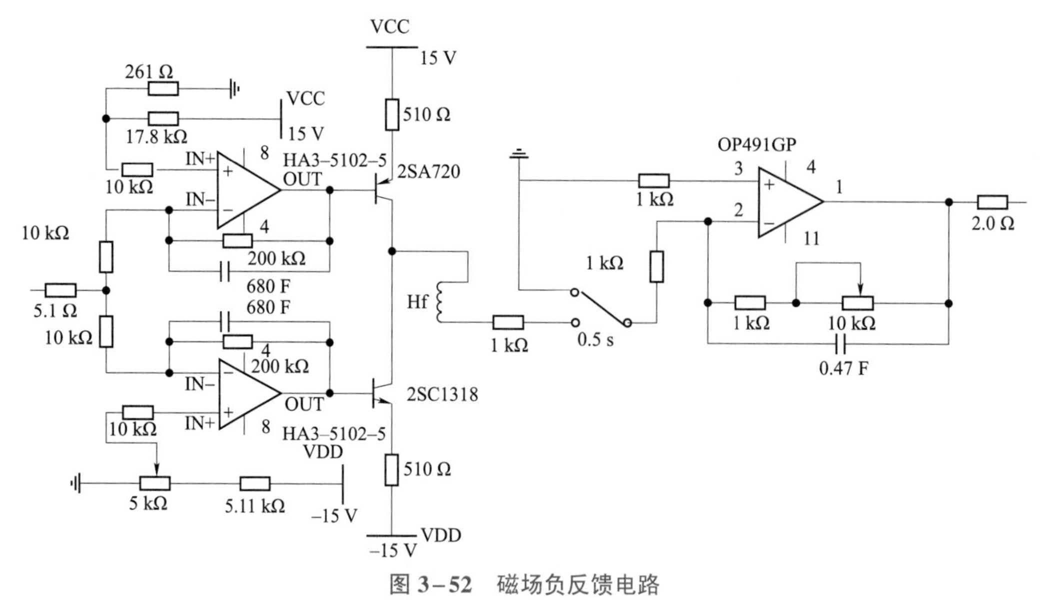

图 3-52　磁场负反馈电路

为了便于计算反馈电流，将图 3－51 具体化后变换为图 3－53。

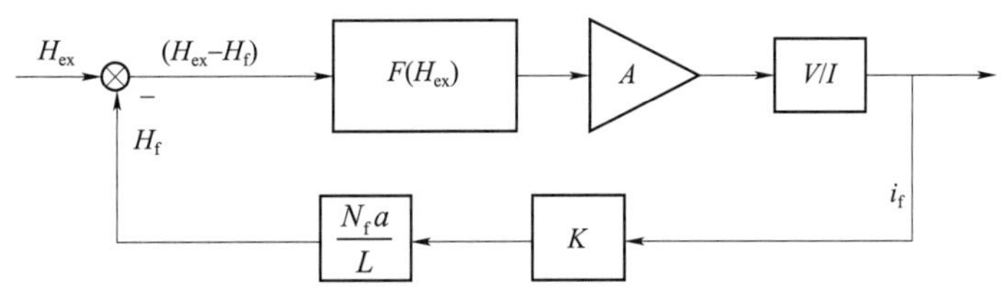

图 3－53　磁场负反馈电路框图

在图 3－53 中，H_f 为反馈磁场强度；$F(H_{ex})$ 为探测器磁场检测增益；A 为放大倍数；i_f 为反馈电流；K 为反馈电路增益。根据图 3－53 得

$$(H_{ex}-H_f)F(H_{ex})A=i_f \tag{3-57}$$

其中

$$H_f=K\frac{N_f a}{L}i_f \tag{3-58}$$

联立式（3－57）和式（3－58）得

$$i_f=\frac{F(H_{ex})ALH_{ex}}{L+F(H_{ex})AKN_f a} \tag{3-59}$$

实际应用中，一般满足 $F(H_{ex})AKN_f a \gg L$，则式（3－59）可简化为

$$i_f=\frac{L}{KN_f a}H_{ex} \tag{3-60}$$

式（3－60）表明，当系统闭环增益足够高时，反馈电流 i_f 的大小与放大器的增益无关（电路结构一旦确定，其增益为常数），仅仅与被测磁场强度成正比。

图 3－54 所示为本章设计的带负反馈的非晶丝脉冲感应探测器敏感元件结构，根据非晶丝长度与绕线直径的几何关系，标定线圈匝数选为 100，反馈线圈匝数选为 50。

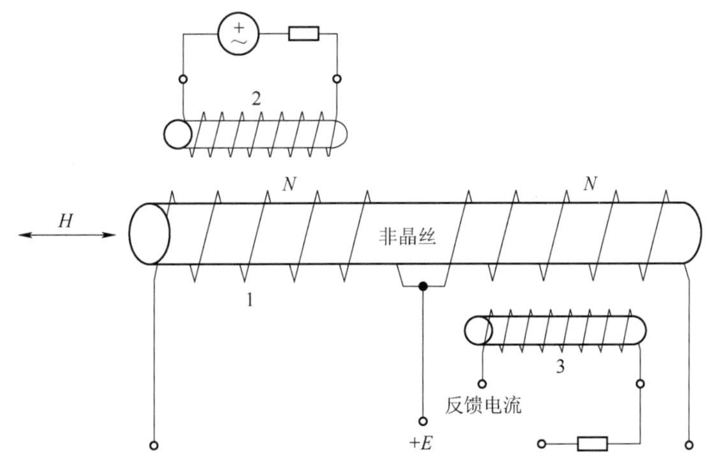

图 3－54　单磁芯双绕组敏感元件结构

1—感应线圈；2—标定线圈；3—反馈线圈

4. 单磁芯双绕组谐振电路设计

本章设计的单磁芯双绕组谐振电路如图 3－55 所示。它是截取一段非晶丝作为磁芯，在其上采用双线并绕法均匀密绕两组线圈，将两组线圈串联反接，公共端接至电路电源正极。这种单磁芯双绕组结构可保证两组线圈具有良好的对称性。

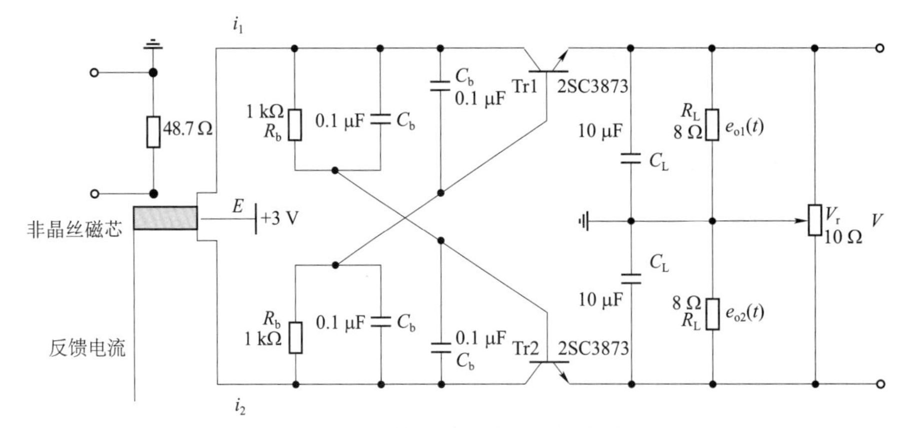

图 3－55　单磁芯双绕组谐振电路

它由两个三极管 Tr1，Tr2 分别为线圈交替供电；R_b,C_b 为耦合元件；R_L 为负载电阻；C_L 为滤波电容；V_r 为平衡电位器。电路中 Tr1，Tr2 采用 2SC3873 高频开关管，其元器件参量见图 3－55。

该电路中，双线圈并绕法制作的非晶丝磁芯可分别看作两个电感，它们与两个负载电阻 R_L 构成一个电桥。因两个三极管 Tr1、Tr2 为开关器件，它们的一通一断构成一个振荡周期。Tr1 导通时，Tr2 处于截止状态，Tr1 一侧线圈中的激励电流 I_1 从零升到最大值 I_{m1}，而 Tr2 一侧线圈中的激励电流 I_2 则从最大值 I_{m2} 降至零，这为前半周期；Tr2 导通时，Tr1 处于截止状态，I_1 与 I_2 的变化正好与前半周期相反。Tr1，Tr2 如此交替地保持导通和截止。如图 3－56 所示，当无外磁场时，示波器两端分别连在开关管的发射极和集电极上，由图中波形看出，Tr1，Tr2 保持完全截止——完全导通——完全截止的状态，彼此差 1/2 个时间周期（$T = T_1 + T_2$，$T_1 = T_2$）。

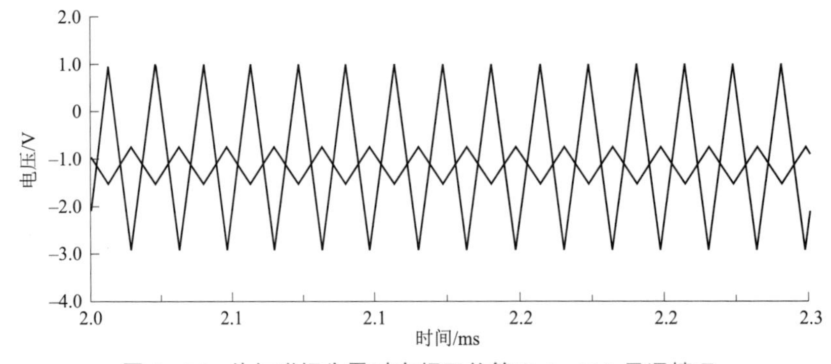

图 3－56　外加磁场为零时高频开关管 Tr1，Tr2 导通情况

两磁化线圈中交替变化的电流产生的变化磁场会影响到非晶丝磁芯的磁化程度 M，使工作点沿磁化曲线移动。显然，无外磁场时，两个电感一致，电路对称，$T_1=T_2$，桥路的输出信号满足

$$e_{o1}(t)=e_{o2}(t+T_1) \tag{3-61}$$

式中 $e_{o1}(t)$——前半周期桥路输出的电压信号；

$e_{o2}(t+T_1)$——后半周期输出的电压信号。

非晶丝双绕组谐振电路输出电压信号（多谐）的直流分量为

$$V=\frac{\int_0^{T_1}e_{o1}(t)\mathrm{d}t-\int_{T_1}^{T_1+T_2}e_{o2}(t)\mathrm{d}t}{T_1+T_2}=0 \tag{3-62}$$

即输出电压 V 等于零。

当非晶丝磁芯中有平行于轴向的外磁场 H_{ex} 作用时，其中必有一个线圈内的励磁方向与 H_{ex} 方向相同，而另一个线圈内的励磁方向与 H_{ex} 方向相反，即两线圈对应磁化状态不同，使得 $T_1\neq T_2$，且 T_1，T_2 均随 H_{ex} 增大而减小，但两者减小速率不同，导致 T_1 与 T_2 之差随 H_{ex} 增大而增大，即 T_1 与 T_2 之差表征了外磁场的变化程度。如图 3-57 所示，T_1，T_2 均大幅减小，但 $\Delta T_1>\Delta T_2$，即 $e_{o1}>e_{o2}$，与理论分析吻合。

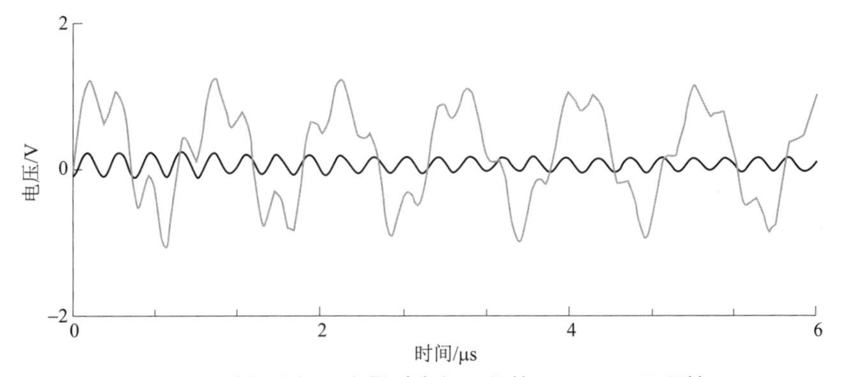

图 3-57 外加磁场不为零时高频开关管 Tr1，Tr2 导通情况

假设忽略三极管饱和导通时的结电容及线圈之间的分布电容，由于选用的非晶丝具有很大的长径比，故可忽略非晶丝内退磁场的影响。具体分析一个静态时刻（Tr1 饱和导通，Tr2 完全截止）来说明。

基于图 3-55，根据基尔霍夫定律和安培定律可列出方程组

$$\begin{aligned}
&E=I_{c1}R_w+V_{ce}+I_{c1}R_L+e_1\\
&E=I_bR_b+I_{b1}R_w+V_{be}+I_{e1}R_L-e_1\\
&I_{e1}=I_{b1}+I_{c1}\\
&N(I_{c1}-I_{b1})+H_{ex}L=F_c\\
&R_bC_b\frac{\mathrm{d}I_b}{\mathrm{d}t}+I_b=I_{b1}
\end{aligned} \tag{3-63}$$

式中 E——电源电压；

e_1——磁通变化时在绕组中产生的电动势；

I_{e1}，I_{b1}，I_{c1}——晶体管 Tr1 的发射极电流、基极电流和集电极电流；

I_b——流过电阻 R_b 的电流；

F_c——非晶态合金磁芯的磁动势；

R_w——绕组电阻；

V_{ce}，V_{be}——晶体管饱和时的结电压和晶体管导通时的结电压；

F_c 在 H_{ex} 较小的变化范围内，对确定的 E 值，F_c 可看作常数，将上述方程组联立得

$$\begin{aligned} I_b &= \frac{b(1-e^{-\alpha t})}{a} + Ke^{-\alpha t} \\ e_1 &= \frac{1}{2}\left[\frac{R_w(F_c - H_{ex}L)}{N} - V_{ce} + V_{be} + R_b I_b\right] \\ I_{e1} &= \frac{2E - V_{ce} - V_{be} - R_b I_b}{2R_L + R_w} \end{aligned} \tag{3-64}$$

式中 $a = \left[1 + \frac{1}{2}\frac{R_b}{(2R_L + R_w)}\right]\frac{1}{R_b C_b}$；

$b = \frac{1}{2R_b C_b}\left(\frac{2E - V_{ce} - V_{be}}{2R_L + R_w} - \frac{F_c - H_{ex}L}{N}\right)$；

K——由边界条件决定的常数。

设 Tr1 导通期间在外磁场 H_{ex} 作用下非晶磁芯的磁通由 Φ 变到 $-\Phi$，由 Maxwell 电磁方程得

$$e_1 = \oint E_k \cdot dl = -\frac{d\Psi}{dt} \tag{3-65}$$

积分得

$$\int_0^{T_1} e_1 dt = -\Delta\Psi = 2N\Phi \tag{3-66}$$

式中 Ψ——磁通链数。

将式（3-65）求得的 e_1 值代入，考虑多谐振荡电路输出信号的频率很高，使 $aT_1 \to 0$，由式（3-66）得

$$T_1 = \frac{4N\Phi}{\frac{R_b b}{a} - \frac{(F_c - H_{ex}L)R_w}{N} - (V_{ce} - V_{be})} \tag{3-67}$$

电阻 R_L 的输出电压为

$$e_{o1}(t) = \frac{2E - V_{ce} - V_{be} - R_b I_b}{2R_L + R_w} R_L \tag{3-68}$$

当 Tr2 饱和导通、Tr1 截止时，同理可列出另一组方程并求解得出

$$I_{\mathrm{b}}' = \frac{b'}{a'}(1 - \mathrm{e}^{-\alpha' t}) + K'\mathrm{e}^{-\alpha' t} \tag{3-69}$$

其中，K' 为由边界条件决定的常数，由

$$\int_0^{T_2} e_2 \mathrm{d}t = -\Delta\psi = -2N\Phi$$

可得

$$T_2 = \frac{4N\Phi}{\dfrac{R_{\mathrm{b}} b'}{a'} - \dfrac{(F_{\mathrm{c}} + H_{\mathrm{ex}} L) R_{\mathrm{w}}}{N} - (V_{\mathrm{ce}} - V_{\mathrm{be}})} \tag{3-70}$$

式中　$a' = \left[1 + \dfrac{1}{2} \dfrac{R_{\mathrm{b}}}{(2R_{\mathrm{L}} + R_{\mathrm{w}})}\right] \dfrac{1}{R_{\mathrm{b}} C_{\mathrm{b}}}$；

$b' = \dfrac{1}{2R_{\mathrm{b}} C_{\mathrm{b}}} \left(\dfrac{2E - V_{\mathrm{ce}} - V_{\mathrm{be}}}{2R_{\mathrm{L}} + R_{\mathrm{w}}} - \dfrac{F_{\mathrm{c}} + H_{\mathrm{ex}} L}{N} \right)$。

同理可得

$$e_{\mathrm{o}2}(t) = \frac{2E - V_{\mathrm{ce}} - V_{\mathrm{be}} - R_{\mathrm{b}} I_{\mathrm{b}}'}{2R_{\mathrm{L}} + R_{\mathrm{w}}} R_{\mathrm{L}} \tag{3-71}$$

由于多谐振荡电路输出信号频率及角频率满足

$$f = \frac{2\pi}{\omega} = \frac{1}{T_1 + T_2} \tag{3-72}$$

且 K 和 K' 可根据边界条件式（3-73）求出

$$\begin{cases} I_{\mathrm{c}1}(0) = I_{\mathrm{b}2}(T_1) \\ I_{\mathrm{c}1}(T_1) = I_{\mathrm{b}2}(0) \end{cases} \tag{3-73}$$

代入化简得

$$K = K' = \frac{2E - V_{\mathrm{ce}} - V_{\mathrm{be}}}{4R_{\mathrm{L}} + 2R_{\mathrm{w}} + R_{\mathrm{b}}} \left[1 + \frac{(4R_{\mathrm{L}} + 2R_{\mathrm{w}}) F_{\mathrm{c}} R_{\mathrm{L}} R_{\mathrm{b}} C_{\mathrm{b}}}{N^2 \Phi (4R_{\mathrm{L}} + 2R_{\mathrm{w}} + R_{\mathrm{b}})} \right] \tag{3-74}$$

显然多谐振荡电路的输出信号 $V_{\mathrm{o}}(t) = e_{\mathrm{o}1}(t) - e_{\mathrm{o}2}(t)$，由傅里叶变换将信号放在频域中处理，有

$$V_{\mathrm{o}}(t) = c_0 + \sum_{n=1}^{\infty} [c_n \cos(n\omega t) + d_n \sin(n\omega t)] \tag{3-75}$$

式中

$$\begin{aligned} c_0 &= \frac{1}{T_1 + T_2} \left[\int_0^{T_1} e_{\mathrm{o}1}(t) \mathrm{d}t - \int_{T_1}^{T_1 + T_2} e_{\mathrm{o}2}(t) \mathrm{d}t \right] \\ c_n &= \frac{2}{T_1 + T_2} \left[\int_0^{T_1} e_{\mathrm{o}1}(t) \cos(n\omega t) \mathrm{d}t - \int_{T_1}^{T_1 + T_2} e_{\mathrm{o}2}(t) \cos(n\omega t) \mathrm{d}t \right] \\ d_n &= \frac{2}{T_1 + T_2} \left[\int_0^{T_1} e_{\mathrm{o}1}(t) \sin(n\omega t) \mathrm{d}t - \int_{T_1}^{T_1 + T_2} e_{\mathrm{o}2}(t) \sin(n\omega t) \mathrm{d}t \right] \end{aligned} \tag{3-76}$$

式中　c_0——电压的直流分量 V，即 $V_o(t)$ 的平均值；

c_n，d_n——基波及其各次谐波分量。

设外磁场对应于 Tr1 侧线圈方向，从而有 $T_1 < T_2$，得 $c_0 < 0$；当外磁场反向时，$T_1 > T_2$，得 $c_0 > 0$，此时 c_n 和 d_n 均不为零。即存在外磁场 H_{ex} 时，单磁芯双绕组谐振桥路的输出信号既含有直流分量，也含有高频的正弦分量和余弦分量。

将 $e_{o1}(t)$ 和 $e_{o2}(t)$ 代入式（3-76），计算得

$$V = \frac{R_L}{2R_L + R_w} \frac{(2E - V_{ce} - V_{be} - KR_b)(T_1 - T_2)}{T_1 + T_2} \tag{3-77}$$

又存在

$$\frac{T_1 - T_2}{T_1 + T_2} = \frac{1}{2} \frac{-(R_L + R_w)H_{ex}L}{N(E - V_{ce}) - F_c(R_L + R_w)} \tag{3-78}$$

代入式（3-77），有

$$V = \frac{-R_L(R_L + R_w)L}{N(4R_L + 2R_w)} \frac{2E - V_{ce} - V_{be}}{E - V_{ce} - \frac{F_c(R_L + R_w)}{N}} \left(\frac{4R_L + 2R_w}{R_b} - \frac{R_L F_c C_b}{N^2 \Phi} \right) H_{ex} \tag{3-79}$$

式（3-79）可写为

$$V = K' H_{ex} \tag{3-80}$$

其中，$K' = \frac{-R_L(R_L + R_w)L}{N(4R_L + 2R_w)} \frac{2E - V_{ce} - V_{be}}{E - V_{ce} - \frac{F_c(R_L + R_w)}{N}} \left(\frac{4R_L + 2R_w}{R_b} - \frac{R_L F_c C_b}{N^2 \Phi} \right)$，为探测器相对灵敏度。它与电源电压、谐振桥路电阻、电容、三极管等参数及线圈匝数、非晶丝固有参数有关。

以上推导过程证明，单非晶丝磁芯双绕组谐振电路的输出电压直流分量能充分反映外加磁场强度 H_{ex} 的大小。

5. 运算电路设计

由前面可知

$$U_i = U_{i0} + \Delta U_i, \quad U_{i0} = -NA\mu_o \frac{dH_e}{dt}, \quad \Delta U_i = U_{i0} \frac{dM}{dH}$$

由于探测电路采用单磁芯双绕组的结构，故要进行加法运算以消掉零场电压 U_{i0}，通常用运算放大器进行抵消运算。但是，零场电压 U_{i0} 的峰值往往会超出普通运算放大器的输入范围，故需对运算电路进行重新设计，如图 3-58 所示。其原理是来自两个峰值检测器的感应电压经电阻加到抵消电路的两个输入端上，这样利用电路的共模抑制比便消除了零场电压 U_{i0} 在输出信号中的影响。根据 TL082 运算放大器的参数和各电阻阻值计算可得出运算电路共模输入电压的范围为 -30～30 V，结果表明本章设计可保证元器件不会因零场电压峰值过高而遭到损坏。

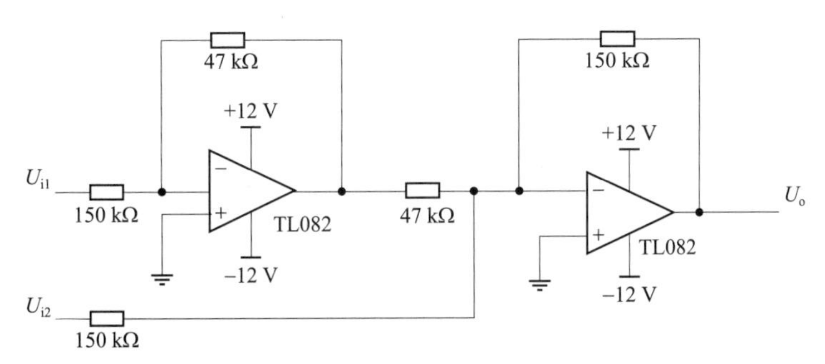

图 3－58　运算电路

6. 高频检波电路设计

高频检波电路实为一峰值检测电路，它可利用二极管把叠加在高频信号上的低频信号检测出来，具有较高的检波频率和良好的频率特性。检波信号输出后经低通滤波，可得到对应于被测磁场的直流电压信号。在实际应用中待处理信号的峰值是随机的，即信号从几毫伏到几百毫伏不等，这就要求电路必须对毫伏数量级的小信号具有很高的灵敏度。

图 3－59 所示为一传统的正峰值检测电路。其原理：当初始状态电容两端电压 U_c 等于零时，若输入电压 $U_i \geqslant 0$，运算放大器 A 充当跟随器，故 $U_i = U_o$，二极管 D 导通，电压 U_i 对 C 充电，直至电容 C 上的电压 U_c 等于输入电压 U_i 的峰值。只要 $U_i \leqslant U_c$，二极管 D 截止，电容电压 U_c 保持不变，即电容电压保持先前检测到的输入电压 U_i 的峰值。只有输入电压 $U_i \geqslant U_c$ 时，二极管 D 导通，电容充电。总之，电容电压 U_c 始终保持输入电压 U_i 的峰值。

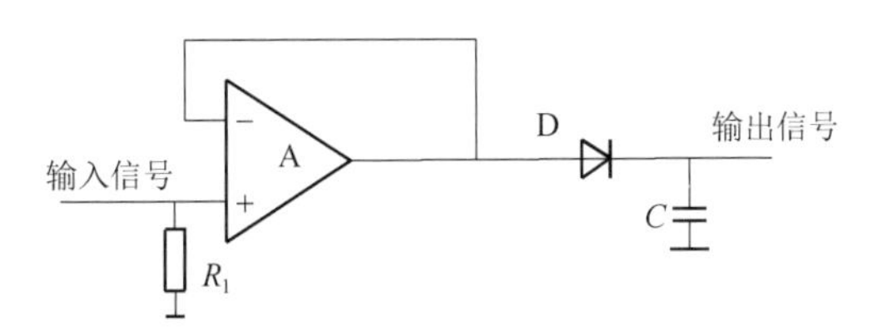

图 3－59　传统峰值检波电路

但该电路存在缺陷，当输入信号为小信号时，即波形正向峰值小于二极管 D 的正向导通电压时，二极管截止，此峰值检测电路便不能工作。可见，该电路不能用于检测小信号波形的峰值。故本章对此进行了改进，改进后的电路如图 3－60 所示。该电路中集成运算放大器接成闭环状态，把二极管接在负反馈回路，构成了精密二极管检波电路。这种电路形式能显著减小二极管 D 的阈值电压，甚至可以看作为理想整流元件。其原理是：当小信号输入时，即使输入信号的正半周很小，由于闭环负反馈的引入，使得运放环路的增益很大，电流被放大 n 倍后足以让二极管导通，使得运放处于跟随状态，从而可对小信号的峰值进行检测。

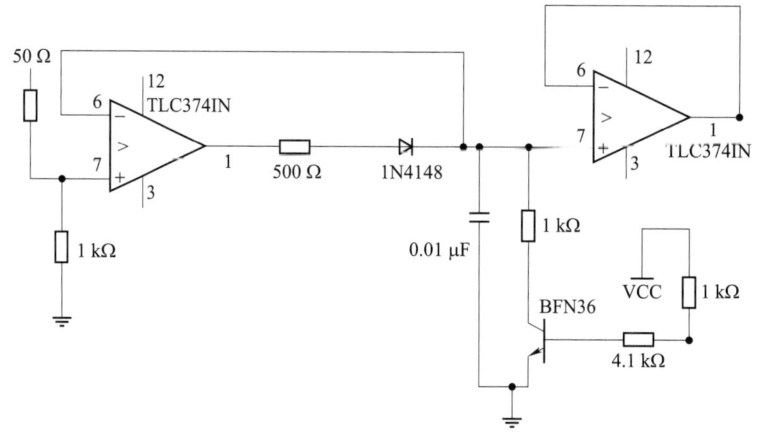

图 3-60　精密峰值检波电路

为了能让电路重复工作，必须控制电容 C 的放电过程，即在电路中加入阻抗匹配电路——跟随器。当 NPN 管（BFN36）导通时，电容放电；当 NPN 管截止时，峰值信号被锁存在保持器中。

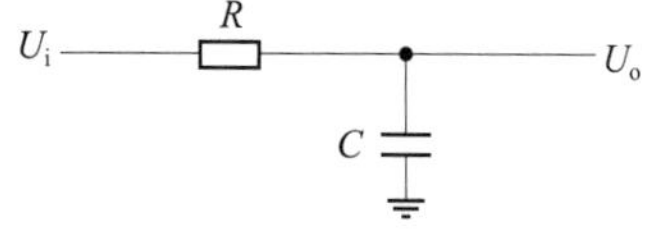

图 3-61　充电过程等效电路

下面分析电路的时域响应特性，以便合理设计电路参数。图 3-60 所示的电路在充电过程中可等效为图 3-61。

等效电路的时间常数为τ，设输入信号宽度为t_p。在 RC 电路充放电过程中，输入电压宽度t_p与 RC 电路时间常数τ的比值，对电路响应有很大的影响，如图 3-62 所示。

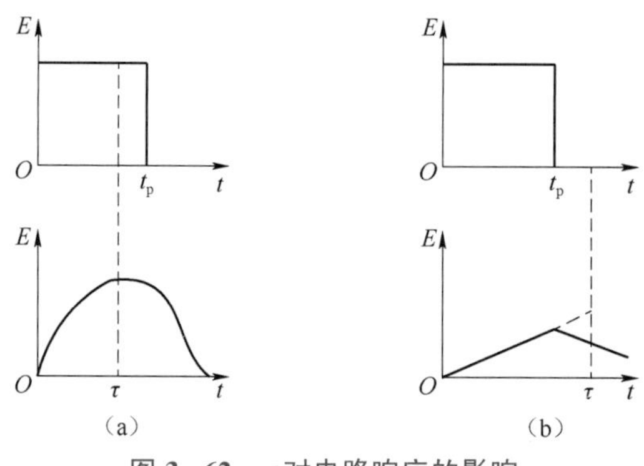

图 3-62　τ对电路响应的影响

当$\tau < t_p$时，如图 3-62（a）所示，输入脉冲出现正阶跃后的瞬间，电路进入稳态，电容电压U_c的波形近似输入脉冲的波形。而当$\tau > t_p$时，如图 3-62（b）所示，由于电路时间常数较大，在$0 \leqslant t \leqslant t_p$时，电容电压$U_c$上升很慢，近似一条斜率很小的直线。故输入信号的有效期内输出没有达到输入的最大值，即信号变化的频率ω超过了 RC 等效电路的频率ω_0，峰值检波电路不能准确反映信号的峰值，电容 C 还未将信号的最大值记录下来输入信号U_i就已经开始下降了，所以U_c记录的不是输入信号U_i的峰值而只是中间过程电压。因此电路设计时应注意 R、C 合理选择。

需要特别指出的是当待测磁场的方向变化时，只需将运放正相输入和反相输入对调，即可用作负峰值的检波电路。在变化磁场中，正、负峰值均需测量，即需要两个检波电路。

7. 精密整流电路设计

探测器不仅要测量静态的弱磁场（如地磁场），而且还必须能测量以某种频率交变的磁场。在测量变化磁场时，由于磁场大小不断随时间变化，通常的测量方法是将交流信号转换为直流信号，取其平均值。这种电路称为精密全波整流电路，也称绝对值电路。

图 3−63 所示为本章设计的绝对值电路，该电路实际上是由精密半波整流和反相求和电路组成的。在输入信号 $U_i>0$ 时，一级运放输出小于零，D1 截止，D2 导通，则 $U_{o1}=-2U_i$，U_{o1} 与 U_i 相加反相得到 $U_o=U_i$；当 $U_i<0$ 时，一级运放输出大于零，D1 导通，D2 截止，由于运放工作在深度负反馈状态，则 $U_{o1}=0$，$U_o=-U_i$，从而实现了全波取绝对值。

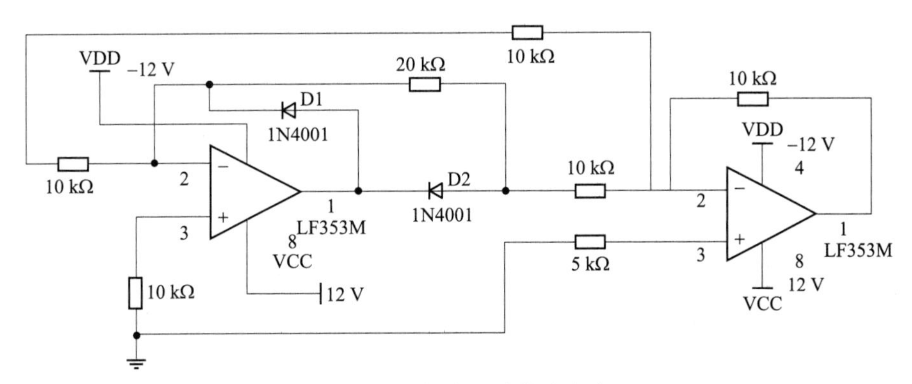

图 3−63　精密全波整流电路

本章对该电路进行了仿真，其仿真波形如图 3−64 所示，其中图 3−64（a）所示为整流电路输入信号，图 3−64（b）所示为整流电路输出信号。

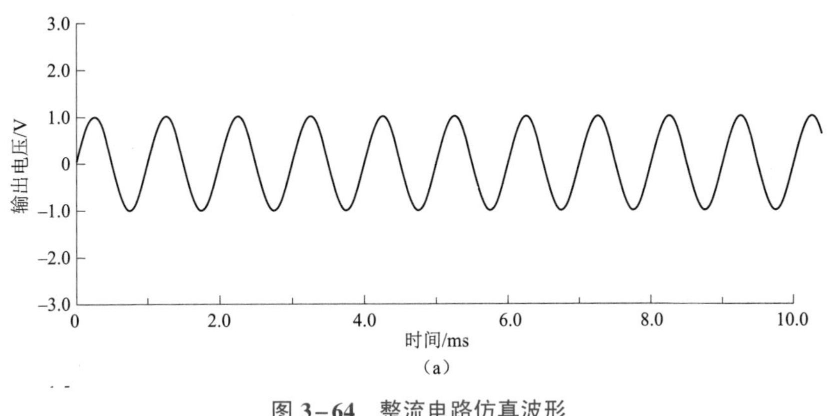

（a）

图 3−64　整流电路仿真波形

（a）输入波形

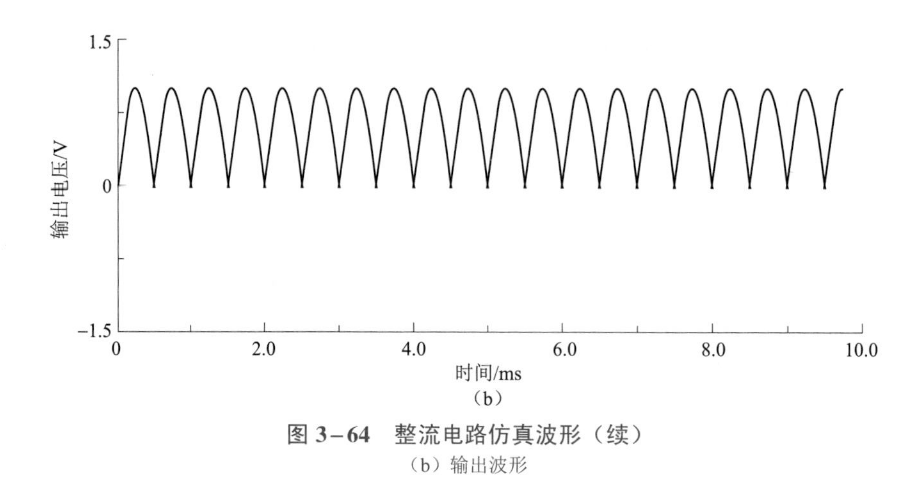

图 3−64 整流电路仿真波形（续）
（b）输出波形

8. 放大电路设计

由于地磁场的量级较小，探测器输出信号也相应较小，故采用双放大单元组合的方案。第一个放大单元为前置放大电路，其增益要远大于第二个放大单元；第二个放大单元为宽带放大电路，其作用是使探测器输出信号的幅值在后续数字电路的信号输入范围内。前置放大电路设计与仿真同 3.1.5 节，下面仅讨论宽带放大电路的设计。

宽带放大电路的功能是将前置放大器输出的微弱信号放大到与 A/D 相匹配的量程范围内。在宽带放大电路设计中，运算放大器的选择尤为关键，所选运算放大器必须有足够的增益带宽。当带宽较宽且放大倍数较大时，通常一级放大难以满足要求，需多级放大器级联。多级放大器设计要调整的参数较多，本章在初步计算出元器件参数后，进行了仿真验证，并根据结果修正参数、调整结构。本章所设计的宽带放大电路如图 3−65 所示。

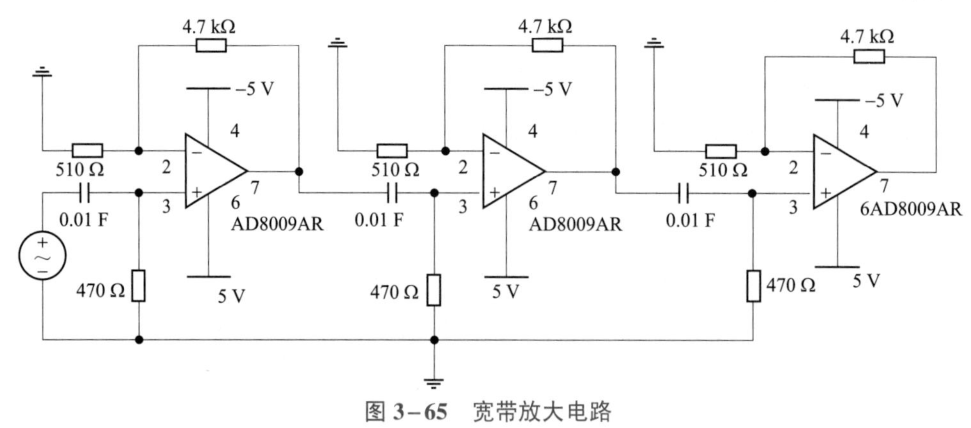

图 3−65 宽带放大电路

该电路设计为三级，每级放大 10 倍，总放大倍数为 1 000 倍，运算放大器采用 AD 公司的电流反馈放大器 AD8009。电流反馈放大器没有增益带宽乘积的局限性，即使信号振幅较大，带宽损耗也很小，适合宽带高速的应用场合。为防止放大器直流漂移的影响，各级间采用交流耦合。其电路仿真结果如图 3−66 所示，输入电压 1 mV，输出电压 1 V。实际应用时可再根据实际需要调整级数或放大倍数。

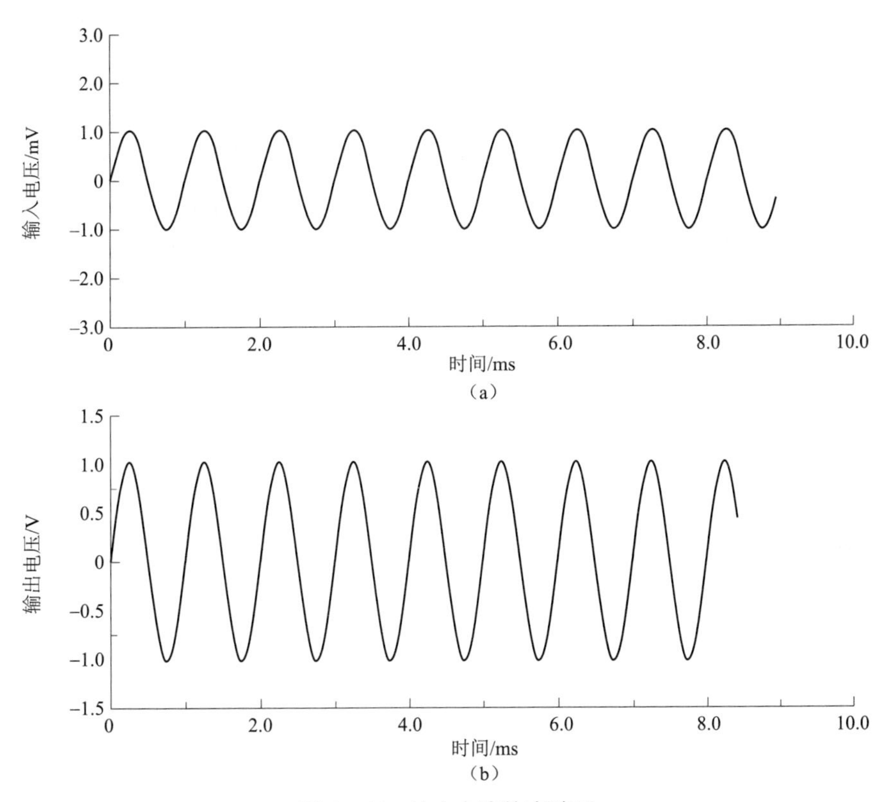

图 3−66　放大电路仿真波形

9. 滤波电路及高速采样单元设计

（1）滤波电路设计

尽管前置放大电路的输出信号经低通滤波器滤波，使高于截止频率的高频信号快速衰减，但信号仍不理想。为进一步滤除高频成分得到平滑的直流分量，高频检波电路的输出信号需再进行一次滤波处理。对于静态磁场，高频检波电路相当于一个跟随器，输出信号经低通滤波器进一步滤波得到信号的直流分量；对于变化磁场，经预滤波之后的信号接近变化磁场信号的双极性信号，必须通过高频检波电路将双极性信号变为单极性信号，再通过低通滤波器取其信号的直流分量，即交变磁场输出信号的平均值。由于该值与磁场的峰值成一定比例关系，故确定磁场的信号波形后可根据其平均值测算磁场峰值的大小。

与前置放大单元相连接的低通滤波器本章仍采用四阶巴特沃思低通滤波器，截止频率设计为 1 kHz，与高频检波电路相连接的低通滤波器采用二阶低通滤波器，截止频率设计为 10 MHz，经计算得电路参数 R_1=536 kΩ，R_f=316 kΩ，滤波器通带电压增益为 1.6。两滤波器设计思路，具体电路及相关计算方法同 3.1.6 节。

（2）高速采样单元设计

高速采样单元中 ADC 采用 AD9218，其主要参数：最高采样率为 105 MHz，分辨率为 10 b，具有双通道，输入电压 1 V。

高速数据采样，可采用多片低速 ADC 并行的方式来实现。其原理是采用 M 片 ADC 对同一信号采样，各片 ADC 采样频率相同，但其采样时钟的相位依次相差 $2\pi/M$，各片 ADC 的采样数据最后可依次拼接成系统采样数据。并行采样的等效采样频率为单片 ADC 采样频率的 M 倍。若采用两个工作时钟反相的 ADC 对同一信号同时采样，可达到采样频率加倍的效果。其工作原理如图 3－67 所示。

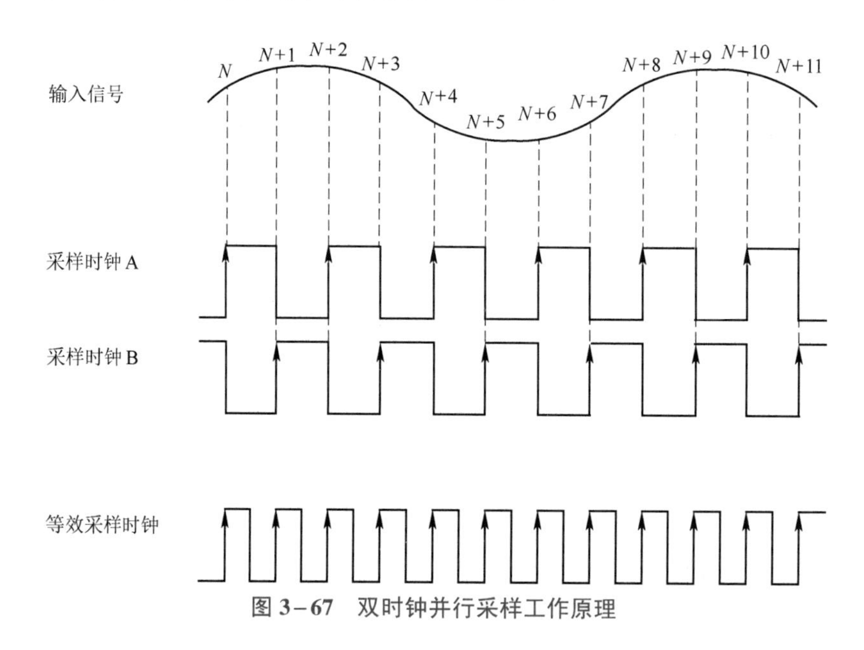

图 3－67 双时钟并行采样工作原理

由图 3－67 可知，采样发生在时钟的上升沿，在两个反相时钟控制下，一路 ADC 采样输入信号的 N，$N+2$，$N+4$，…点，另一路则采样 $N+1$，$N+3$，$N+5$，…点。等效的采样频率提高了 1 倍，可得到输入信号 N，$N+1$，$N+2$，$N+3$，…点的采样值。并行采样对时序要求严格，本章实现电路由 FPGA 产生并行 ADC 控制信号，用 Verilog-HDL 编程实现采样控制存储过程，所实现的并行高速 ADC 控制过程如图 3－68 所示。

在图 3－68 中，FPGA 芯片 XC3S200 的输入时钟频率为 50 MHz，经片内锁相环 PLL 产生两个互反的 100 MHz ADC 工作时钟。两通道高速 ADC 的时钟、数据分别连接 ADCLKA、DBA 和 ADCLKB、DBB。ADC 结果分别存储在片内开辟的两组 RAM 中。两路 ADC 交替工作，结果也交替输出，故必须对输出结果重新组合。DSP 总线控制器用于实现两通道 ADC 结果的输出组合，当 DSP 总线为偶地址时输出 A 通道结果，为奇地址时输出 B 通道结果。两通道 ADC 的工作时钟必须严格反相，否则会造成非均匀采样。为了保证两个反相输出时钟的时延相同，将其约束在与 PLL 距离相同的两个专用全局时钟引脚上。

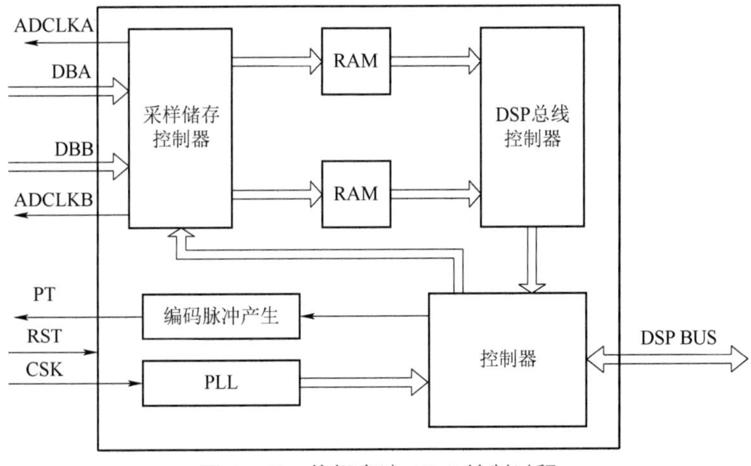

图 3-68　并行高速 ADC 控制过程

3.2.3　探测器输出特性分析

探测器是由磁—脉冲转换电路及单磁芯双绕组谐振电路组合而成的，下面分别讨论其输出特性。仿真分析中各参数选取如下：$\varphi=60\ \mu\text{m}$、$L=80\ \text{mm}$、$M_c=700\ \text{kA/m}$、$N=100$、$N_f=50$，$\rho=130\ \mu\Omega\cdot\text{cm}$。

1. 非晶丝磁—脉冲探测电路输出特性

非晶丝磁—脉冲探测电路的输出特性电压曲线以 y 轴对称，即为偶映射关系。对磁场而言，负号表示的只是方向，因此只要场强的绝对值相同，那么 GMI 效应产生的阻抗变化率 $Z\%$就相同，即对输出脉冲宽度的影响是一样的。为便于分析，本节只对磁场正方向（x 轴正向）的磁—脉冲探测电路输出特性进行分析。

图 3-69 所示为在高频交变脉冲频率 $f_m=1\ \text{MHz}$、三角波信号频率 $f_t=300\ \text{Hz}$ 的条件下，三角波电流源输出电流分别为 $I=5.5\ \text{mA}$、30 mA、100 mA 时非晶丝磁—脉冲探测电路的输出特性曲线。由该图知，探测电路的工作范围（量程）与低频三角波电流有很大关系，电流过低，虽能获得很高的灵敏度但其量程较小；电流过高，输出特性曲线近似一条水平线，灵敏度太低。

由图 3-69 知，三角波电流源输出电流越小，脉宽变化量越大，其原理如图 3-70 所示。$i_1>i_2$，当外磁场出现时，对两个同样频率不同幅值的三角波叠加在相同的参考电压上，显然 $PW_1>PW_2$，即 $\Delta PW_2>\Delta PW_1$，说明幅值小的三角波其探测灵敏度高。

图 3-71 所示为当高频交变脉冲信号频率 $f_m=1\ \text{MHz}$、三角波电流源输出电流 $I=10\ \text{mA}$ 的条件下，三角波信号频率分别为 $f_t=300\ \text{Hz}$、1 kHz、3 kHz 时非晶丝磁—脉冲探测电路的输出特性曲线。由该图可见，输出特性优劣与低频三角波频率有很大

关系。频率越高，输出脉冲宽度的变化反而越小，即电路的探测灵敏度越低。由实验可知，当三角波信号频率低于 300 Hz 时，其输出特性与频率为 300 Hz 时的输出特性十分相似，具有非常好的有效线性量程，约为 26 Oe；当此频率高于 3 kHz 时，输出特性曲线近似水平线。

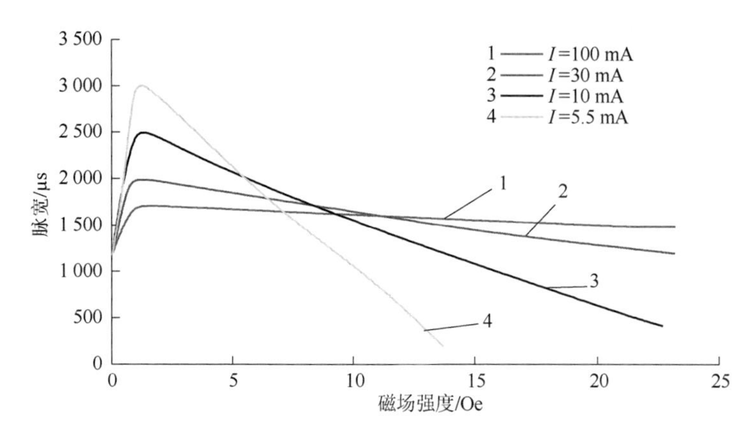

图 3-69　非晶丝磁—脉冲电路输出特性曲线

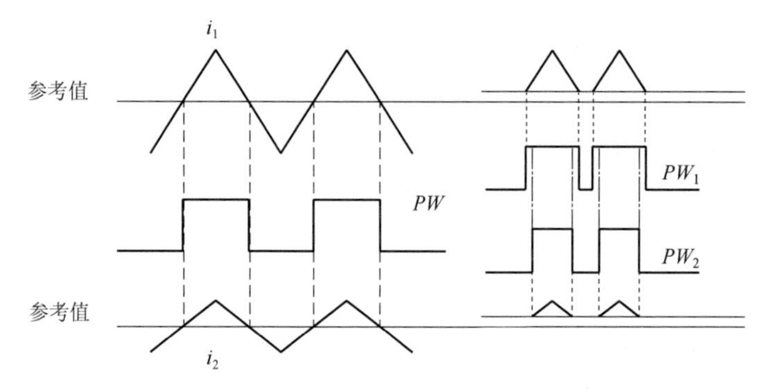

图 3-70　三角波输入电流与脉宽的关系

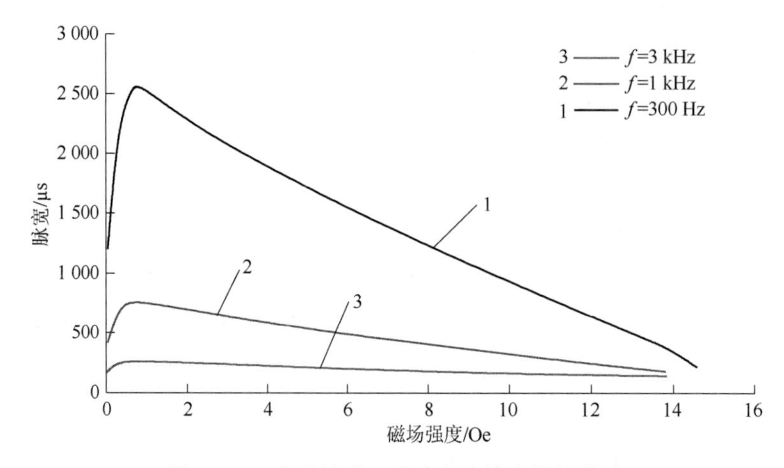

图 3-71　非晶丝磁—脉冲电路输出特性曲线

由图 3−71 知，三角波信号频率越低，脉宽变化量越大，其原理如图 3−72 所示。当 $f_1 > f_2$，$PW_1 < PW_2$，外磁场出现时，对两个同样幅值、不同频率的三角波叠加在相同的参考电压上，显然 $PW_1' < PW_2'$，则由

$\Delta PW' < \Delta PW \Rightarrow [(PW_2 - \Delta PW_2) - (PW_1 - \Delta PW_1)] < (PW_2 - PW_1)$，得

$$\Delta PW_2 > \Delta PW_1$$

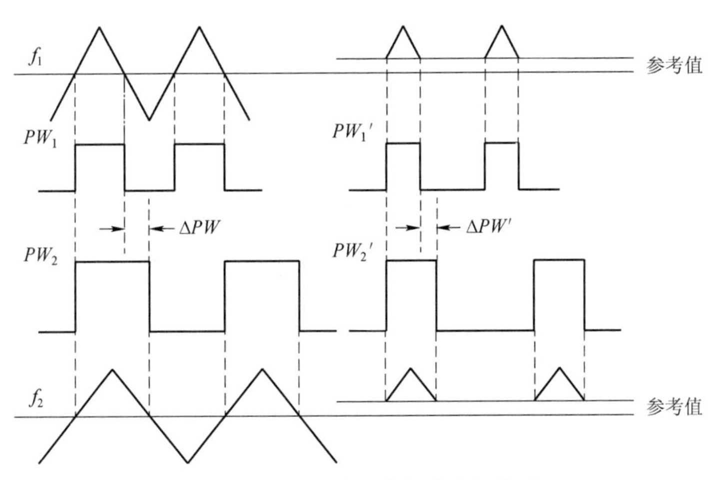

图 3−72　三角波频率与脉宽的关系

说明在其他条件不变时，频率低的三角波其探测灵敏度高。

图 3−73 所示为非晶丝磁—脉冲电路频响特性，决定频响特性的关键是非晶丝材料的自身特性。当外界磁场的交变频率超过 1 kHz 后，磁—脉冲探测电路的响应急剧下降。

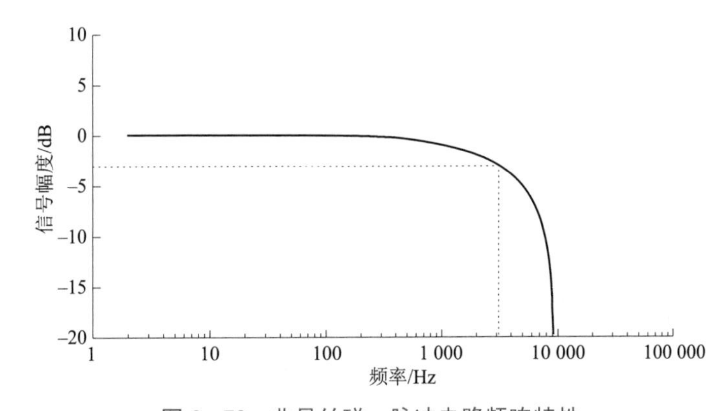

图 3−73　非晶丝磁—脉冲电路频响特性

2. 非晶丝磁感应探测电路输出特性

图 3−74 所示为非晶丝磁感应探测电路输出特性曲线。根据推导出的待测磁场与输出电压信号的关系式 $V = K'H_{\text{ex}}$ 知，输出特性曲线是一条斜率保持恒定的直线，直线

的长度（对应着有效量程）由非晶丝磁化临界点和反馈电流的大小共同决定。由于偏置电压（110 mV）的存在，故直线不经过原点。

由图 3－74 可见，加入反馈线圈后，单磁芯双绕组谐振电路的量程明显优于无反馈线圈。加入反馈线圈后，K 值发生变化，输出特性斜率增大，使探测电路输出信号的灵敏度增强。

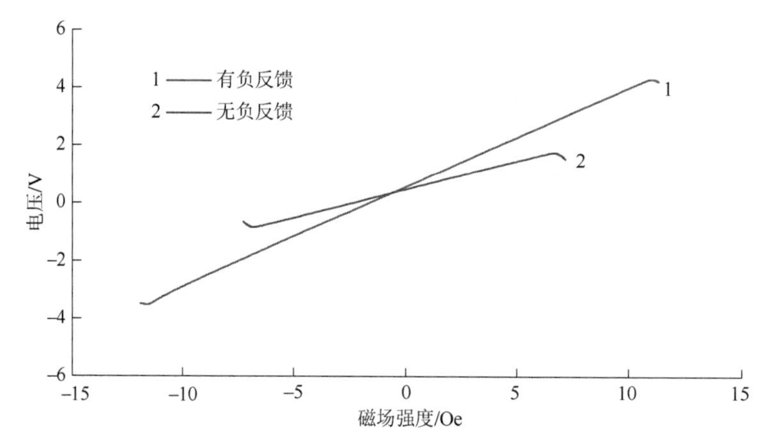

图 3－74　非晶丝磁感应探测电路输出特性曲线

图 3－75 所示为探测电路中引入标定线圈后反馈电流输出特性曲线。由式（3－60）知，反馈电流与待测磁场强度成正比。磁场为零时，反馈线圈要提供一个使非晶丝磁化工作点落入磁化曲线非线性区的磁场，因此存在零场偏置电流，即直线不经过原点。随着外磁场逐渐增强，非晶丝磁化程度加深，当达到磁化饱和点后，探测电路输出检波信号保持不变，此时在标定线圈中通入电流，使之产生与外磁场方向相反的磁场，则复合磁场为零，磁化工作点返回初始点，反馈电流消失。

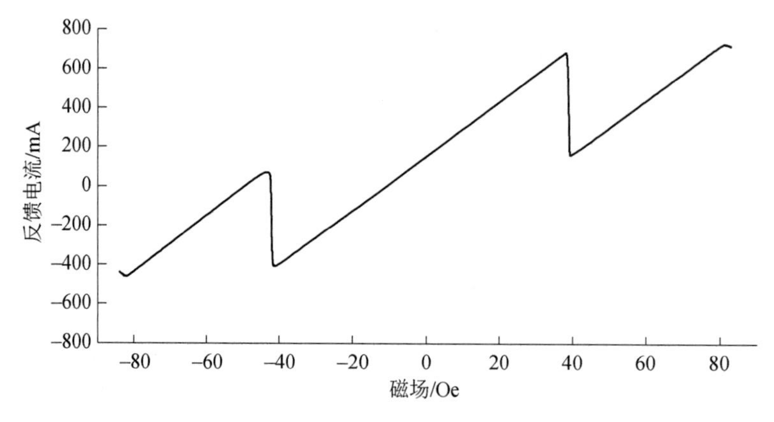

图 3－75　非晶丝磁感应电路反馈电流输出特性曲线

图 3－76 所示为该磁感应电路的频响特性。负反馈电路的引入大幅提高了探测电路

的频响特性（10 倍左右）。单磁芯双绕组谐振电路对于交变频率小于 2.5 MHz 的外磁场，均能保证输出实时的检波电压信号，决定该电路频响特性的关键为 Tr1、Tr2 两开关管的性能参数。

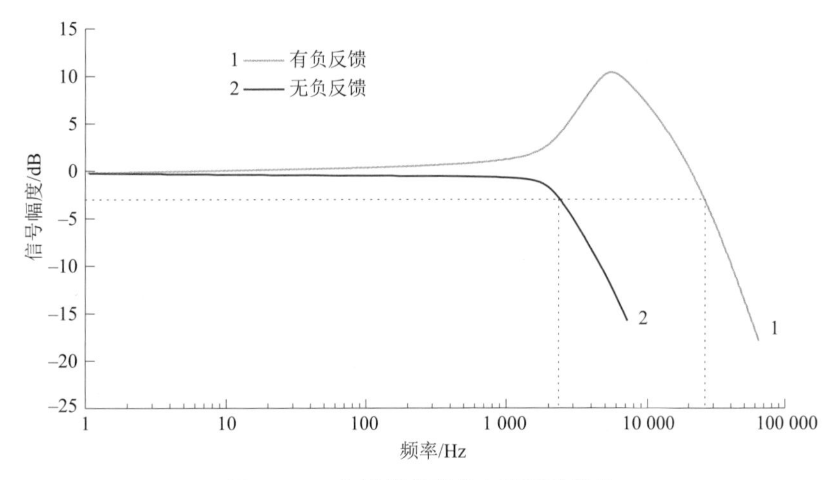

图 3−76　非晶丝磁感应电路频响特性

3.2.4　探测器输出信号分析

探测器采用双路并行探测的模式。非晶丝磁—脉冲电路输出的是代表脉冲宽度的信号，非晶丝磁感应电路输出的是代表检波电压的信号。无论是脉宽信息还是检波电压，此时都对应着外磁场强度。

非晶丝磁探测器的总输出由两探测电路的输出共同组成，根据目标特性与战场环境的具体情况，两探测电路输出信号所占的比重各不相同，用权值 λ 分别表征两探测电路输出信号与探测器输出信号的关系，则非晶丝磁探测器输出定义为

$$\hat{H}_{ex} = \lambda_1 H_{e1} + \lambda_2 H_{e2} + \lambda_3 H_{e3} \qquad (\lambda_1 + \lambda_2 + \lambda_3 = 1) \tag{3-81}$$

式中　$\hat{H}_{ex}$——非晶丝微磁探测器输出的磁场预估值；

H_{e1}——非晶丝磁—脉冲探测电路输出电压所反映的外磁场强度测量值；

H_{e2}——非晶丝磁感应探测电路输出电压反映的外磁场强度测量值；

H_{e3}——标定线圈加电后，非晶丝磁感应探测电路中反馈电流所反映的外磁场强度测量值；

λ_1，λ_2，λ_3——H_{e1}，H_{e2}，H_{e3} 的权值。

经仿真计算，当三角波信号频率 $f_t = 300$ Hz，输出电流 I=5.5 mA，高频脉冲发生信号频率 f_m=1 MHz 时，输出特性曲线拐点处对应的外磁场强度为 1.5 Oe，磁—脉冲探测磁场上限为 15 Oe，非晶丝磁感应探测电路探测磁场上限为 40 Oe。同时得出在不同

场强条件下，λ值选择范围如下。

（1）$|H_{ex}|<15$ Oe 的静磁场，$\lambda_1>0.5>\lambda_2$，$\lambda_3=0$。

（2）$15\leqslant|H_{ex}|<40$ Oe 的静磁场，$\lambda_1=\lambda_2=0$，$\lambda_3=1$。

（3）$|H_{ex}|<15$ Oe、频率<1 kHz 的变化磁场，$\lambda_1>0.5>\lambda_2$，$\lambda_3=0$。

（4）$|H_{ex}|\geqslant15$ Oe 的变化磁场，$\lambda_1=\lambda_2=0$，$\lambda_3=1$。

确定λ_1，λ_2，λ_3的具体数值应基于实验、仿真并参考经验来选取，它存在一定的误差，通常误差小于探测器的测量精度。

3.3 GMI 磁引信探测器性能分析

本章针对前面设计的 GMI 磁引信探测器进行性能测试，计算具体可达到的技术指标，探讨进一步改进和提高探测器性能的方案。最后通过实验检测探测器的实用性。

GMI 磁探测器的主要性能指标有输出线性度、探测灵敏度、磁场分辨率，磁滞特性，工作稳定性、频率特性、响应速度及量程范围等，下面在介绍测试平台后逐一讨论。

探测器测试平台如图 3-77 所示，由亥姆霍兹线圈、直流电流源、高精度直流电流源和屏蔽筒组成。

（1）直流电流源。直流电流源为探测器中磁感应探测电路的标定线圈提供驱动电流。

（2）高精度直流电源。高精度直流电源为亥姆霍兹线圈提供精密直流电流，最低输出电流精度为 1 μA。

（3）屏蔽筒。屏蔽筒用来屏蔽测试系统周围磁场的干扰。

（4）计算机通过 RS232 总线和 FPGA 实现串口通信。

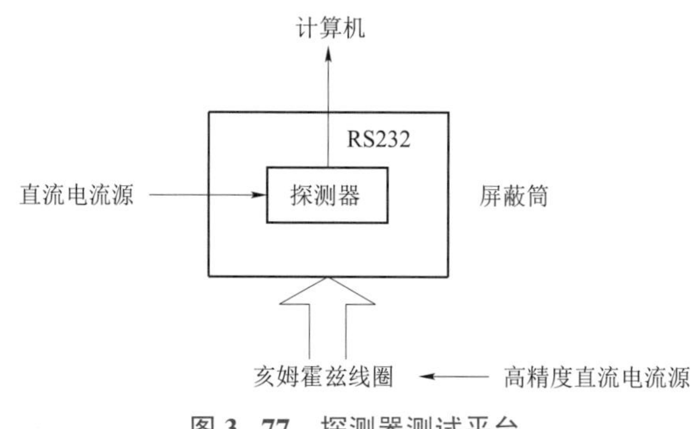

图 3-77　探测器测试平台

（5）亥姆霍兹线圈是一对互相平行且连通的共轴圆形线圈，两线圈内的电流方向一致、大小相同，线圈之间的距离正好等于圆形线圈的半径。亥姆霍兹线圈中通入 1 mA 电流能在其公共轴线中点附近产生 3 000 nT 的均匀磁场，精密直流可将输出电流精度

控制到 1 μA，其对应磁场为 1 nT，完全满足测量的要求。亥姆霍兹线圈中心处的磁感应强度为

$$B=\frac{8}{5^{\frac{3}{2}}}\frac{\mu_0 NI}{R} \tag{3-82}$$

式中　μ_0——真空磁导率；

R——两线圈半径；

I——通入线圈的直流电流。

3.3.1　线性度

线性度是指正反行程平均曲线相对于参考基线的最大偏差，用满量程输出的百分比表示。根据线性度的定义知，参考基线不同，求得的线性度也不一样。常用的参考基线有端基直线、平移端基直线（即最小二乘直线）等。本书采用端基直线，线性度的计算式为

$$\delta=1-\delta_f$$

$$\delta_f=\pm\frac{\Delta Y_{max}}{Y_{FS}}\times 100\% \tag{3-83}$$

式中　δ_f——非线性度；

ΔY_{max}——实际曲线与参考基线间的偏差；

Y_{FS}——传感器满量程输出。

1. 磁—脉冲探测器输出线性度

通过对非晶丝磁—脉冲探测电路输出特性的分析知，本书所设计的磁—脉冲探测器中三角波输入电流选为 I=10 mA 和 5.5 mA，当高频脉冲信号频率 f_m=1 MHz 时，两输入电流在输出特性曲线拐点左右两边。下面分别计算两种输入电流所对应探测器输出信号的线性度。

（1）三角波信号频率 $f_t=300$ Hz、电流 $I=10$ mA。

① 当 $|H_{ex}|<1.25$ Oe 时，根据磁—脉冲探测电路的输出特性，可得如表 3-2 所示数据。

表 3-2　三角波电流 I=10 mA 时输出特性数据（一）（正向）

序号	1	2	3	4	5	6	7	8	9	10
磁场强度/Oe	0	0.109 25	0.131 49	0.285 61	0.360 80	0.506 46	0.654 36	0.784 47	1.007 55	1.25
脉宽/μs	1 174	1 240	1 328	1 573	1 729	2 083	2 330	2 439	2 509	2 550

由表 3–2 知，参考基线为

$$y=\frac{2\ 509-1\ 174}{1.007\ 55}x+1\ 174\approx 1\ 325x+1\ 174$$

按表 3–2 中各磁场值求解对应参考基线的值，如表 3–3 所示。

表 3–3　三角波电流 $I=10$ mA 时参考基线数据（一）（正向）

序号	1	2	3	4	5	6	7	8	9	10
磁场强度/Oe	0	0.109 25	0.131 49	0.285 61	0.360 80	0.506 46	0.654 36	0.784 47	1.007 55	1.25
脉宽/μs	1 174	1 319	1 348	1 552	1 652	1 845	2 141	2 213	2 509	2 550

则当 $|H_{ex}|<1.25$ Oe 时，磁—脉冲探测器的非线性度为

$$\delta_f=\frac{2\ 330-2\ 141}{2\ 509}\times 100\%\approx 7.5\%$$

② 当 $1.25\ \text{Oe}\leqslant |H_{ex}|<26$ Oe 时，根据探测电路输出特性，得到如表 3–4 所示数据。

表 3–4　三角波电流 $I=10$ mA 时输出特性数据（二）（正向）

序号	1	2	3	4	5	6	7	8	9	10
磁场强度/Oe	1.25	2.202 08	4.877 96	8.707 01	11.480 10	13.929 98	16.063 49	18.203 30	21.027 36	23
脉宽/μs	2 550	2 408	2 052	1 641	1 394	1 160	964	766	531	377

由表 3–4 知，参考基线为

$$y=\frac{377-2\ 550}{23-1.25}(x-1.25)+2\ 550\approx -99.91x+2\ 675$$

按表 3–4 中各磁场值求解对应参考基线的值，如表 3–5 所示。

表 3–5　三角波电流 $I=10$ mA 时参考基线数据（二）（正向）

序号	1	2	3	4	5	6	7	8	9	10
磁场强度/Oe	1.25	2.202 08	4.877 96	8.707 01	11.480 10	13.929 98	16.063 49	18.203 30	21.027 36	23
脉宽/μs	2 550	2 455	2 188	1 805	1 528	1 283	1 070	856	574	377

则当 $1.25\ \text{Oe}\leqslant |H_{ex}|<26$ Oe 时，磁—脉冲探测器的非线性度为

$$\delta_f=\frac{1\ 805-1\ 641}{2\ 550}\times 100\%\approx 6.4\%$$

由上可见，当三角波电流为 10 mA 时，非晶丝磁—脉冲探测器的线性度约为 93.6%

（拐点 1.25 Oe 前的线性度约为 92.5%）。

（2）三角波信号频率 $f_t = 300\ \text{Hz}$、输出电流 $I = 5.5\ \text{mA}$。

① 当 $|H_{ex}| < 1.3\ \text{Oe}$ 时，根据磁—脉冲探测电路的输出特性，可得如表 3-6 所示数据。

表 3-6　三角波电流 *I*=5.5 mA 时输出特性数据（一）（正向）

序号	1	2	3	4	5	6	7	8	9	10
磁场强度/Oe	0	0.123 91	0.373 03	0.502 8	0.554 71	0.637 16	0.688 89	0.778 54	0.867 4	1.3
脉宽/μs	1 176	1 234	1 602	1 834	1 994	2 149	2 318	2 413	2 550	3 000

由表 3-6 知，参考基线为

$$y = \frac{3\ 000 - 1\ 176}{1.3}x + 1\ 176 \approx 1\ 403.1x + 1\ 176$$

按表 3-6 中各磁场值求解对应参考基线的值，如表 3-7 所示。

表 3-7　三角波电流 *I*=5.5 mA 时参考基线数据（一）（正向）

序号	1	2	3	4	5	6	7	8	9	10
磁场强度/Oe	0	0.123 91	0.373 03	0.502 8	0.554 71	0.637 16	0.688 89	0.778 54	0.867 4	1.299
脉宽/μs	1 176	1 350	1 699	1 881	1 954	2 070	2 143	2 268	2 393	3 000

则当 $|H_{ex}| < 1.3\ \text{Oe}$ 时，磁—脉冲探测器非线性度为

$$\delta_f = \frac{2\ 318 - 2\ 143}{3\ 000} \times 100\% \approx 5.8\%$$

② 当 $1.3\ \text{Oe} \leqslant |H_{ex}| < 23\ \text{Oe}$ 时，根据探测电路输出特性，得到如表 3-8 所示数据。

表 3-8　三角波电流 *I*=5.5 mA 时输出特性数据（二）（正向）

序号	1	2	3	4	5	6	7	8	9	10
磁场强度/Oe	1.3	1.489 57	2.346 17	3.899 17	5.794 19	7.346 59	8.483	9.912 86	11.177 69	12.662 9
脉宽/μs	3 000	2 505	2 298	1 985	1 623	1 342	1 158	916	705	434

由表 3-8 知，参考基线为

$$y = \frac{434 - 2\ 500}{12.7 - 1.5}(x - 1.5) + 2\ 500 \approx -184.5x + 2\ 776.7$$

按表3-8中各磁场值求解对应参考基线的值，如表3-9所示。

表3-9 三角波电流 $I=5.5$ mA 时参考基线数据（二）（正向）

序号	1	2	3	4	5	6	7	8	9	10
磁场强度/Oe	1.3	1.489 57	2.346 17	3.899 17	5.794 19	7.346 59	8.483	9.912 86	11.177 69	12.662 9
脉宽/μs	3 000	2 499.95	2 343.8	2 057	1 707.67	1 421.3	1 211.59	947.78	714.416	434

则当$1.3\ \text{Oe} \leqslant |H_{ex}| < 23\ \text{Oe}$时，磁—脉冲探测器非线性度为

$$\delta_f = \frac{1\,421.3 - 1\,342}{2\,500} \times 100\% \approx 3.2\%$$

由上可见三角波电流为5.5 mA时，非晶丝磁—脉冲探测器的线性度约为96.8%（拐点1.3 Oe前的线性度约为94.2%）。

综合以上两种情况可得结论：三角波电流源输出电流越小，其探测器线性度越高。

2. 磁感应式探测器的线性度

磁感应式探测器的线性度计算应分两种情况，即输出检波电压的线性度和反馈电流的线性度。

（1）输出检波电压的线性度。由式（3-80）知，在探测的线性量程范围内，探测器输出检波电压与待测外磁场的关系是一条斜率固定的直线。所以，当非晶丝的磁化工作点位于磁化曲线的非线性区内时，非晶丝磁感应探测器的非线性度$\delta_f = \frac{0}{Y_{FS}} \times 100\% = 0$。

（2）输出反馈电流的线性度。由式（3-60）$i_f = \frac{L}{KN_f a} H_{ex}$知，当系统闭环增益足够高时，反馈电流与被测外磁场场强成正比，其非线性度$\delta_f = \frac{0}{Y_{FS}} \times 100\% = 0$。

综上分析，非晶丝微磁近感引信探测器基本是一个线性探测器，其中磁感应探测器的输出完全是线性的，磁—脉冲探测器的非线性度也仅有5%，如能将其输出曲线拐点消除，则非线性度将降至3%。

3.3.2 灵敏度

探测器的相对灵敏度指在稳定工作时的输出信号幅值变化对磁场强度变化的比值，表示为

$$S = \frac{\Delta Y}{\Delta X} \quad 或 \quad s = \frac{\mathrm{d}y}{\mathrm{d}x} \tag{3-84}$$

相对灵敏度的量纲是输出信号与待测磁场强度的量纲之比。对于输出信号近似线性的探测器而言，其校准时输出/输入特性直线的斜率就是其相对灵敏度，它是一个常

数。本节将对两种探测器进行具体分析。

1. 磁—脉冲探测器相对灵敏度

与求线性度的过程类似，求解探测器的相对灵敏度也需分两种情况，即当高频脉冲信号频率 f_m=300 Hz 时，在输出特性曲线拐点左右两边分别计算三角波输出电流 I=10 mA，I=5.5 mA 时探测器输出信号的灵敏度。

（1）三角波信号频率 f_t=300 Hz、输出电流 I=10 mA。

① 当 $|H_{ex}|$<1.25 Oe 时，根据表 3－2 所示数据，利用 Origin 对数据分别进行线性与非线性拟合，结果分别如图 3－78 和图 3－79 所示。

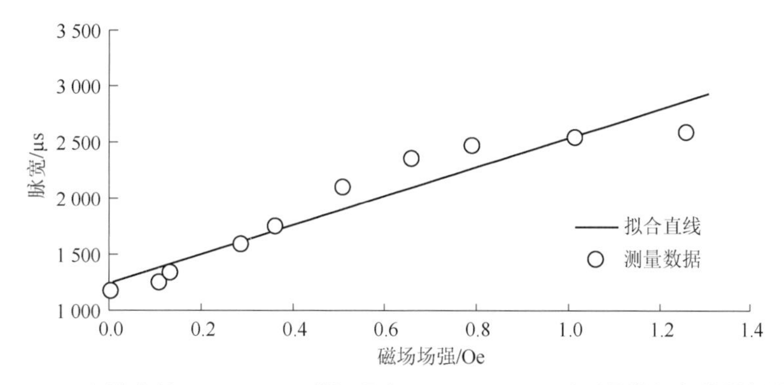

图 3－78　三角波电流 I=10 mA、磁场强度 $|H_{ex}|$<1.25 Oe 时测量数据与线性拟合直线

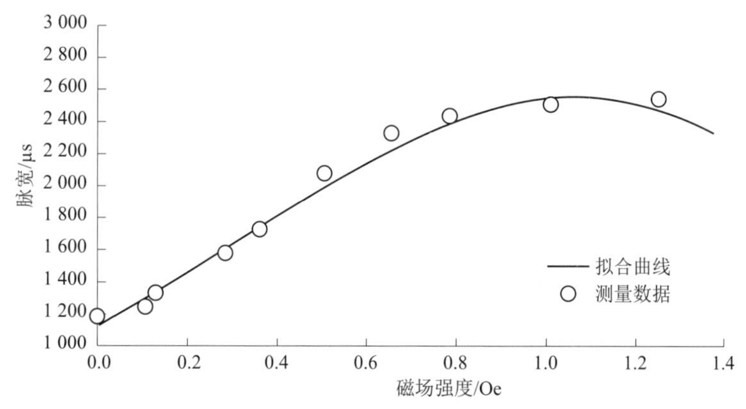

图 3－79　三角波电流 I=10 mA、磁场强度 $|H_{ex}|$<1.25 Oe 时测量数据与非线性拟合曲线

进行线性和非线性拟合后的对应数据分别如表 3－10 和表 3－11 所示。

表 3－10　三角波电流 I=10 mA 时线性拟合直线数据（一）

序号	1	2	3	4	5	6	7	8	9	10
磁场强度/Oe	−0.125	0.041 67	0.208 33	0.375	0.541 67	0.708 33	0.875	1.041 67	1.208 33	1.375
脉宽/μs	1 089	1 301	1 513	1 725	1 937	2 149	2 361	2 573	2 785	2 997

表 3–11　三角波电流 I=10 mA 时非线性拟合曲线数据（一）

序号	1	2	3	4	5	6	7	8	9	10
磁场强度/Oe	−0.125	0.041 67	0.208 33	0.375	0.541 67	0.708 33	0.875	1.041 67	1.208 33	1.375
脉宽/μs	945	1 183	1 472	1 782	2 082	2 340	2 525	2 606	2 553	2 334

其线性拟合直线的方程为$T_{out}=kH_{ex}+T_0$，$k=1\,271.983\,02$，$T_0=124\,806\,191$，即

$$T_{out}=1\,271.983\,02\,H_{ex}+1\,248.061\,91$$

式中　T_{out}——脉冲宽度，μs。

为便于比较，将 Oe 转换为 nT，T_0 为零场脉冲宽度，则其相对灵敏度

$$S=k=\frac{1\,271.983\,02}{10^5}\approx 0.013\ \ (\mu s/nT)$$

而非线性拟合曲线方程为

$$T_{out}=1\,119.703\,72H_{ex}^3+1\,070.928\,16H_{ex}^2+1\,529.380\,2H_{ex}+1\,117.421\,29$$

对非线性曲线的相对灵敏度计算涉及线性规划中求最优解的问题，较为复杂，故本章灵敏度计算都以线性拟合的结果为准。

② 当 1.25 Oe≤$|H_{ex}|$<26 Oe，根据表 3–4 所列数据，利用 Origin 对数据进行线性拟合，结果如图 3–80 所示。

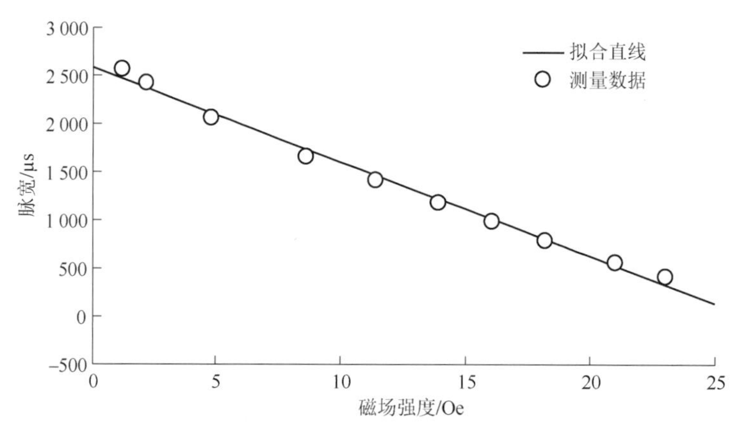

图 3–80　三角波电流 I=10 mA、磁场强度 1.25 Oe≤$|H_{ex}|$<26 Oe 时测量数据与线性拟合直线

线性拟合直线数据如表 3–12 所示。

表 3–12　三角波电流 I=10 mA 时线性拟合直线数据（二）

序号	1	2	3	4	5	6	7	8	9	10
磁场强度/Oe	1.822 37	4.569 74	7.317 11	10.064 47	12.811 84	15.559 21	18.306 58	21.053 95	23.801 32	25.175
脉宽/μs	2 399	2 127	1 855	1 583	1 311	1 039	767	495	223	87

线性拟合直线的方程为 $T_{out}=kH_{ex}+T_0$，$k=-99.010\ 85$，$T_0=2\ 579.769\ 71$，即

$$T_{out}=-99.010\ 85\ H_{ex}+2\ 579.769\ 71$$

则相对灵敏度

$$S=k=\frac{99.010\ 85}{10^5}\approx 0.001\ (\mu s/nT)$$

（2）三角波信号频率 $f_t=300$ Hz、输出电流 $I=5.5$ mA。

① 当 $|H_{ex}|<1.3$ Oe，即 $|H_{ex}|<1\ 300\ 000$ nT 时，根据表 3－6 所示数据，利用 Origin 对数据进行线性拟合，其结果如图 3－81 所示。

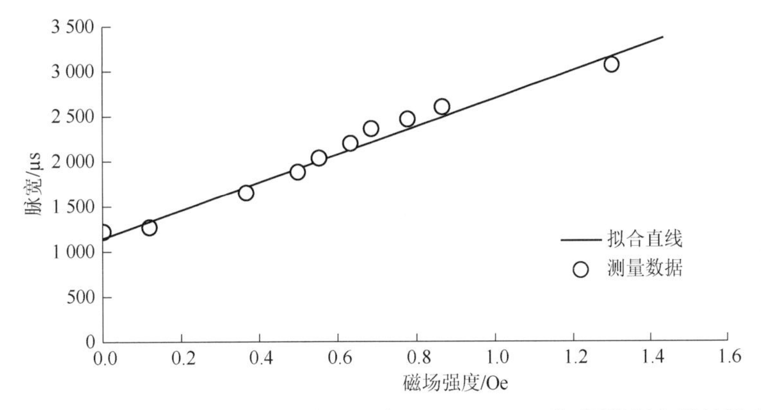

图 3－81　三角波电流 I=5.5 mA、磁场强度 $|H_{ex}|$<1.3 Oe 时测量数据与线性拟合直线

线性拟合直线数据如表 3－13 所示。

表 3－13　三角波电流 I=5.5 mA 时线性拟合直线数据（一）

序号	1	2	3	4	5	6	7	8	9	10
磁场/Oe	－0.13	0.043 33	0.216 67	0.39	0.563 33	0.736 67	0.91	1.083 33	1.256 67	1.43
脉宽/μs	929	1 196	1 463	1 730	1 997	2 264	2 531	2 799	3 066	3 333

线性拟合直线的方程为 $T_{out}=kH_{ex}+T_0$，$k=1\ 541.022\ 38$，$T_0=1\ 129.161\ 02$，即

$$T_{out}=1\ 541.022\ 38\ H_{ex}+1\ 129.161\ 02$$

则相对灵敏度

$$S=k=\frac{1\ 541.022\ 38}{10^5}\approx 0.015\ (\mu s/nT)$$

② 当 $1.3\ \text{Oe}\leqslant|H_{ex}|<23\ \text{Oe}$。根据表 3－8 所示数据，利用 Origin 对数据进行线性拟合，其结果如图 3－82 所示。

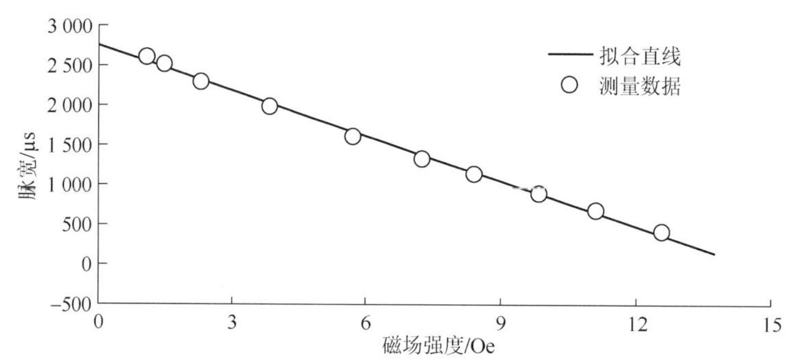

图 3−82　三角波电流 I=5.5 mA、磁场强度 1.3 Oe≤$|H_{ex}|$<26 Oe 时测量数据与线性拟合直线

线性拟合直线数据如表 3−14 所示。

表 3−14　三角波电流 I=5.5 mA 时线性拟合直线数据（二）

序号	1	2	3	4	5	6	7	8	9	10
磁场强度/Oe	−0.038 54	1.501 03	3.040 6	4.580 17	6.119 74	7.659 3	9.198 87	10.738 44	12.278 01	13.817 5
脉宽/μs	2 756	2 470	2 185	1 899	1 613	1 328	1 042	756	471	185

线性拟合直线方程为 $T_{out}=kH_{ex}+T_0$，k=−185.544 25，T_0=2 748.799 2，即

$$T_{out}=-185.544\ 25\ H_{ex}+2\ 748.799\ 2$$

则相对灵敏度

$$S=k=\frac{185.354\ 425}{10^5}\approx 0.001\ 9\ (\mu s/nT)$$

综上结果可得结论，三角波电流源输出电流越小，探测器相对灵敏度越高。

2. 磁感应探测器相对灵敏度

非晶丝磁感应探测电路的输出特性已在 3.2.3 小节中讨论过，对其线性度计算同样也要分两种情况，即输出检波电压的线性度和反馈电流的线性度。

（1）输出检波电压的线性度。根据实测数据，利用 Origin 进行线性拟合，其结果如图 3−83 所示。

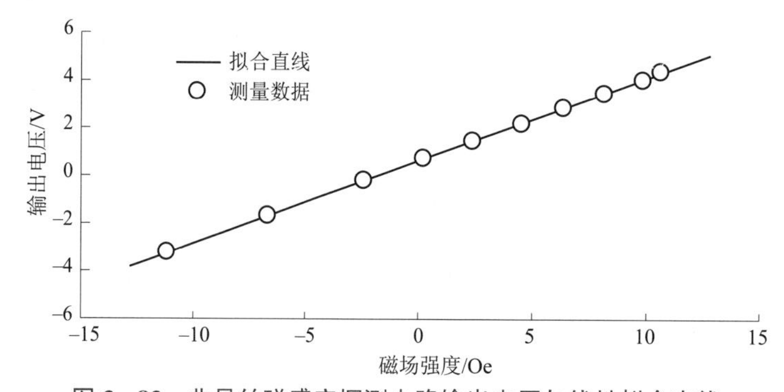

图 3−83　非晶丝磁感应探测电路输出电压与线性拟合直线

线性拟合所对应的数据如表 3–15 所示。

表 3–15　非晶丝磁感应探测电路输出电压线性拟合直线数据

序号	1	2	3	4	5	6	7	8	9	10
磁场强度/Oe	−13.408 32	−10.501 5	−7.594 68	−4.687 86	−1.781 04	1.125 79	4.032 61	6.939 43	9.846 25	12.753
电压/V	−3.906 7	−2.937 1	−1.967 5	−0.997 9	−0.028 3	0.941 3	1.910 9	2.880 51	3.850 11	4.819 71

线性拟合直线方程为 $V_{out} = kH_{ex} + V_0$，k=0.333 56，V_0=0.565 79，即

$$V_{out}=0.333\ 56\ H_{ex}+0.565\ 79$$

式中　V_{out}——输出检波电压；

V_0——零场偏置电压。

其相对灵敏度 $S=k$=0.333 56 V/Oe，也可表示为 $\frac{0.333\ 56\times10^6}{10^5}=3.333\ 56$ (μV/nT)。

（2）输出反馈电流的线性度。反馈电流输出特性的线性拟合直线如图 3–84 所示。

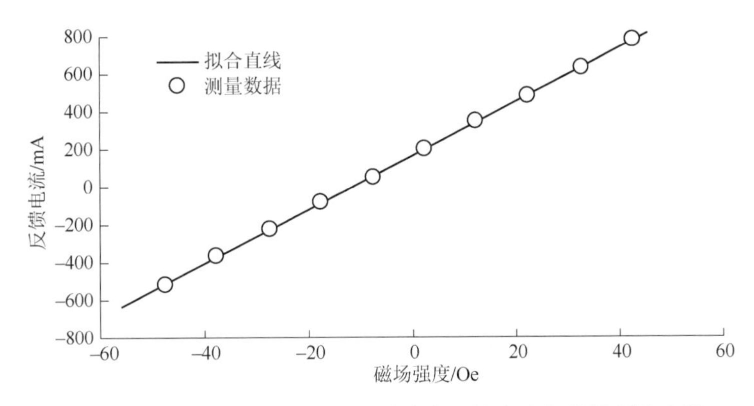

图 3–84　非晶丝磁感应探测电路输出反馈电流与线性拟合直线

其拟合直线对应的数据如表 3–16 所示。

表 3–16　非晶丝磁感应探测电路输出反馈电流线性拟合直线数据

序号	1	2	3	4	5	6	7	8	9	10
磁场/Oe	−47.5	−37.556 98	−27.613 96	−17.670 94	−7.727 92	2.215 1	12.158 12	22.101 14	32.044 16	41.987 18
电流/mA	−520.144 54	−370.889 15	−230.633 76	−90.378 38	40.877 01	190.132 4	330.387 79	470.643 18	610.898 57	760.153 95

线性拟合直线方程为 $I_f = kH_{ex} + I_0$，k=14.210 14，I_0=158.273 7 mA，即

$$I_f = 14.210\ 14\ H_{ex} + 158.273\ 7$$

式中 I_f——输出反馈电流；

I_0——零场偏置电流。

其相对灵敏度 $S=k=14.210\ 14\ \text{mA/Oe}$，也可表示为 $\frac{14.210\ 14\times10^3}{10^5}=$ $0.142\ 101\ 4\ (\mu\text{A/nT})$。

综上分析知，非晶丝磁感应探测器输出检波电压信号反映的相对灵敏度最高。

3. 提升探测灵敏度的技术途径

根据计算结果知，当外磁场大于 1.5 Oe 时，磁—脉冲探测器的灵敏度较低，虽然其在探测器输出信号所占的权值较小，但仍然会不可避免地影响探测器的品质。

如果在信号处理电路中对输出物理量作差动放大，的确可以提高灵敏度。但放大器本身即为一个噪声干扰源，而且在放大有用信号的同时，电路中的噪声和信号中的其他干扰也被其放大。从结果看，虽然探测器的灵敏度提高了，但提高灵敏度的代价是探测器探测精度下降。所以，依靠放大器提升灵敏度的方案不可取。

而如果采用降低三角波电流源输出电流的方法的确可以提高灵敏度，但探测器工作量程会大幅缩减。

对此本章采用正反三角波输出特性叠加与降低三角波频率的方法来提高探测器灵敏度。

（1）正反三角波输出特性曲线叠加法。

将反向三角波输出特性曲线与正向三角波输出特性曲线叠加，对其合成曲线进行灵敏度计算。

磁—脉冲探测器输出特性具有偶对称的映射关系，即当磁场方向改变而强度不变时，输出脉宽保持恒定。本章分析了磁—脉冲探测电路的原理。现把三角波电流输入源输出的信号反向，即信号频率不变，相位滞后或超前半个周期，整流二极管反向偏置，参考电压 V_{ref} 取反相值，电路中各元件参数选择同图 3-25。本节对反向三角波电路进行了仿真，其仿真图如图 3-85 所示。

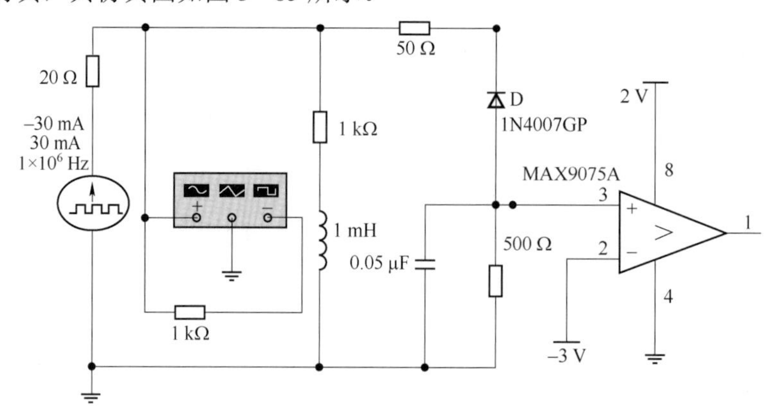

图 3-85　反向三角波磁—脉冲探测电路仿真图

仿真得出电路输出波形如图 3－86 所示。

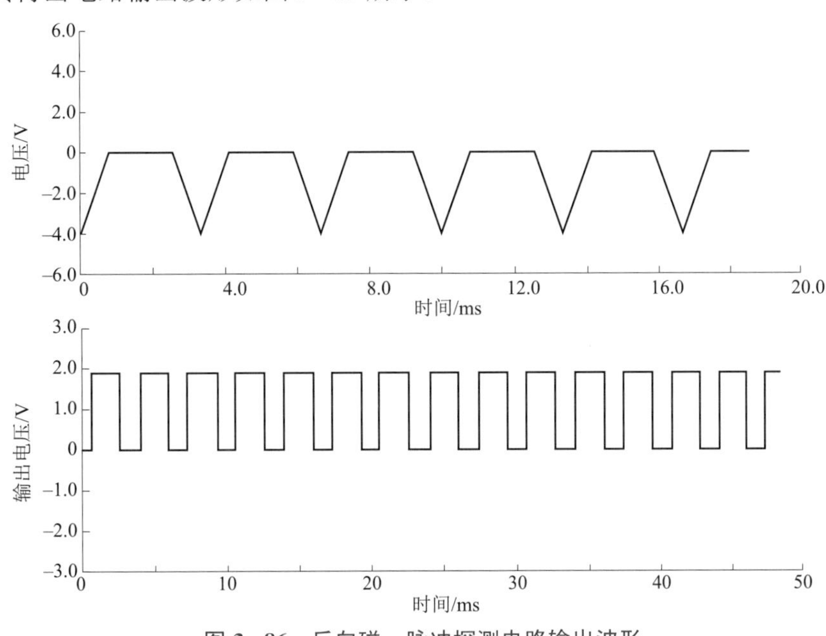

图 3－86　反向磁—脉冲探测电路输出波形

取三角波信号频率 f_t=300 Hz，输出电流 I=10 mA，高频脉冲发生信号频率 f_m=1 MHz，则正、反向三角波输出脉宽分别如表 3－17 和表 3－18 所示。

表 3－17　正向三角波磁—脉冲探测器输出数据

序号	1	2	3	4	5	6	7	8	9	10
磁场强度/Oe	−21.027 36	−13.929 98	−1.25	−0.131 49	0	0.506 46	1.25	4.877 96	13.929 98	21.027 3
脉宽/μs	531	1 160	2 550	1 328	1 174	2 083	2 550	2 052	1 160	531

表 3－18　反向三角波磁—脉冲探测器输出数据

序号	1	2	3	4	5	6	7	8	9	10
磁场强度/Oe	−21.027 36	−13.929 98	−1.25	−0.131 49	0	0.506 46	1.25	4.877 96	13.929 98	21.027 36
脉宽/μs	2 843	2 214	824	2 046	2 200	1 291	824	1 322	2 214	2 843

由此得到的正向三角波与反向三角波的输出特性分别如图 3－87（a）和图 3－87（b）所示。

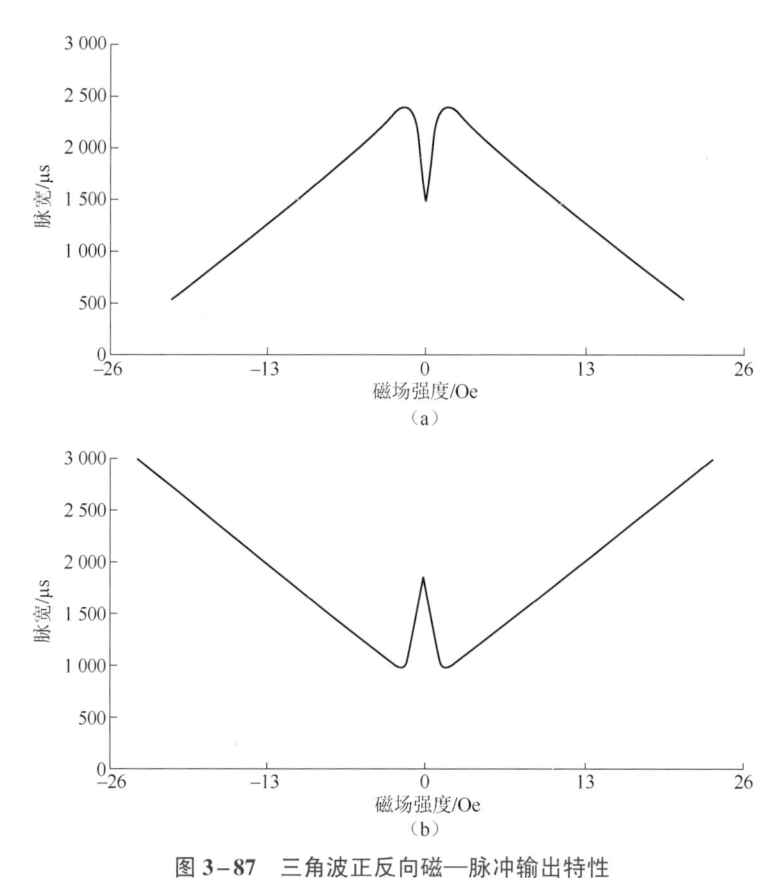

图 3-87　三角波正反向磁—脉冲输出特性

(a) 正向三角波磁—脉冲探测电路输出特性；(b) 反向三角波磁—脉冲探测电路输出特性

若把正三角波的输出曲线波形值称为 PW_1，反三角波的输出曲线波形值称为 PW_2，令

$$\Delta PW = PW_1 - PW_2$$

则 ΔPW 曲线如图 3-88 所示。

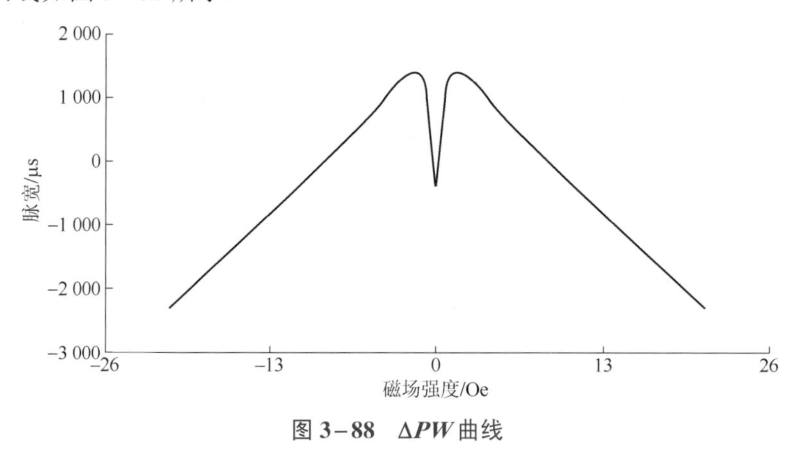

图 3-88　ΔPW 曲线

下面对 ΔPW 进行灵敏度计算，按拐点处（1.25 Oe）前、后两端分别计算，以证明

本章方法对提高灵敏度的有效性。

① $|H_{ex}| < 1.25\ \text{Oe}$。表 3-19 所示为曲线 ΔPW 上的数据点，根据表内数据，利用 Origin 对数据进行线性拟合，其结果如图 3-89 所示。

表 3-19　三角波电流 I=10 mA 时 ΔPW 曲线数据（一）

序号	1	2	3	4	5	6	7	8	9	10
磁场强度/Oe	0	0.114 37	0.307 1	0.345 2	0.506 46	0.654 4	0.809 1	0.961 6	1.116 2	1.25
脉宽/μs	−1 026	−687	306	410	792	991	1 163	1 361	1 546	1 726

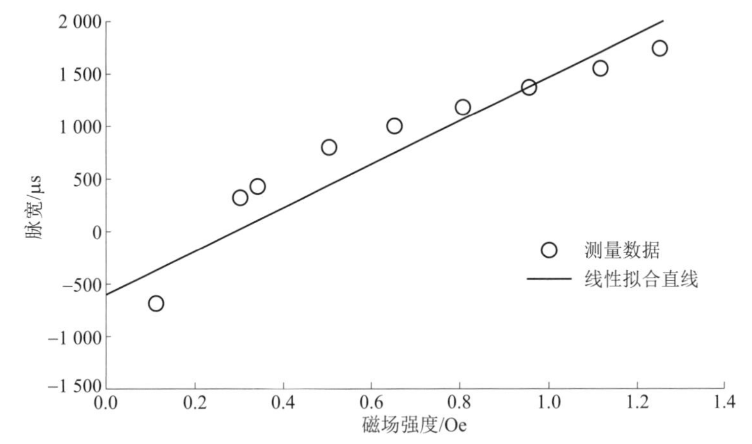

图 3-89　三角波电流 I=10 mA、磁场强度 H_{ex}<1.25 Oe 时测量数据与线性拟合直线

线性拟合后所对应的数据如表 3-20 所示。

表 3-20　三角波电流 I=10 mA 时拟合直线数据（一）

序号	1	2	3	4	5	6	7	8	9	10
磁场强度/Oe	−0.125	0.041 67	0.208 33	0.375	0.541 67	0.708 33	0.875	1.041 67	1.208 33	1.375
脉宽/μs	−852.17	−508.017	−163.864	180.289 3	524.442 2	868.595 2	1 212.748	1 556.901	1 901.054	2 245.21

线性拟合直线的方程为

$$T_{out} = kH_{ex} + T_0，k=2\ 064.92，T_0=-594.05，T_{out}=2\ 064.92\ H_{ex}-594.05$$

式中　T_{out}——脉冲宽度，单位 μs；

T_0——零场脉冲宽度。

则其相对灵敏度 $S = k = \dfrac{2\ 064.92}{10^5} \approx 0.021\ (\mu s/nT)$

② $1.25\ \text{Oe} \leqslant |H_{ex}| < 26\ \text{Oe}$。表 3-21 所示为曲线 ΔPW 上的数据点，根据表内数据，利用 Origin 对数据进行线性拟合，其结果如图 3-90 所示。

表 3-21　三角波电流 I=10 mA 时 ΔPW 曲线数据（二）

序号	1	2	3	4	5	6	7	8	9	10
磁场强度/Oe	1.25	2.427 2	3.659 8	4.877 96	7.321 8	9.056 4	12.411 2	13.929 98	18.076 7	21.027 3
脉宽/μs	1 726	1 427	1 110	730	251	−93	−767	−1 054	−1 810	−2 312

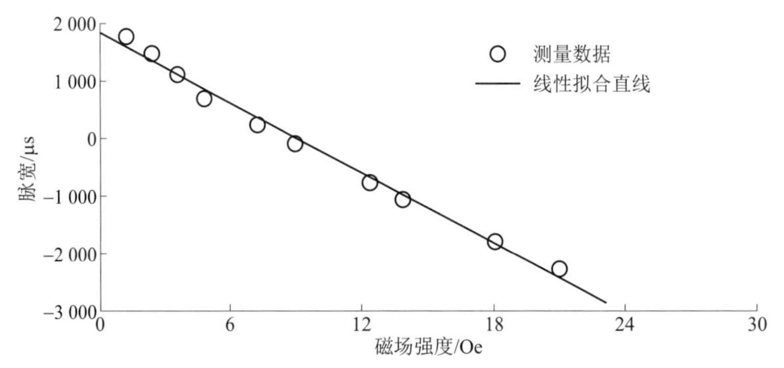

图 3-90　三角波电流 I=10 mA、磁场强度 H_{ex}≥1.25 Oe 时测量数据与线性拟合直线

线性拟合所对应的数据如表 3-22 所示。

表 3-22　三角波电流 I=10 mA 时拟合直线数据（二）

序号	1	2	3	4	5	6	7	8	9	10
磁场强度/Oe	−0.727 74	1.909 25	4.546 23	7.183 21	9.820 19	12.457 17	15.094 15	17.731 13	20.368 11	23.005 1
脉宽/μs	1 977.994	1 442.561	907.127 6	371.694 4	−163.739	−699.172	−1 234.61	−1 770.04	−2 305.47	−2 840.9

则其线性拟合直线的方程为 $T_{out} = kH_{ex} + T_0$，k=−203.045，T_0=1 830.23，即

$$T_{out} = -203.045\ H_{ex} + 1\ 830.23$$

则其相对灵敏度

$$S=k=\frac{203.045}{10^5}\approx 0.002\ (\mu s/nT)$$

显见与正向三角波磁—脉冲探测器灵敏度相比，ΔPW 曲线的相对灵敏度提高了 1 倍。

（2）降低三角波频率法。降低三角波频率可有效提高磁—脉冲探测器的输出脉宽，且使 PW、ΔPW 曲线对应线性拟合直线的斜率大幅提升，进而提高探测灵敏度。

总之，上述（1）、（2）有效结合，可依据具体应用需求改变非晶丝微磁近感引信的灵敏度和探测精度。

4. 正反向三角波对探测器线性度的影响

由 ΔPW 曲线可见，正反向三角波叠加法有效提高了磁—脉冲探测器的灵敏度，但是曲线上仍然存在线性拐点，这不仅影响了探测器的线性度指标，同时也增加了算法的复杂度（判断输出曲线拐点的算法）。本章采用加入偏置磁场的方法以彻底解决该问题。如图 3-88 所示，拐点处的磁场强度为 1.25 Oe，那么对磁—脉冲探测器施加一个强度为 1.25 Oe 的偏置磁场，其输出特性如图 3-91 所示。

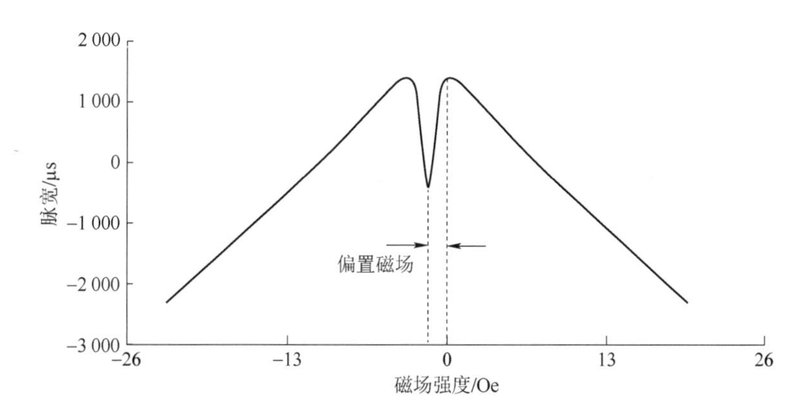

图 3-91　施加偏置磁场后的 ΔPW 输出特性

施加偏置磁场后，ΔPW 输出特性的正向曲线呈线性下降的趋势，且线性量程为 0～24 Oe。

3.3.3　分辨率

分辨率与灵敏度的概念比较相似，它是指探测器能精确测量的最小变化值。输入信号从任意值缓慢增加，直到可以测量到输出的变化为止，这时的输入量即为分辨率。下面分别对两种探测器进行讨论。

1. 磁—脉冲探测器

由上节计算知，当外磁场小于 1.25 Oe 时，灵敏度为 20.6 ns/nT；当外磁场大于

1.25 Oe 时，灵敏度为 2.03 ns/nT。

本章采用 FPGA 来计算脉冲宽度，系统时钟频率为 50 MHz，周期为 20 ns，则磁—脉冲探测器的分辨率为 10 nT；对 FPGA 的采样周期进行 5 倍分频后，采样频率变为 250 MHz，采样周期为 4 ns，则磁—脉冲探测器的分辨率为 2 nT。仿真发现，三角波频率降至 f_t=200 Hz 时，探测器输出脉宽变化量 ΔPW 的分辨率可达 1 nT，但为了保证线性量程不变，本节中三角波的频率依然选为 300 Hz。

2. 磁感应探测器

由 3.3.2 节计算知，基于本电路的参数设计，输出检波电压信号和反馈电流信号的灵敏度分别为 3.33 μV/nT、0.142 μA/nT。探测器的宽带放大电路增益为 1 000，高速采样单元最高采样频率为 105 MHz，则磁感应探测器分辨率为 1 nT。

综上分析，非晶丝磁近感引信探测器的输出分辨率约为 2 nT。

3.3.4 磁滞特性

磁滞效应是指在同一工作条件下进行全量程测量时，正行程和反行程传输曲线的不重合程度。一般用同一输入量的正行程输出和反行程输出的最大偏差与满量程输出值的百分比表示。图 3-92 所示为根据厂家提供的数据作归一化处理后绘制的磁滞回线，其纵坐标物理量为磁化比，也称相对磁化强度。

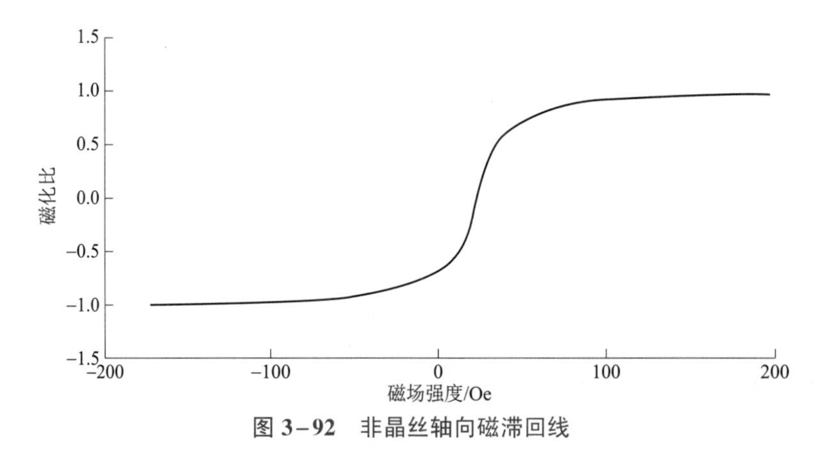

图 3-92 非晶丝轴向磁滞回线

根据厂家提供的资料，不加外接高频激励时，非晶丝磁滞量在 3%以内。

3.3.5 稳定性

反映探测器输出稳定性的一个重要指标是零点输出漂移。它是指在规定时间内，探测器的零点输出随时间的变化量，即

$$D_0=\frac{\Delta y_0}{Y_{FS}}\times 100\%=\frac{|y_{\max 0}-y_0|}{Y_{FS}} \tag{3-85}$$

式中　y_0——初始零点输出；

$y_{\max 0}$——最大漂移零点输出；

Y_{FS}——满量程输出。

下面对两种探测电路分别进行讨论。

1. 磁—脉冲探测器稳定性

非晶丝材料本身的激励特性及 GMI 效应决定了当外磁场为零时，其阻抗不发生任何变化，即三角波信号通过整流二极管后正半周波形没有发生变化，比较器输出的脉冲宽度基本不变，其零点漂移量近似为零，具有非常高的稳定性。

2. 磁感应探测器稳定性

该探测电路中无任何高频或低频输入信号的干扰，噪声多来自电路阻容元件、运算放大器及开关三极管动作时的瞬间尖峰。考虑到滤波电路不能彻底消除噪声的干扰，根据开关三极管 2SC3873 元件具体参数估算探测器零点漂移量约为 0.017 12%，即外磁场约为 60 000 nT（地磁场量级）时，最大零点漂移量为 10.272 nT。

综上分析，非晶丝磁近感引信探测器具有良好的电路稳定性。

3.3.6　频率特性

非晶丝磁近感引信探测器分辨率的高低与待测外磁场频率、高频激励信号频率及低频三角波频率都有非常直接的关系，故下面分别讨论。

1. 对外磁场频响范围

非晶丝材料自身的属性决定了非晶丝探测器对外磁场的响应特性。根据 3.2 节的分析，非晶丝磁近感引信探测器对外磁场的频响范围为 0～3 kHz。

2. 对高频交变激励源的频率特性

高频激励源是 GMI 效应产生的关键，研究输入激励的频率特性，需分别考虑非晶丝材料环向磁导率、非晶丝电阻、非晶丝电抗与激励频率的关系。对于不同结构及不同淬火和萃取方法制备的非晶丝其频率特性也不尽相同。

本文使用的是华西特种材料厂制备的非晶丝，当高频激励源频率为 1.5 MHz 时，非晶丝的阻抗变化比达到最大值，即 140%；当激励频率低于 100 kHz 或高于 5 MHz 时，非晶丝的阻抗变化比低于 20%，此时意味着探测器灵敏度将大大降低，探测精度亦无法保证。

因此，本章所设计的探测电路，其高频交变激励信号的带宽为 100 kHz～5 MHz。

3. 对输入低频三角波的频率特性

前面理论分析表明，低频三角波频率越低、幅值越小，探测器相对灵敏度越高。

通过仿真分析发现，当三角波频率大于 3 kHz 时，输出脉宽的变化量很小，探测器灵敏度极差；当频率低于 100 Hz 时，探测器不能满足引信系统的快速响应要求。

故三角波信号的带宽应为 100 Hz～3 kHz。

3.3.7 响应速度

探测器的响应速度对于近感引信系统的重要性不言而喻。非晶丝磁近感引信的探测电路由磁—脉冲探测电路和磁感应探测电路组成。磁感应探测电路的响应速度较快，由非晶丝磁化速度和所选开关三极管的参数决定；磁—脉冲探测电路的响应速度较慢，受到低频三角波脉冲的限制。由于响应速度受工作频率制约，故下面分析两种电路实际响应速度所对应的工作频率。

1. 磁感应探测电路的响应速度

法拉第电磁感应定律是基于铁磁物质的磁化特性建立起来的，磁化过程本质上就是内部分子重新排序的过程，根据非晶丝材料的固有属性，其磁化过程在瞬间即可完成。本章选用 2SC3873 作为磁感应探测电路中的高速开关三极管，其开关速度约为 30 ns。

其探测电路的响应速度对应的频率约为 30 MHz。

2. 磁—脉冲探测电路的响应速度

三角波信号的频率决定了输出脉宽信号的响应速度，过高的频率会影响探测器的灵敏度。提高三角波频率以加快探测器响应速度的同时，应适当减小三角波的幅值，用以保证探测器的灵敏度。

由前面计算可得，该探测电路的响应速度所对应的频率约为 1 kHz。

综上分析，非晶丝磁近感引信探测器理论上的响应速度所对应的频率范围为 1 kHz～30 MHz。

显然，1 kHz 的响应速度无法满足引信系统的实时性要求，因此需对磁—脉冲探测电路做如下改进，以提高其响应速度。

（1）磁—脉冲探测电路的负反馈设计。

设上一时刻的脉宽为 PW（$n-1$），其对应的电压为 V（$n-1$），则

$$V(n-1)=V_{\mathrm{ef}}+E_{\mathrm{out}}(n-1) \tag{3-86}$$

引入负反馈电路后，设当前时刻的脉宽为 PW（n），其对应电压为 V（n），有

$$V(n)=V_{\mathrm{ef}}+E_{\mathrm{out}}(n)-E_{\mathrm{out}}(n-1) \tag{3-87}$$

此时的比较器输出脉冲宽度为 ΔPW，即引入负反馈体制后，探测电路输出信号为当前脉宽相对上一时刻脉宽的变化量，这不仅拓宽了探测电路的量程，同时也提高了探测电路的响应速度。

（2）对 FPGA 系统时钟频率进行加倍，可保证对高频脉冲信号的精确计算。

通过以上两种手段可以使磁—脉冲探测电路的响应速度提高约一个数量级，达到引信系统的实时性要求。

3.3.8　量程

当待测磁场为小量级静磁场时，非晶丝磁近感引信探测器输出信号以磁—脉冲探测电路的输出脉宽为主。此时，三角波电流源输出 f=300 Hz、I=5.5 mA 的三角波信号，且高频交变脉冲对非晶丝的激励频率 f=1 MHz。其量程为－15（－1 500 000 nT）～15 Oe（1 500 000 nT）。

当待测磁场为中等量级静磁场时，非晶丝磁近感引信探测器输出信号以磁感应探测电路的反馈电流输出为主。此时，反馈线圈匝数为 50，标定线圈匝数为 100，反馈电阻为 1 kΩ。其量程为－40（－4 000 000 nT）～40 Oe（4 000 000 nT）。

当待测磁场为 1 kHz 以内的变化磁场时，非晶丝磁近感引信探测器输出信号以磁—脉冲探测电路的脉宽输出为主。此时，三角波电流源输出 f=200 Hz、I=5.5 mA 的三角波信号，且高频交变脉冲对非晶丝的激励频率 f=2 MHz。其量程为–15～15 Oe（≤1 kHz）。

当待测磁场为 3 kHz 以内的变化磁场时，非晶丝磁近感引信探测器输出信号以磁感应探测电路的检波电压和反馈电流的输出为主。其量程为±12 Oe（≤3 kHz）。

非晶丝磁近感引信探测器静态磁场中的量程为－40～40 Oe；变化磁场中的量程为 –15～15 Oe（f≤1 kHz），–12～12 Oe（1 kHz<f≤3 kHz）。

第 4 章　基于遗传神经网络的 GMI 非线性校正方法

本章提要　巨磁阻抗（GMI）磁传感器具有灵敏度高、响应速度快等优点，但其输出信号呈非线性特性。虽经加交流偏置的方法以产生非对称巨磁阻抗效应（AGMI），对磁场传感器的线性度有一定改善，但仍存在线性范围小、线性误差较大的缺点。BP（误差逆传播）神经网络具有良好的自学习、自适应和非线性映射能力，但通常训练速度较慢，并且易陷入局部极小值；而遗传算法虽有很强的全局寻优能力，但其局部搜索能力不足，为充分发挥二者优点，本章提出一种基于遗传神经网络的传感器非线性误差校正方法，在此基础上针对所设计的 GMI 传感器，设计适合本系统的遗传神经网络，并通过 Matlab 软件实现。结果表明，经过训练的网络输出结果有序，网络的非线性映射性能良好，能够精确反映该传感器系统的函数关系。该方法运算快速、精度高，对智能 GMI 传感器的设计具有重要的工程应用价值。

4.1　人工神经网络

4.1.1　神经网络概念

人工神经网络（artificial neural networks，ANN）是基于人脑的生理研究成果，通过对人脑神经网络结构和功能，以及若干基本特性的某种理论进行抽象、简化和模拟而构成的一个信息处理系统。神经网络通常由许多简单的、并行工作的处理单元构成，即神经元，其功能取决于网络的结构、连接权值以及各个单元的处理方式。人工神经系统的研究可追溯到 1800 年 Frued 的精神分析学时期，但真正掀起人工神经网络高潮的是在 1957 年，Frank Rosenblatt 首次提出并设计制作了著名的感知机，第一次从理论研究转入工程实现阶段。人工神经网络从理论研究到工程实现的整个过程中，经历了兴起、高潮与萧条、高潮及稳步发展的曲折道路。时至今日，随着科学技术的迅速发展，神经网络已经发展成为涉及生理科学、认知科学、信息科学等多学科综合的前沿学科，在神经专家系统、模式识别、智能控制及组合优化、预测等领域得到成功应用，并且正与模糊系统、遗传算法、进化机制等结合，形成计算智能，成为人工智能的一个重要研究方向。

神经网络通过模仿脑神经系统的组织结构及某些活动机理，可呈现出部分人脑的特征，即具有并行处理、分布式存储与容错性好的结构特征，同时具有良好的自学习、自适应和非线性映射的能力特征。神经网络的工作过程可分成两个阶段：其一是学习阶段，即通过对测试样本的学习，不断修正网络结构的连接权值；其二是工作期，此时各连接权值固定，计算单元变化，以达到某种稳定状态。

4.1.2　BP 神经网络工作原理

BP（back propagation）神经网络是 1986 年由 D.E.Rumelhart 和 J.L.McCelland 提出的一种利用误差反向传播训练算法的神经网络，是目前应用最多的一种前馈神经网络。它能学习和存储大量的输入、输出模式映射关系，而无须预先求得描述这种映射关系的数学方程。BP 神经网络模型拓扑结构通常由输入层、隐层和输出层构成，且 R.Hecht–Nielso 已在 Theory of the Back Propagation Neural Network 中证明，对于闭区间内的任一连续函数都可用含一个隐层的 BP 网络来逼近。图 4–1 所示为 BP 网络结构。

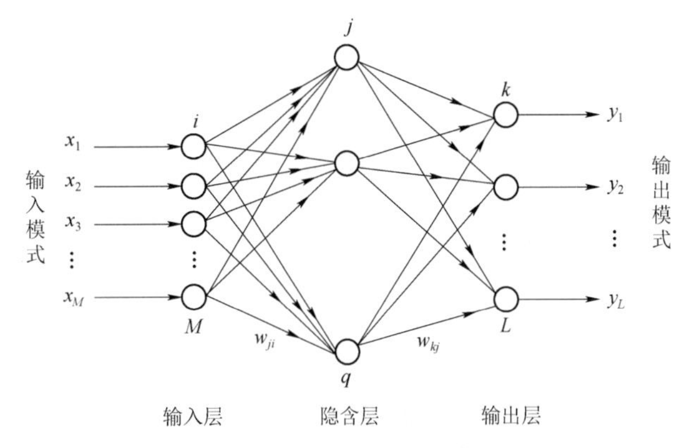

图 4–1　BP 网络结构

设图 4–1 中有 M 个输入节点 $x_1,x_2,\cdots,x_M$，L 个输出节点 $y_1,y_2,\cdots,y_L$，网络的隐含层有 q 个神经元。对于隐含层，有

$$O_j = g(\text{net}_j) \quad (j=1,2,\cdots,q) \tag{4–1}$$

$$\text{net}_j = \sum_{i=0}^{M} w_{ji}x_i \quad (j=1,2,\cdots,q) \tag{4–2}$$

对于输出层，有

$$O_k = f(\text{net}_k) \quad (k=1,2,\cdots,L) \tag{4–3}$$

$$\text{net}_k = \sum_{j=0}^{q} w_{kj}O_j \quad (k=1,2,\cdots,L) \tag{4–4}$$

如果网络输出与期望输出不一致，则将其误差信号从输出端反向传播，并在传播过程中对加权系数不断修正，使在输出层节点上得到的输出结果尽可能接近期望输出。对于每一个样本 P 的输入、输出模式对，可得到二次型误差函数：

$$E=\frac{1}{2}\sum_{k=1}^{L}(T_k-O_k)^2 \tag{4-5}$$

式中 T_k——期望输出；

O_k——实际输出。

权系数应按照 E 梯度变化的反方向进行调整，使网络的输出接近期望输出。对于输出层，一般激励函数取线性函数，则权系数修正为

$$\Delta w_{kj}=-\eta(t)\frac{\partial E}{\partial w_{jk}} \tag{4-6}$$

式中 $\eta(t)$——自适应学习速率。

学习速率调整规则为：如果某一步权值更新能使误差函数降低，则应增加该步的学习速率，即 $\eta(t+1)=(1+\alpha)\eta(t)$；否则减小该步学习速率，即 $\eta(t+1)=(1-\beta)\eta(t)$。$\alpha,\beta$ 分别为学习速率增长因子和减小因子。

4.1.3 BP 神经网络特点

BP 神经网络神经元所采用的传递函数通常是 sigmoid 型可微函数，只要有足够多的隐含层和隐节点，它可以逼近任意的非线性映射关系。但由于 BP 学习算法采用误差导数指导学习过程，本质上属局部寻优算法，当存在较多局部极小值情况时，运算易陷入局部极小值域，且不可避免地存在着学习精度与学习速度的矛盾。而遗传算法（GA）是一种基于生物进化过程的随机搜索的全局优化方法，可同时对搜索空间中的多个个体进行评价，搜索遍历整个解空间而又不依赖梯度信息，具有良好的宏观搜索能力，鲁棒性强。因此本章设计时在 BP 神经网络中引入遗传算法，以充分发挥各自的长处。

4.2 遗传算法原理分析

4.2.1 遗传算法概述

遗传算法（genetic algorithm）是模拟达尔文生物进化论的自然选择和遗传学机理等生物进化过程的计算模型，是一种通过模拟自然进化过程搜索最优解的方法，1975 年由美国 Holland 教授最先提出。目前遗传算法在生产调度、自动控制、机器人学、图像处理、人工生命等方面得到了广泛应用。

遗传算法是从代表问题可能潜在解集的一个种群开始的，而一个种群则是由经过

基因编码的一定数目的个体组成，其本质是对由数串形成的个体进行一系列运算，是一种高效、并行、全局的搜索方法。它能在搜索过程中自动获取和积累有关搜索空间的知识，并自适应地控制搜索过程以求得最优解。遗传算法操作过程为：对问题潜在解的遗传基因表达（编码方案）→初始种群产生→适应度函数选取→选择操作→交叉操作→变异操作。图 4-2 所示为遗传算法流程。

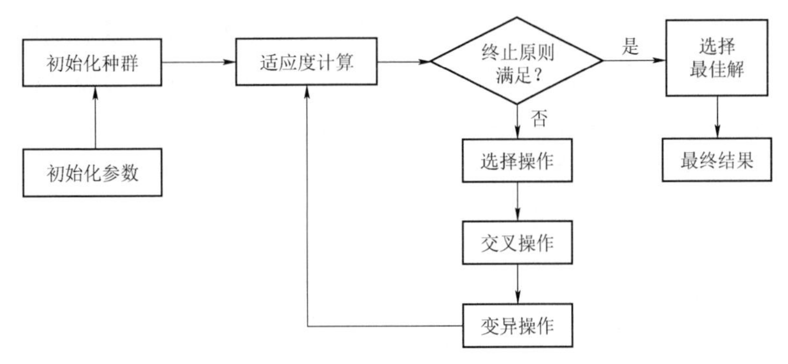

图 4-2　遗传算法流程

遗传算法的出发点是基于一个简单的群体遗传模型，该模型基于以下假设：

（1）染色体（基因型）由一固定长度的字符串组成，其中每一位都具有有限数目的等位基因；

（2）群体由有限数目的基因组成；

（3）每一基因型有一相应的适应度，表示该基因型生存与复制的能力。

4.2.2　遗传算法的特点

遗传算法是从概率上以随机方式寻找问题的最优解，是一种高度并行和自适应的优化算法。作为一种通用的搜索算法，遗传算法对于各种通用问题都适用，其本质是一种整体搜索策略，且在搜索过程中不依赖于梯度信息或其他辅助知识，只需要影响搜索方向的目标函数和相应的适应度函数参与。其特点是操作简单、隐含并行性和全局寻优能力强，但存在局部搜索能力较差、进化缓慢和易早熟等缺点。故本章将其与 BP 神经网络相结合，充分发挥二者优点，抑制其缺点，构造适合 GMI 传感器系统的遗传神经网络非线性校正环节。

4.3　遗传神经网络 GMI 传感器校正原理

4.3.1　传感器非线性校正方法

在仪表检测系统中，大多数传感器的输出特性呈非线性，非线性误差也成为许多测量系统误差的主要来源，所以针对传感器非线性误差补偿或非线性校正问题，人们提出了多种方法，归纳起来主要分以下三类。

（1）硬件补偿法：该方法虽然简单，但电路成本高，设计制造麻烦，且难以做到全量程补偿，还会因补偿硬件的漂移影响整个测量系统的精度。因此，可靠性与精度均不高，应用受到很大限制。

（2）软件补偿法：常用最小二乘回归、多项式拟合等方法，以实现传感器特性的线性化，减小非线性误差。但这些方法精度不高，如最小二乘法是根据测量数据期望值的平方差最小原理来确定校正曲线方程的系数的，此外该方法确定的最优系数属于局部最优值，且往往由于方程组病态，求解困难。因而此类方法也只能在测量系统非线性误差较小的一段范围内使用。

（3）人工神经网络补偿法：该方法属于一种新的数据融合法，利用神经网络对任意连续非线性函数的逼近能力，实现对非线性传感器系统的函数拟合，减小非线性误差。

由上述分析可知，前两种方法均无法满足高精度传感器系统的要求。而神经网络补偿法虽然具有大规模并行处理、分布式存储、自适应学习和非线性逼近能力强等优点，但目前常用的两种前馈神经网络[误差反向传播（BP）神经网络和径向基函数（RBF）神经网络]，在应用过程均存在严重缺陷。如 BP 神经网络训练速度慢、效率低，且易陷入局部极小值，使网络寻优失败；RBF 神经网络虽具有唯一最佳逼近特性以及无局部极小值等优点，但目前常用的几种 RBF 网络训练方法（如 Newton 法、Gauss-Newton 法和 LM 法等）均难以确定隐节点中心，这正是该网络系统难以广泛应用的症结所在。

本章利用一种改进的遗传神经网络方法，对 GMI 传感器系统进行拟合，经软件计算结果可知，该方法训练快速，且精度高、收敛性好。

4.3.2 遗传神经网络校正原理

在本章所设计的 GMI 磁传感器系统中，传感器输出信号 V_o 与被测外磁场 H_{ex} 可表示为 $V_o = f(H_{ex})$，其中 f 为一非线性函数。利用遗传神经网络（GNN）方法对传感器的非线性特性进行校正，可在传感器输出端串联一个补偿环节，其作用是求取 GMI 传感器特性函数 $f(H_{ex})$ 的反函数，即 $P = f^{-1}(V_o) = \hat{H}_{ex}$，其校正原理如图 4-3 所示。

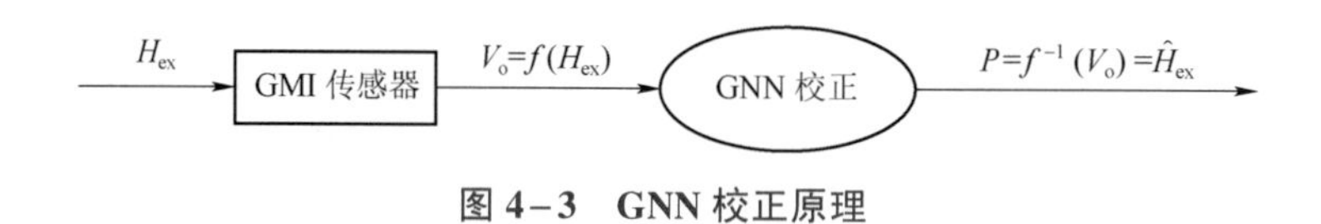

图 4-3 GNN 校正原理

由于 $V_o = f(H_{ex})$ 是非线性函数，则其反函数 $f^{-1}(V_o)$ 也是非线性函数，通常很难求出。遗传神经网络具有自进化和自适应能力，能映射非线性函数，并具有较强的泛化能力，故可利用该网络的函数逼近能力，用训练后的遗传神经网络取代 $f^{-1}(V_o)$，即可将系统输出 P 与输入 H_{ex} 校正成近似线性关系。网络的输入、输出样本可通过实验手段测得。

4.3.3　遗传神经网络算法及实现

GA 算法采用随机但有向的搜索机制来寻找全局最优解，通过交叉和变异功能显著减少了初始状态的影响，有利于搜索得到最优结果而不停留在局部最小处，但是当其收敛到一定程度时，通过交叉、变异算子产生适应性更高个体的概率显著降低，使得局部搜索空间不具备微调的能力；而 BP 学习算法采用误差导数指导学习过程，本质上属于局部寻优算法。本章用 GA 算法优化神经网络，可使得神经网络具有自进化和自适应能力。

对于神经网络而言，其连接权值蕴含着网络系统的全部知识，通常 BP 神经网络权值的获取是：基于某个确定的权值变化规则，在训练中逐步调整，最终得到一个较好的权值分布。但因 BP 网络学习易陷入局部极值，很可能得不到满足要求的权值分布，而利用遗传算法全局寻优的特点，可将连接权值定位于局部空间，进而发挥 BP 网络局部寻优的特点，有望得到满足要求的权值分布。具体操作步骤如下。

（1）设计 BP 神经网络结构，利用随机产生的初始权值，运行 BP 神经网络，通过不同训练次数，得到不同的权值分布，形成初始群体。

（2）采用实数编码，个体编码长度等于其变量个数。与二进制编码相比，既缩短了染色体编码长度，也具有搜索空间大、稳定性好、精度高等优点。

（3）为使遗传算法在保持群体多样性的同时，保证其收敛性，需采用自适应策略，即在同一代中给不同个体赋予不同的交叉概率 P_c 和变异概率 P_m，对适应值高的个体予以保护，而加大适应值低的个体被改变的机会。可对遗传算法中的交叉概率 P_c 和变异概率 P_m 进行以下处理：

$$P_c=\begin{cases}\dfrac{k_1(f_{max}-f')}{f_{max}-\bar{f}} & (f'\geqslant\bar{f})\\ k_2 & (f'<\bar{f})\end{cases} \tag{4-7}$$

$$P_m=\begin{cases}\dfrac{k_3(f_{max}-f)}{f_{max}-\bar{f}} & (f\geqslant\bar{f})\\ k_4 & (f<\bar{f})\end{cases} \tag{4-8}$$

式中　f_{max}——群体中最大适应度值；

f'——待交叉的两个个体中较大适应度值；

$\bar{f}$——群体的适应度均值；

f——要变异个体的适应度值；

$k_1, k_2, k_3, k_4 \in (0,1)$ 。

（4）适应度函数选取。适应度函数是遗传算法指导搜索的唯一信息，根据其值可判别遗传个体的优劣。本章此处设计的 GMI 传感器非线性校正的适应度函数为

$$F = E^{-1} = \left[\frac{1}{2} \sum_{k=1}^{L} (T_k - O_k)^2 \right]^{-1} \tag{4-9}$$

式中 E——式（4-5）中所定义的二次型误差函数。

（5）遗传操作，即通过选择、交叉、变异三种操作，重复遗传操作，直到满足终止原则，得到 BP 网络权值。

（6）将（5）所得权值结果作为 BP 网络的初始权值，运行神经网络，对权值进行局部寻优。

应用上述操作步骤，可对 GMI 传感器的非线性输出特性进行补偿校正。

4.4 GMI 传感器非线性校正

4.4.1 BP 网络隐含层数目确定

BP 网络是一种具有三层或三层以上的神经网络，网络输入、输出层的神经元个数均为 1，为单隐层结构。一般来说，隐含层神经元的数目通常为 3～10。本章设计一个隐含层神经元数目可变的 BP 网络，即通过误差对比，确定适合本系统的神经元个数。取输入样本 X= ［−1:0.1:1］，目标函数 $T = \sin(\pi \times X)$，目标误差 err_goal=0.2，然后在 Matlab 7.0 环境中计算隐层神经元变化时的训练次数，结果如表 4−1 所示。

表 4−1　不同隐含层的网络误差

隐层神经元数目	3	4	5	6	7	8	9	10
训练次数	1 950	145	136	309	552	151	260	548
网络误差	0.199 8	0.198 6	0.199 3	0.199 9	0.199 8	0.198 8	0.199 5	0.199 8

由表 4−1 可知，隐含层神经元数为 5 的 BP 网络对函数的逼近效果较好，网络训练次数最少，故将 BP 神经网络隐含层神经元数目设定为 5，图 4−4 所示为其误差变化曲线。

4.4.2 遗传算法寻优

首先，对本章设计的某 AGMI 磁传感器进行测试，利用亥姆霍兹线圈作为微弱外磁场的标准量具，在外磁场 −3～3 Oe 范围内，调节线圈电流的大小，每隔 0.25 Oe 读取一次传感器输出电压，这样形成了一组输入、输出样本数据，如表 4−2 所示。

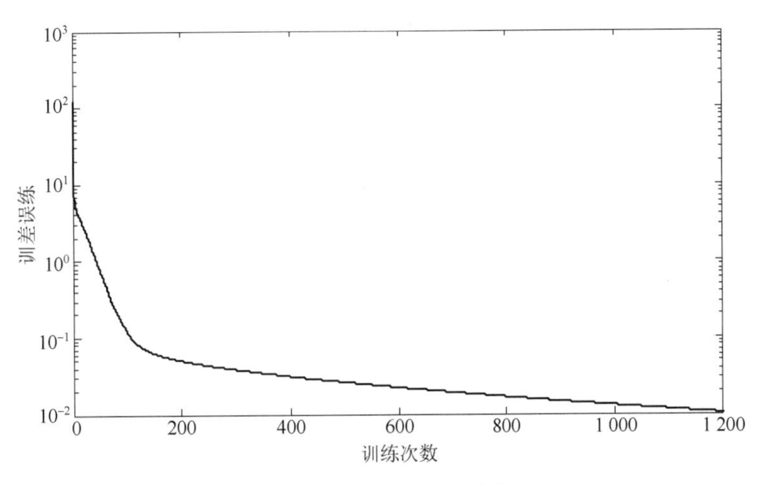

图 4-4　均方差变化曲线

表 4-2　样本数据

H_{ex}/Oe	-3.00	-2.75	-2.50	-2.25	-2.00	-1.75	-1.50	-1.25	-1.00
V_o/V	-10.01	-9.95	-9.86	-9.75	-9.52	-9.34	-8.72	-8.03	-7.52
H_{ex}/Oe	-0.75	-0.50	-0.25	0	0.25	0.50	0.75	1.00	1.25
V_o/V	-5.67	-3.77	-1.92	-0.01	1.88	3.80	5.62	7.48	8.05
H_{ex}/Oe	1.50	1.75	2.00	2.25	2.50	2.75	3.00		
V_o/V	8.74	9.32	9.49	9.76	9.87	9.94	9.98		

利用这些数据，基于前述求权值分布的操作步骤，即首先运用遗传算法为网络权值定位局部搜索空间。在 Matlab 工作环境中，利用遗传算法分析采集到的数据，不断调整算法的参数，可得到大量数据处理结果。图 4-5 所示的是进化代数为 100，变异函数选择高斯函数，不同交叉概率 P_c 条件下的具体运算结构。

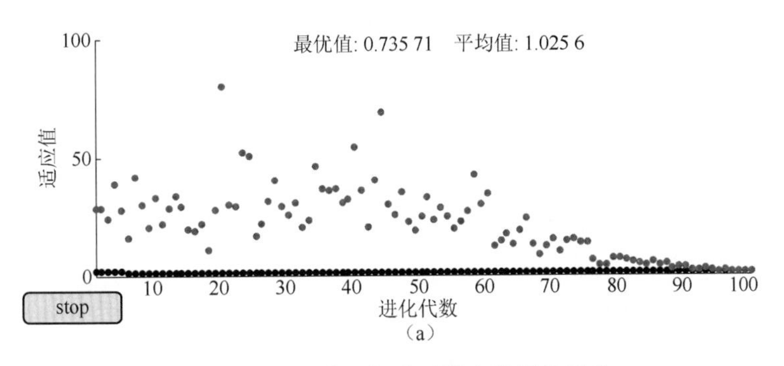

图 4-5　不同交叉概率对拟合结果的影响

（a）P_c=0.6

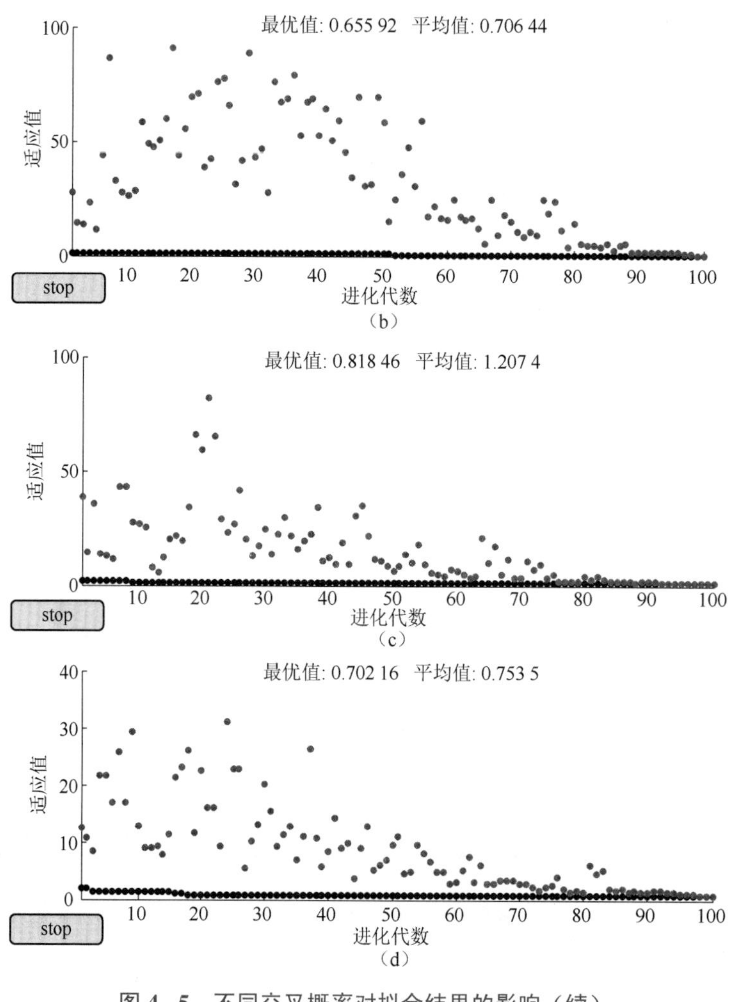

图 4-5 不同交叉概率对拟合结果的影响（续）

（b）P_c=0.7；（c）P_c=0.8；（d）P_c=0.9

通过比较图 4-5（a）～图 4-5（d），可得结论：当交叉概率 P_c =0.7 时，拟合误差最小，故其拟合效果最好［图 4-5（b）］。

下面讨论变异高斯函数的收缩参数 h 变化时对拟合结果的影响，其结果如图 4-6 所示。

由图 4-6 可见，当变异高斯函数的收缩参数 h =1 时，拟合误差最小，所以选用 h =1 时的高斯函数作为变异函数。

通过在 Matlab 环境中的大量实验，在对运算时间、运算效果及复杂度等因素进行综合考量后，选择轮盘赌的方法，并确定进化代数为 150、群体规模为 20、交叉概率为 0.7、变异函数为高斯函数，进行权值搜索，其搜索结果如图 4-7 所示。

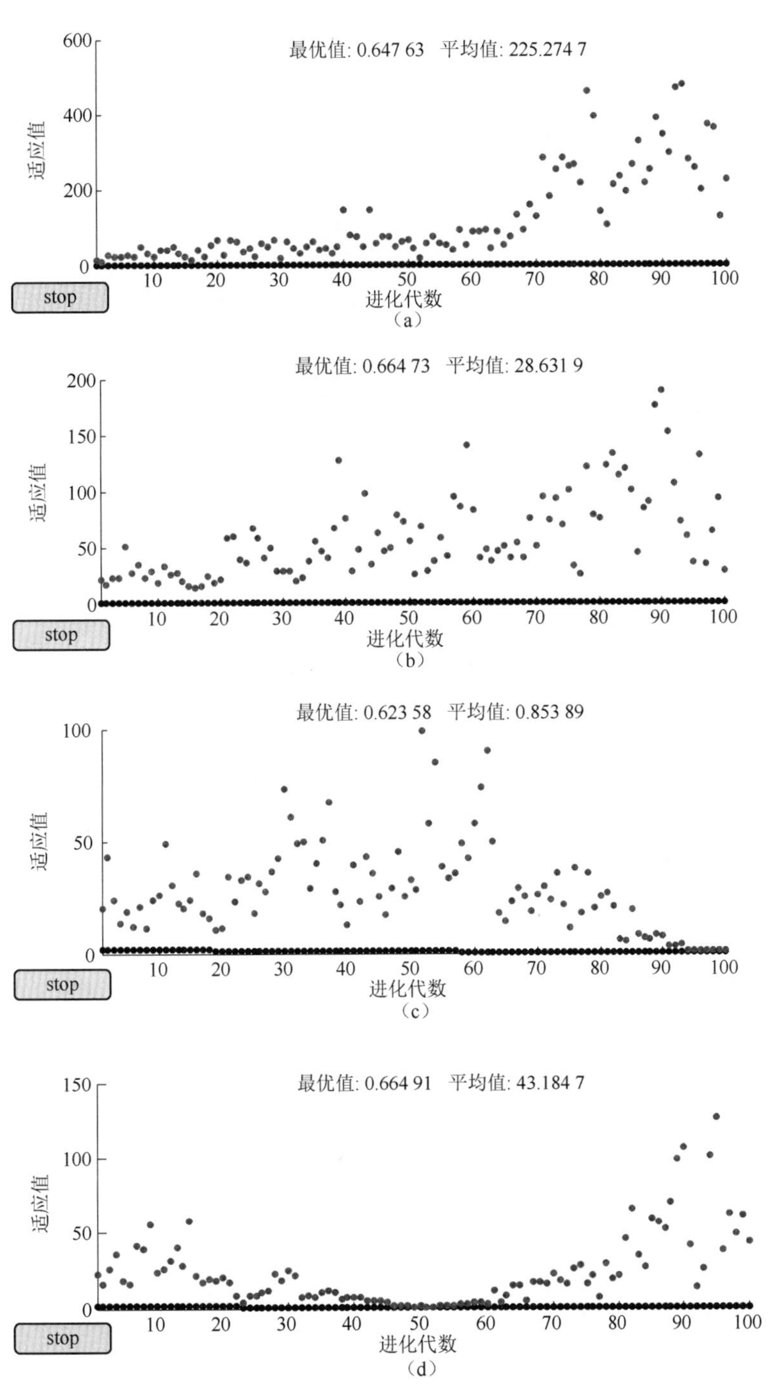

图 4-6　变异函数变化时对拟合结果的影响

（a）$h=-1$；（b）$h=0$；（c）$h=1$；（d）$h=2$

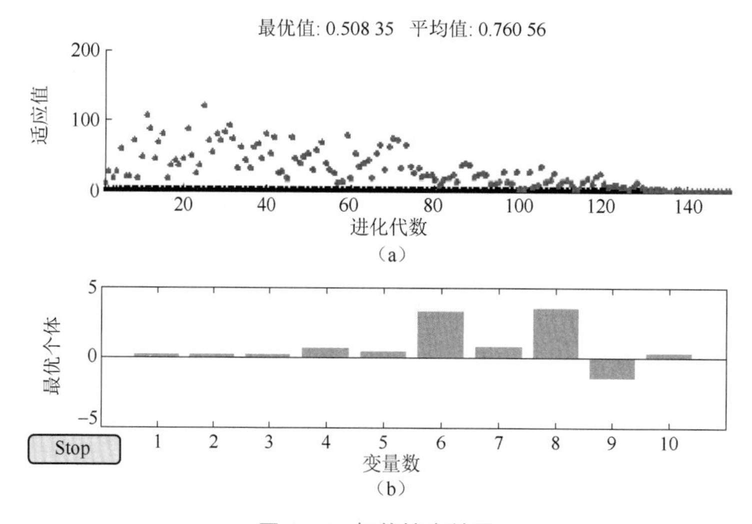

图 4-7　权值搜索结果

(a) 最优拟合结果; (b) 最优权值分布

对应图 4-7 所示的 BP 神经网络初始权值见表 4-3。

表 4-3　网络初始权值

W_{ji}	0.22	0.28	0.18	0.72	0.42
W_{kj}	3.26	0.78	3.57	−1.39	0.37

将表 4-3 中的权值作为 BP 神经网络的初始权值，对其网络进行训练，得出网络输出与实际数据对比曲线，如图 4-8 所示。

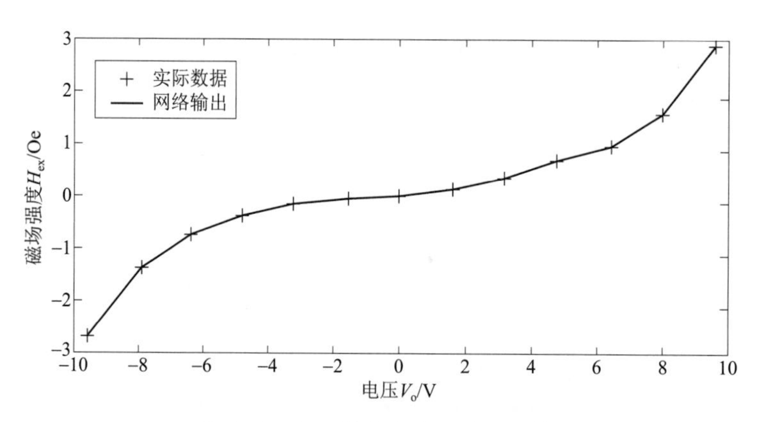

图 4-8　网络输出与实际数据对比

由图 4-8 可见，经过训练后的网络输出曲线与实际数据十分吻合，充分发挥了 BP 神经网络局部寻优能力强的优势，达到了训练的目的。为验证网络特性，本章用异于训练样本的数据作为 BP 网络的测试样本，输入已训练好的网络，得到网络拟合输出的磁场数据（表 4-4 中最后一行）。表 4-4 中第二行为通过改变亥姆霍兹线圈内电流强度，从而导致平行于非晶丝轴向磁场变化所获取的实际数据。对表 4-4 中数据进行对比可见，二者一一对应，十分吻合。因此可得结论：经过训练的网络输出结果有序，网络的非线性映射性能良好，能够精确反映该传感器系统的函数关系。

表 4-4　实际数据与网络输出对比

V_o/V	−9.98	−9.82	−9.47	−8.45	−6.63	−2.85	0.95	4.72	7.78	9.11	9.68	9.89
H_{ex}/Oe（实际数据）	−2.88	−2.38	−1.88	−1.38	−0.88	−0.38	0.13	0.63	1.13	1.63	2.13	2.63
$\hat{H}_{ex}$/Oe（网络输出）	−2.89	−2.38	−1.86	−1.37	−0.89	−0.40	0.14	0.63	1.12	1.63	2.14	2.64

第 5 章　三维 GMI 磁探测器设计与实现

本章提要　GMI 磁传感器的应用对象之一为弹药引信系统，而该类武器系统的目标识别为非合作目标识别。尤其是当弹药探测坦克等铁磁目标时，弹目交会方向和角度千变万化，而导弹攻击目标的入射角度也不尽相同，所以对于该类目标的探测，单轴 GMI 传感器由于只对敏感轴方向的磁场敏感而限制了其实用性。此外，在智能交通系统中，各种车辆的外形尺寸各不相同，其磁场分布差异甚大，在汽车流量监控及自动导航等应用中也需要 GMI 传感器对目标磁场进行精确测量。因此需要三维磁探测器对三维空间的磁场进行探测，实现对铁磁目标的精确探测与准确识别。本章拟在单轴 GMI 传感器设计基础上，设计并实现三维 GMI 效应磁探测器，通过对模数转换后的三轴测量值进行磁场矢量叠加获得目标的总磁场强度，实现对铁磁目标磁场的精确测量，并通过对运动铁磁目标实验来验证该三维磁探测器的性能。本章着重阐述三维磁探测器的设计与实现。

5.1　三维 GMI 磁探测器总体设计

单轴（即一维）非晶丝传感器电路为研制磁引信探测电路创造了前提，但由于单轴传感器仅具有单一敏感方向轴，而坦克、装甲车属非合作目标，其弹目交会时的交会姿态、角度不是固定不变的，而不同交会角度的单轴磁场测量值不同，故会影响目标探测与识别的准确度。弹目交会时其传感器敏感轴正对目标的概率甚小，而当有一定夹角时，其探测灵敏度就会大打折扣，垂直时几乎降为零。因此，使磁引信探测器在任意弹目交会状态保持高灵敏度是本章的一项关键技术。相比于一维磁场探测器，用三维磁场探测器可以探测目标磁场强度在三个方向的分量，能获得更多的目标磁场信息，在空间直角坐标系中三维磁场探测器的三个传感器的磁敏感方向已知，通过探测磁性目标的三个方向磁场强度分量幅值，能确定测试点处的总磁场方向和大小。而通过目标磁场的分布特征就可以确定目标的方位和距离，而且基于三个磁场分量之间的相互关系可以确认目标的方位信息。此外，磁场作为一种保守物理场，其目标磁特性具有体效应性。经验表明，弹目交会时同一弹目距离且同一弹目交会角下，无论传感器三个轴分量的磁场强度如何变化，其矢量和保持不变。所以，在非合作目标探测中三维磁场探测器相比于一维磁场探测器不仅测量精确，而且定距更准确。故能同时进行三维传感信息获取并能实时融合是对非晶丝探测电路的必然要求。因此，本章进行引信用三维 GMI 磁探测电路的设计与实现。

三维磁探测器是由三个单轴磁探测器通过信息融合技术叠加在一起制作而成的。三维磁探测器总体由激励电源、敏感元件、采样保持电路、滤波放大电路组成，三维输出信号分别通过模数转化电路后输出三路数字信号，三路数字信号进入信息融合系统，通过叠加算法实现三轴信号的叠加（矢量和），最终输出磁场总量。三维 GMI 磁探测器总体组成框图如图 5－1 所示。

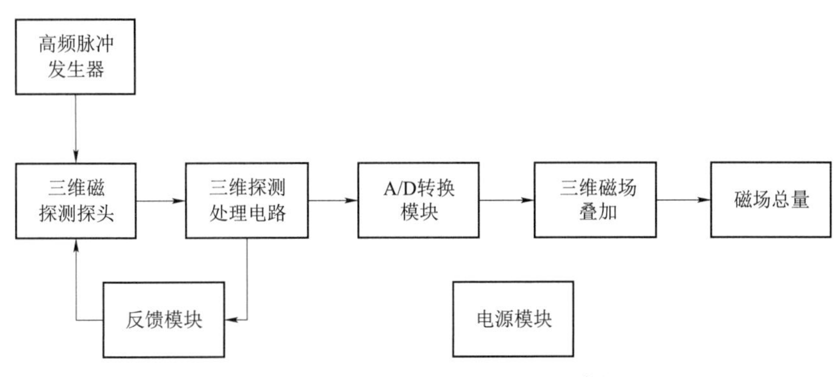

图 5－1　三维 GMI 磁探测器总体组成框图

在三维 GMI 磁探测电路设计中，由于目标探测过程要求三维磁传感器对环境和目标的磁场信息进行感知，输出数据经过信号调理电路传给 A/D 转换芯片，需要 FPGA 通过对 A/D 转换芯片的时序控制完成信号采集。同时，FPGA 除了对磁场信号进行采样处理外，还需完成目标识别等运算，故 FPGA 应具备高效数据处理功能，以满足磁引信等探测系统的实时性要求。此外，为了保证探测系统的值守时间（工作时间），需优化设计以降低探测系统的整体功耗。综合考虑探测系统的实时性和功耗等要求，本章选择 XILINX 公司低功耗微控制器芯片 XC6SLX9 作电路核心单元，来设计三维磁场探测系统。

5.2　三维磁探测器前端设计

三维传感器为单轴磁传感器通过两两正交构成，三个单轴传感器的磁敏感轴对应着空间的三个相互正交的方向，分别对单轴方向的磁场进行测量，而采用信息融合技术将三轴信息叠加，可完成对三维空间磁场总场（或总量）的测量。

图 5-2 所示为 GMI 三维传感器前端的基本结构组成。三个单轴传感器通过同一脉冲激励电源作用，并且三个一维矢量传感器通过两两正交集成，共地点相连。为了提高三路结构及电路参数的一致性，通过实验标定的方法使三个磁传感器的输出分辨率、线性度达到一致，以提高三轴的探测精度。在共地点位置可实现三个传感器的正交，并通过软件补偿的方法来解决基准零点共点问题。

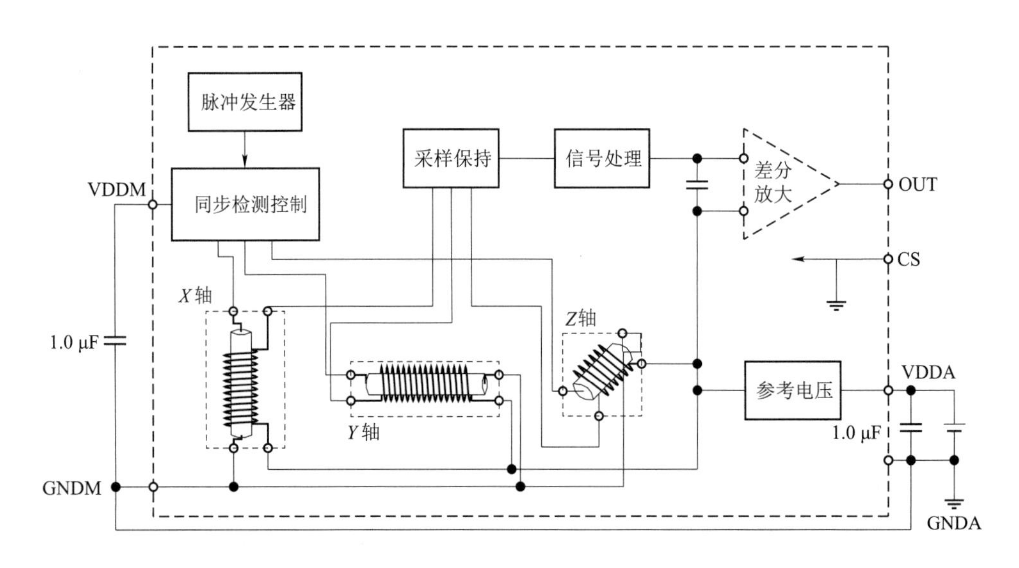

图 5-2 GMI 三维传感器前端基本结构组成

基于一维传感器设计方法，本章所设计的 GMI 三维传感器前端电路如图 5-3 所示，电路激励采用自激振荡的方式，由单片 74AC04 产生尖波脉冲信号分别供给 X、Y 和 Z 三个坐标轴上的非晶丝，输出电压信号分别通过采样保持、滤波和放大后进行 A/D 转换并采集。

三个坐标轴产生的磁感应信号通过线圈采集的方式输出，并采用模拟开关控制输出信号，减少因线圈自感而产生的振荡干扰，其每轴滤波放大电路的选择与一维传感器电路设计相同，输出的三轴信号通过 A/D 转换后，将采集的数字量经信号调理电路传给 FPGA，进而进行磁场叠加和目标识别处理。

图 5-4 所示为本书所设计的三维磁传感器电路样板实物。测试结果表明该电路满足分辨率、灵敏度和线性度等性能要求，同时三个单轴传感器正交的精确度高；在上述三维传感器及探测电路设计基础上，进行了厚膜集成及电路封装，得到了集成三维磁传感器探头。封装的磁探测模块集成样件如图 5-5 所示。其外形尺寸：直径为 ϕ33 mm，厚度为 15 mm，供电电压为 DC±5 V。

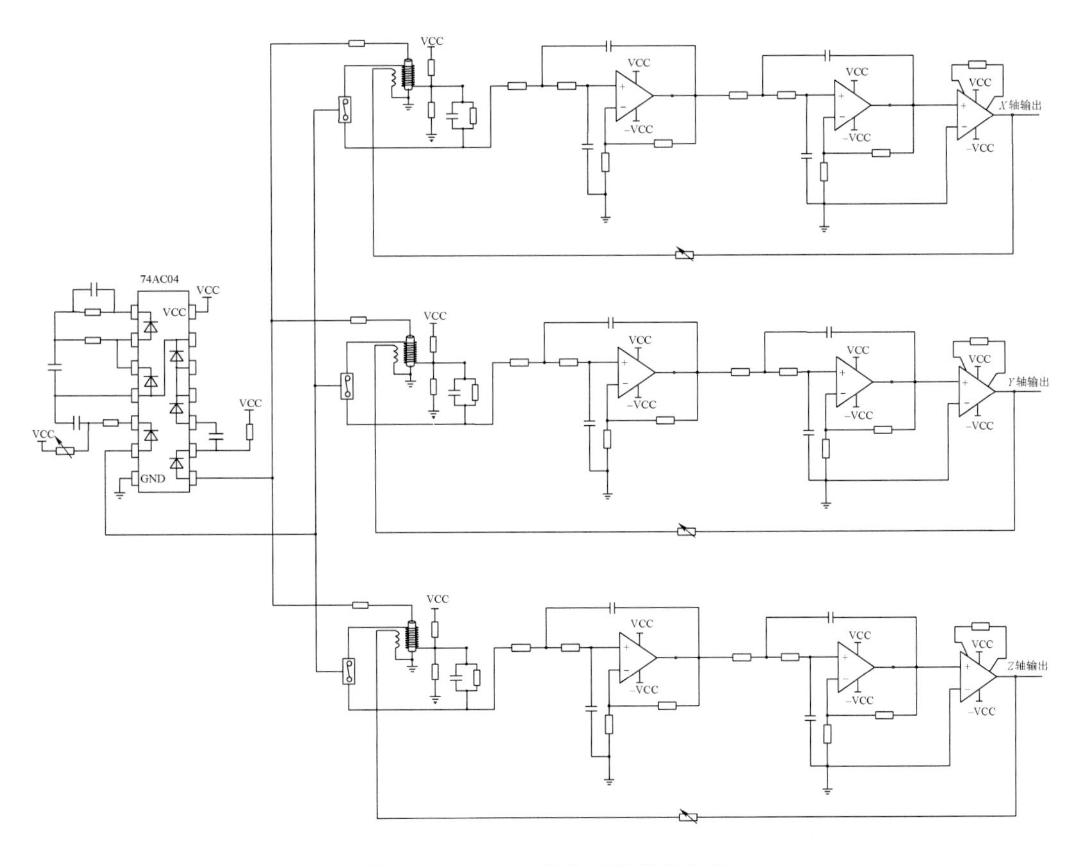

图 5-3　GMI 三维传感器前端电路

图 5-4　三维磁传感器电路样板实物

(a)

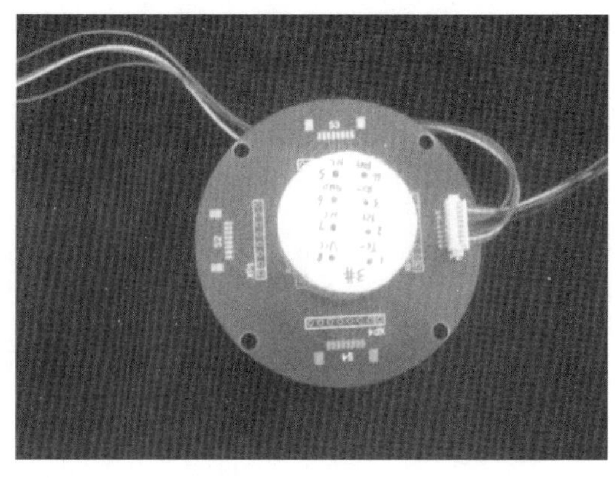

(b)

图 5-5 三维传感器磁探测模块集成样件

(a) 集成模块样件；(b) 带输入、输出线的集成模块样件

5.3 模数转换电路设计与精度控制

目标探测与识别过程中，三维磁探测器前端输出三轴磁场探测模拟电压，为了便于采集和后期三轴信号的叠加及信号处理，需要把三轴模拟信号转化成数字量。由于磁引信应用背景要求实时性高，所以选用 A/D 采样频率相对也要高，同时为了提高数据转换率，适应引信探测实时性要求，通常单通道的串行转换模式很难能满足系统要求，本电路选用三通道并行处理模式，同时对三轴模拟信号进行转换，而除了 A/D 转换时间以外，A/D 转换芯片主要技术指标还有分辨率，其分辨率可表示为

$$\varDelta=\frac{V_{\mathrm{ref}}/2^N}{V_{\mathrm{ref}}}=\frac{1}{2^N} \tag{5-1}$$

转换精度通常使用积分非线性度（INL）来表示，它代表 ADC 器件在所有数值点上对应的模拟值和真实值之间误差最大的误差值。综合考虑，本设计采用 TI 公司的高速、低功耗 A/D 转换芯片 ADS8365，它具有 6 通道的差分输入端口，可满足本系统 3 通道并行输入的要求，同时其差分输入能更好地抑制共模干扰信号，图 5-6 所示为其 A/D 转换接线图。ADS8365 的时钟信号由外部提供，模数转换时间为 20 个时钟周期，此时 ADS8365 的数据采集时间为 0.8 μs，相应的转换时间为 3.2 μs，每个通道的总转换时间仅为 4 μs，同时还有一个高速并行输出接口。它的积分和微分非线性误差的典型值为±1.5 LSB，有效位数可达 14.3 b，因此一个芯片就可满足三轴磁场信号的并行处理。转换后的数据采用 16 b 并行输出方式，这样可提高整个系统数据的实时处理能力。

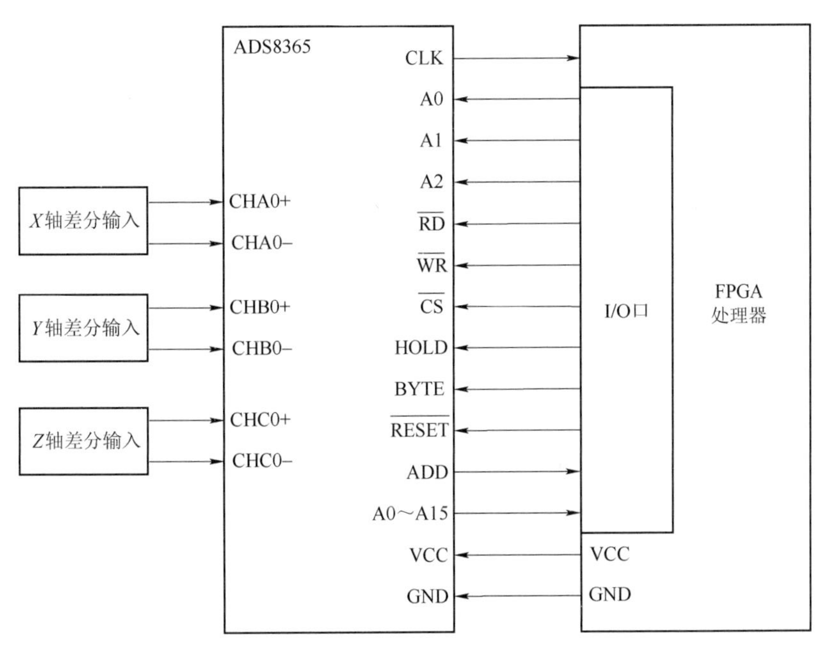

图 5-6　A/D 转换接线图

传感器前端滤波放大电路供电电源均为±5 V，三轴输出电压信号的范围也为±5 V，而 ADS8365 的端口输入电压范围为±2.5 V，所以传感器前端输出的三维模拟信号需进行信号调理后才能输入 A/D 转换模块。信号调理电路选用功率运放电路实现，并选用 OPA227 芯片进行信号调理。OPA227 是 TI 公司生产的高精度、低噪声运算放大器，可应用于信号采集和通信设备中。本书所设计的信号调理电路如图 5-7 所示。

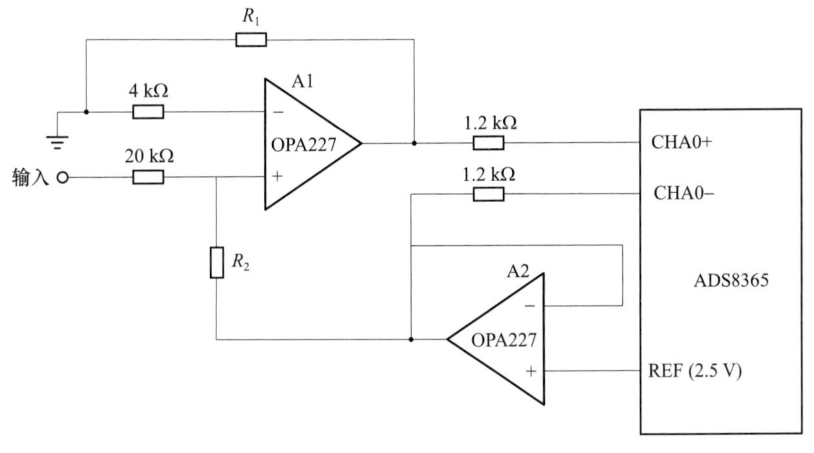

图 5-7　信号调理电路

图 5-7 中 A1 部分的 OPA227 芯片用来实现信号的电平调理，使信号输出满足模数

转换的电平输入要求；A2 部分的 OPA227 芯片构成电压跟随电路，用来提供 2.5 V 的参考电压。

5.4 三维磁场叠加与信号处理实现

本章 GMI 磁探测器以反坦克导弹等武器系统为应用背景，这不仅要求其信号处理电路功耗低，而且实时性要好。在目标探测过程中，三维传感器对环境和目标的磁场信号进行感知，输出数据经过信号调理电路传递给 FPGA，FPGA 除了对磁场信号进行采样处理外，还需完成目标识别等运算，所以 FPGA 应具备高效数据处理功能，以满足探测系统的实时性要求。综合考虑探测系统的实时性和功耗等要求，本章所设计的三维磁场叠加与信号处理电路框图如图 5-8 所示。

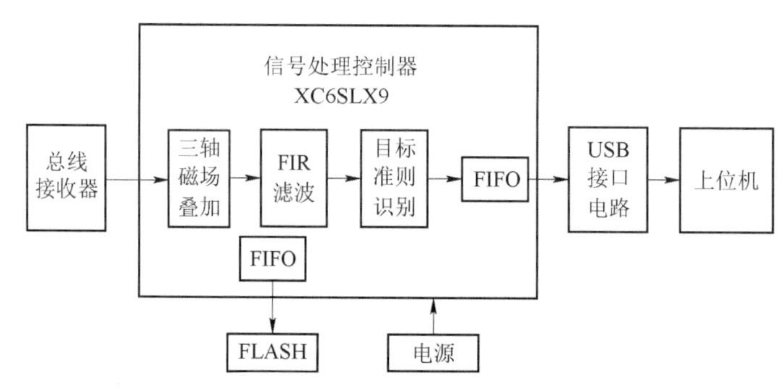

图 5-8　三维磁场叠加与信号处理电路框图

该电路信号处理中心单元采用 XILINX 公司的低功耗 Spartan-6 系列 FPGA—XC6SLX9，其内嵌专用乘法器硬核，可进行快速信号处理。为研制切实可行的磁引信探测系统，本书采用实时采集、实时存储记录，在目标特性分析基础上，建立信号识别准则，采用软、硬件结合的方式构建实际系统。经本书设计与装调的信号处理电路样板如图 5-9 所示。

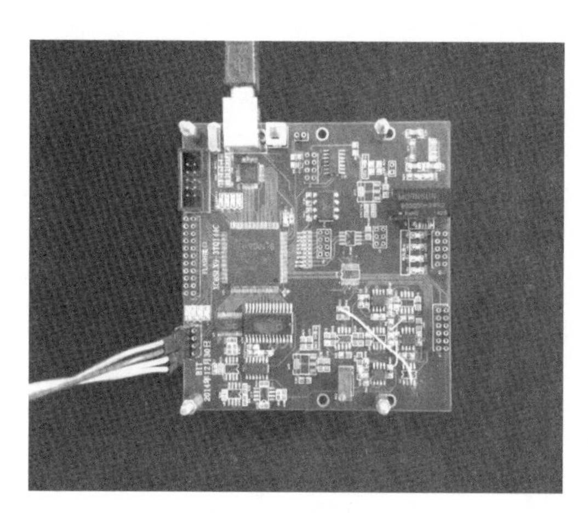

图 5-9　信号处理电路样板

由于一维磁场探测的局限性，为防止因磁场方向与一维探测轴敏感方向垂直而导致输出值为零的情况出现，同时减少因弹体旋转等因素导致轴探测方向改变而影响磁场探测的准确性，本书通过测量空间三维磁场分量进行叠加求得空间总磁场值的方法实现目标信号的探测与识别。叠加算法即采用三分量平方根的方法求得磁场

总场强度 H（磁场矢量和），即

$$H=\sqrt{H_x^2+H_y^2+H_z^2} \tag{5-2}$$

由于总磁场值的计算需要平方与开方运算，为了在 FPGA 中实现该运算，本书运用 CORDIC（coordinate rotation digital computer）算法实现总磁场值的计算。CORDIC 算法是基于坐标旋转换算的一种方法，其计算原理如图 5-10 所示，初始向量为(x_0,y_0)，起始角度为α，则$x_0=\cosh\alpha$，$y_0=\sinh\alpha$；(x_1,y_1)为终点向量，终点向量与初始向量间的夹角为θ，由双曲函数关系可知，在双曲系统下的坐标变换：

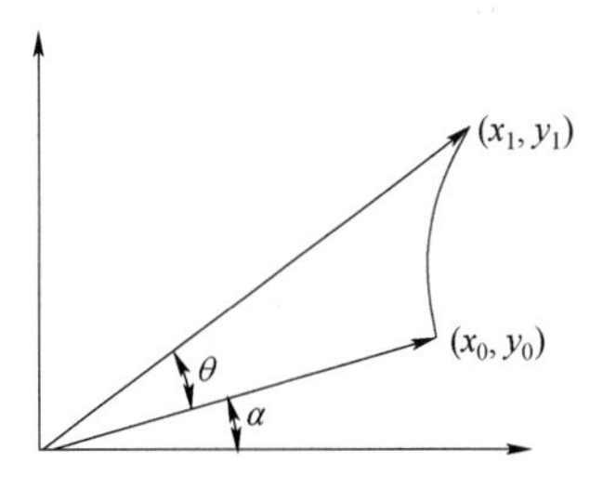

图 5-10　CORDIC 算法原理

$$\begin{cases}x_1=\cosh(\alpha+\theta)=x_0\cosh\theta+y_0\sinh\theta\\ y_1=\sinh(\alpha+\theta)=x_0\sinh\theta+y_0\cosh\theta\end{cases} \tag{5-3}$$

式中，令$k_i=\cosh\theta_i$，如果将θ约束成$\tanh\theta=2^{-i}(i=1,2,\cdots)$，这样与双曲正切项的乘法运算可通过移位直接得到，则$k_i=\cosh[\mathrm{arc}(\tanh)(2^{-i})]=\sqrt{1-2^{-2i}}$。

假设初始向量经 N 次旋转之后得到新向量，每次旋转角度为$\delta_i=\mathrm{arc}(\tanh)(2^{-i})$，则$\theta\approx\sum d_i\delta_i$，$d_i$表示旋转方向，在向量模式下，当$y_i\geqslant 0$时$d_i=1$，$y_i<0$时$d_i=-1$。第 i 次旋转后向量可表示为

$$\begin{cases}x_{i+1}=k_i(x_i+y_id_i2^{-i})\\ y_{i+1}=k_i(y_i+x_id_i2^{-i})\end{cases} \tag{5-4}$$

当忽略系数k_i时可得到伪旋转向量为

$$\begin{cases}x_{i+1}=x_i+y_id_i2^{-i}\\ y_{i+1}=y_i+x_id_i2^{-i}\end{cases} \tag{5-5}$$

伪旋转向量与初始向量增加了$1/\cosh\theta$。迭代 n 次后，旋转前后模值相差一个伸缩因子$K_N=\prod\limits_n 1/\cosh\theta_i=\prod\limits_n\sqrt{1-2^{-2i}}$，这样可将任意角旋转通过一系列小角度的迭代来完成，以便于硬件的实现。引入第三个角度累加方程$z_{i+1}=z_i-d_i\theta_i$，用于追踪累加的旋转角度，其迭代方程为

$$\begin{cases}x_{i+1}=x_i+y_id_i2^{-i}\\ y_{i+1}=y_i+x_id_i2^{-i}\\ z_{i+1}=z_i-d_i\tanh^{-1}(2^{-i})\end{cases} \tag{5-6}$$

将矢量投影在 X 轴上得到向量模式，迭代指令为$y_i\to 0$。根据双曲线方程和旋转前后矢量长度关系式可得到

$$\begin{cases} x_n = K_N\sqrt{{x_0}^2 + {y_0}^2} \\ y_n = 0 \\ z_n = z_i + d_i \tanh^{-1}(y_0 / x_0) \end{cases} \tag{5-7}$$

由此可得到在进行平方根计算时（如 X 轴探测值平方计算），令 $x_0 = X + 1$， $y_0 = X - 1$，或是 $x_0 = X + 1/4$， $y_0 = X - 1/4$，代入方程即可求得 X 轴测量平方根值。同理可得到 Y 轴和 Z 轴测量平方根值。

在 CORDIC 算法实现平方根的计算过程中，其迭代次数决定了计算精度。一般情况下，迭代次数不大于数据宽度即可。本系统中，迭代次数选择为 9 次，迭代方式采用并行结构实现，在经过 n 次迭代之后， x_n 的计算值乘以系数 K_N 即为输入的平方根。并行结构的迭代方式虽然占用资源较多，但其计算速度快，可满足实时性要求。根据迭代计算方法，其过程原理如图 5－11 所示。

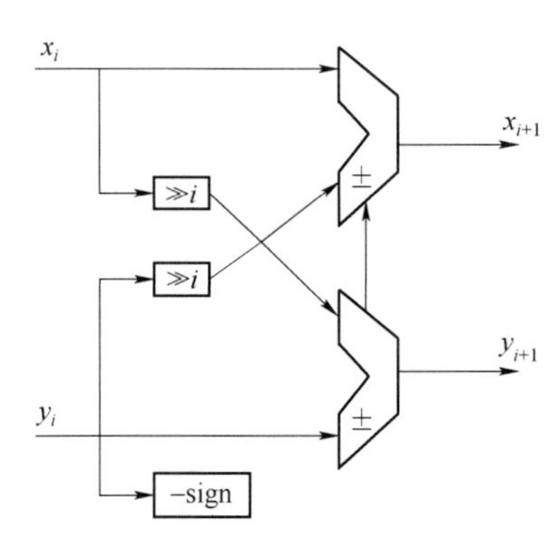

图 5－11 迭代计算过程原理

由于运放的低噪声与滤波器去噪效果有限，目标信号中会夹杂一些高频噪声，因此采用 FPGA 内部的 FIR 滤波器进行数字滤波。使用 FPGA 内部的 FIR（有限长单位冲激响应）滤波器 IP 核，直接设置滤波器的相关系数，选择滤波阶数，可实现快速 FIR 滤波算法。经滤波处理后的信号通过 USB（通用串行总线）上传至上位机，本设计采用 FTDI 公司的第 6 代产品 FT232H，其异步 FIFO 模式下的传输速率可达 8 Mb/s，且无须单独开发固件和驱动程序。因需要将 232H 配置为异步 FIFO 模式，需要 EEPROM（带电可擦可编程只读存储器），本设计选用 93LC56 芯片，该 EEPROM 的作用是配置 USB 芯片的 VID（供应商识别码）、PID（产品识别码）和 OEM（定点生产）信息，此外 FT232H 芯片的工作模式与 ACBUS 接口功能也是通过该芯片配置完成的。配置后通过 FT_PROG 软件烧入 EEPROM 中。FT232H 硬件连线如图 5－12 所示。

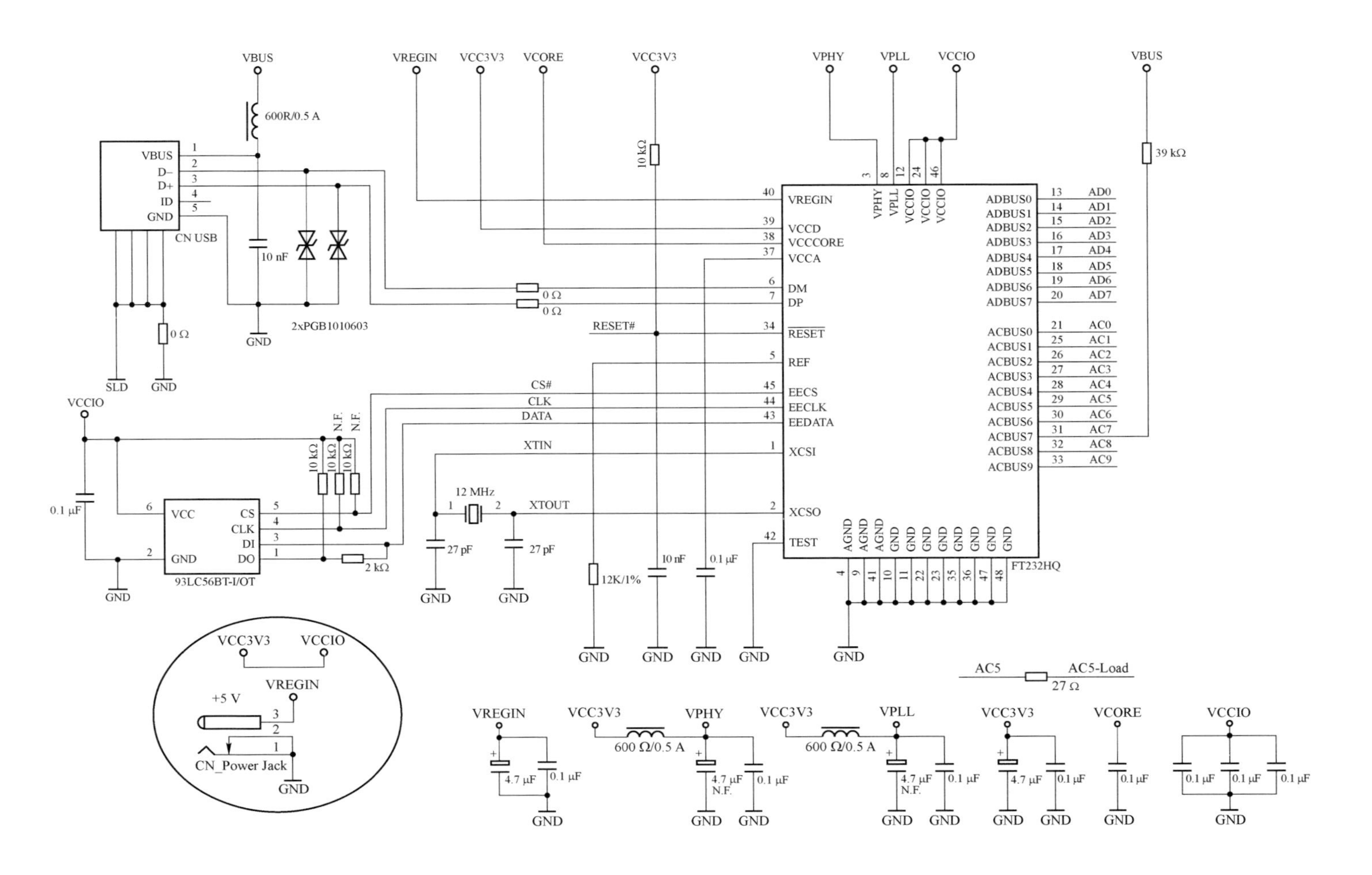

图 5-12 FT232H 硬件连线

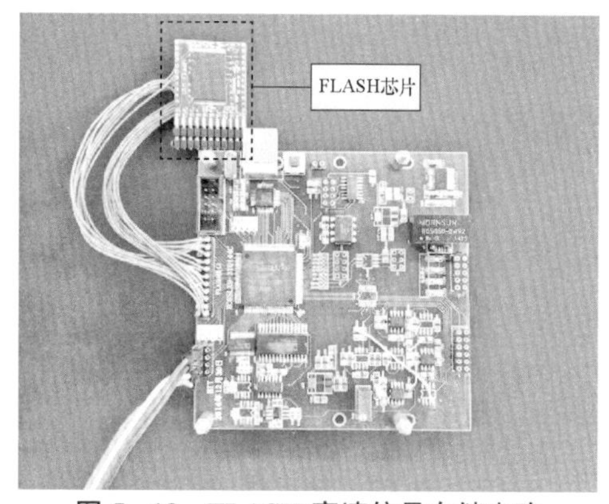

图 5-13　FLASH 高速信号存储电路

为获得 GMI 磁探测器与坦克、汽车等高速目标交会过程的实际数据，本章专门设计了大容量高速信号存储电路。为了确保较长的记录时间和较高的记录速率，FLASH 存储芯片采用三星公司的 NAND FLASH K9WBG08U1M，存储容量 4 Gb。为保证满足要求的数据吞吐率，采用流水线写入模式。考虑到 PCB（印制电路板）的体积，FLASH 进行双面布局。在图 5-13 中，上面电路为设计与装调的信号存储电路板样件。因单轴信号的采样率为 100 kHz，故满足信号处理实时性要求。本书中 A/D 采样精度为 16 位，为便于处理，采用 2 个字节进行存储，那么三轴信号每秒的采样数据字节数为 $100\times10^3\times3\times2=0.6$（Mb），而对 FLASH 的存储速率为 1.6 Mb/s，故完全满足应用要求。

5.5　系统联调及程序实现

本设计中采用 FPGA 芯片 XC6SLX9 作信号处理中心单元，有较强的信号处理能力，故信号处理直接在 FPGA 上实现。传感器获得的目标信号经过信号预处理后进行 A/D 采样，使用 FPGA 进行三轴矢量叠加后进行数字 FIR 滤波，处理后的信号再进行存储并分析后，进行信号识别准则判断，最终实现目标的识别。信号的识别准则判断和目标的识别将在第 7 章中详述。

FPGA 主程序流程框图如图 5-14 所示，程序初始化复位后，启动 A/D 转换，采集 X、Y、Z 轴数据，进行精度校正。然后运用本章提出的 CORDIC 算法求出三轴叠加矢量和。通过 FPGA 内部 FIR 滤波器实现快速滤波，滤除目标信号中的高频噪声。完成信号预处理后，基于所建立的目标识别准则实现对目标的识别。

在完成三维 GMI 磁探测器、信号采集与存储电路、信号预处理电路、信号处理与识别电路设计基础上，经试验联调与修改，最终设计实现了基于 GMI 传感器的磁探测系统，如图 5-15 所示。该系统右端为三维 GMI 磁探测器，左端为信号处理与识别电路。本章进行的联调实验表明，系统设计合理、工作有效。

下面进行本系统工作实时性分析。信号处理时间主要包括信号采集、读取、数据处理及目标信号准则识别判断。选取 XC6SLX9 型 FPGA，外部晶振频率为 60 MHz，传感器单轴采样频率为 100 kHz，信号的 FIR 滤波阶数为 16 阶，需时 16/100=0.16（ms）。FPGA 进行滤波的延时为 1 个周期，对三轴的分别平方需 4 次周期延时，矢量叠加需 11 个周期延时，而目标信号识别（第 7 章详述）判断总需 31 个时钟周期，因此控制芯片对信号处理的时延周期数 $N=1+4+11+31=47$（个），则 FPGA 对数据处理时间为 47/60 000 000≈0.78（μs），信号总时延为 0.16 ms+0.78 μs（显然较前项末项可忽略）。假设弹速为 300 m/s，考虑坦克运动速度（最大时速 80 km，约合 22.3 m/s），其相对速度不超过 330 m/s，行程仅为 5.28 cm，相对高速运动过程中的探测识别，完全可满足实时性要求。

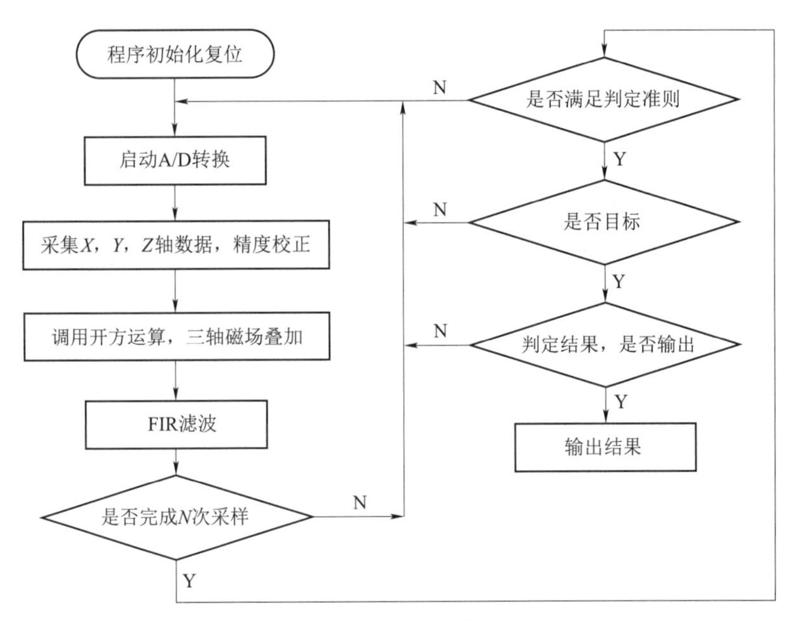

图 5–14　FPGA 主程序流程框图

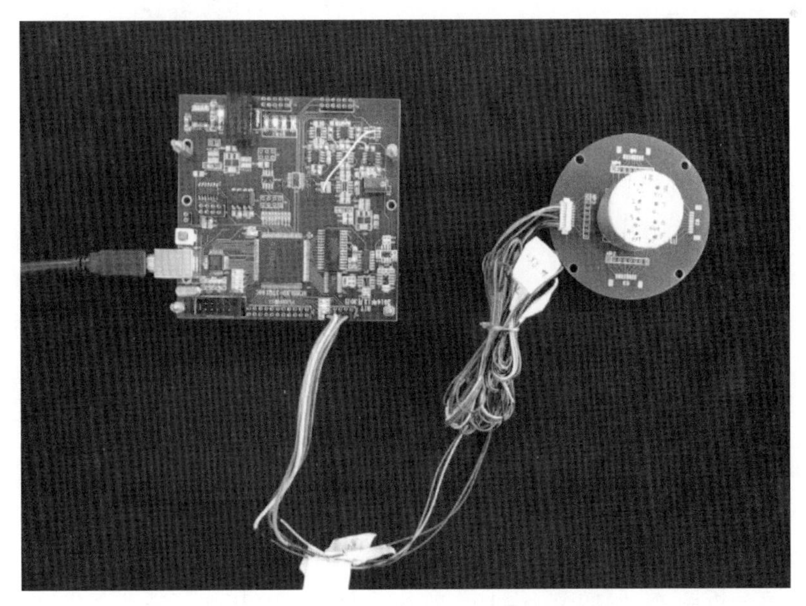

图 5–15　基于 GMI 传感器的磁探测系统

5.6 三维 GMI 探测系统的测试与实验

三维探测器联调完成以后，为了测试 GMI 探测系统的精确度和实时性等性能，同时也为了分析铁磁目标通过时的磁场变化规律，本章针对两种不同的磁性目标进行了实验研究。

5.6.1 铁磁物体重复性运动的实验测试

为验证该电路的输出特性，在实验室环境下，用所设计的三维非晶丝传感器电路对铁磁目标（小铁棒）进行测试，探测距离为 500 mm，铁棒轴线与运动方向平行，三个磁敏感方向为空间直角坐标系中 X、Y、Z 坐标轴方向。为了对铁磁物体磁场强度变化规律进行研究，本实验针对两种典型运动方式（正向和反向运动）进行磁场变化特性实验，用小铁棒（ϕ20×400 mm）分别对应着三维传感器不同的敏感轴方向做往复运动，距传感器 500 mm，实验测试示意图如图 5-16 所示。

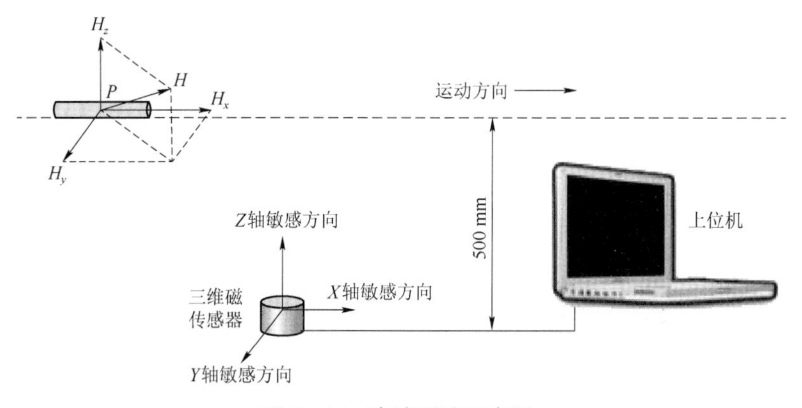

图 5-16 实验测试示意图

图 5-17～图 5-19 所示分别为铁棒沿 X、Y、Z 轴方向运动时三维非晶丝传感器的实测曲线，上述图中第一、二、三行分别为 X、Y、Z 轴测得的磁场变化曲线，末行为三轴叠加总磁场对应曲线。图中横坐标为时间，单位为 s；纵坐标为测量磁场强度大小。由图 5-17 可见：铁棒沿 X 轴经过传感器时，波峰从一个迅速变到另一个，两个波峰值方向相反，说明有过零时刻，X 轴分量相对于该探测点的相对位置发生了反转。另外两个方向的磁场强度分量在经过传感器时其分量幅值达到最大，其后逐渐减小，这是因为 Y、Z 两轴与运动方向垂直，只发生磁场强度幅值变化而不产生磁场强度方向变化。由末行曲线可见，在靠近传感器时总幅值增大，远离时减小，经过传感器中心时达到最大。同理可分析图 5-18 和图 5-19，铁棒往复运动时相邻两波形正负反向，充分验证了该传感器对目标运动方向识别的正确性。

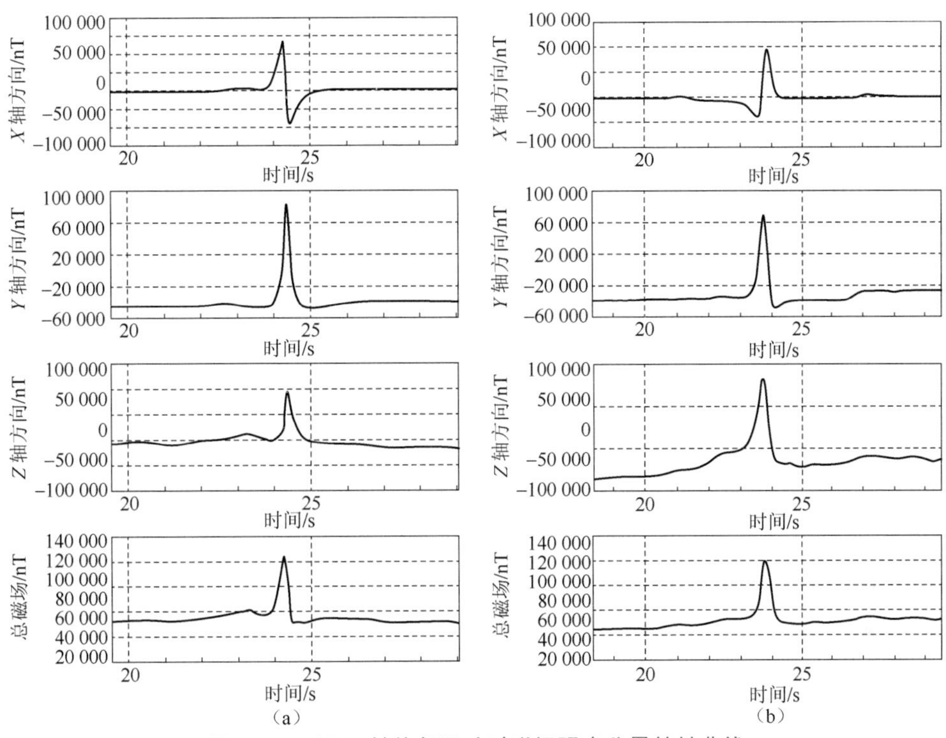

图 5-17　沿 *X* 轴往复运动时磁场强度分量特性曲线

（a）磁目标沿 *X* 轴正向运动；（b）磁目标沿 *X* 轴反向运动

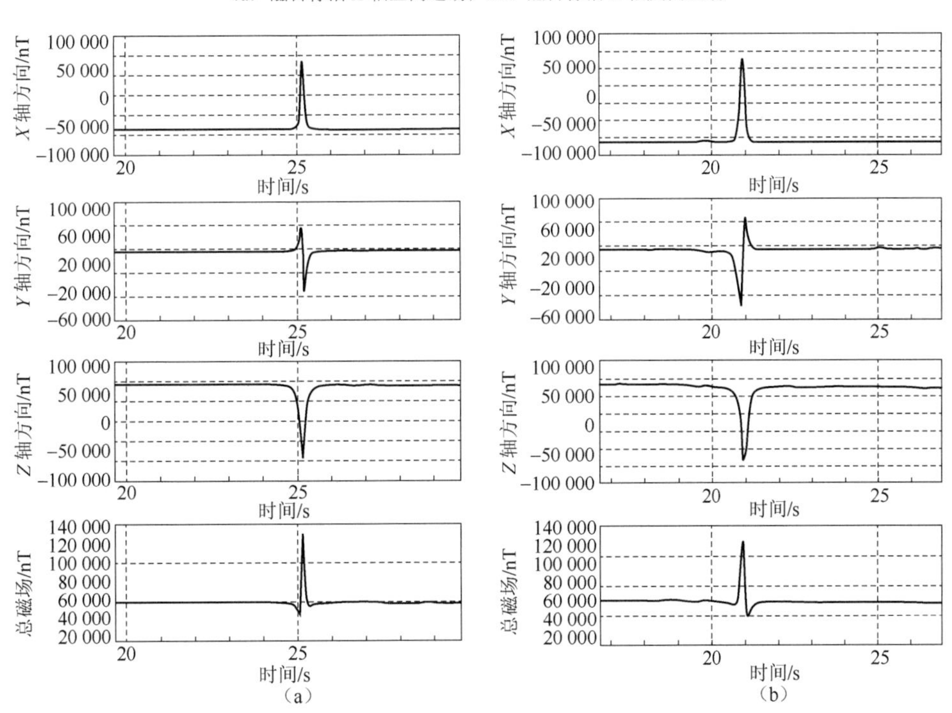

图 5-18　沿 *Y* 轴往复运动时磁场强度分量特性曲线

（a）磁目标沿 *Y* 轴正向运动；（b）磁目标沿 *Y* 轴反向运动

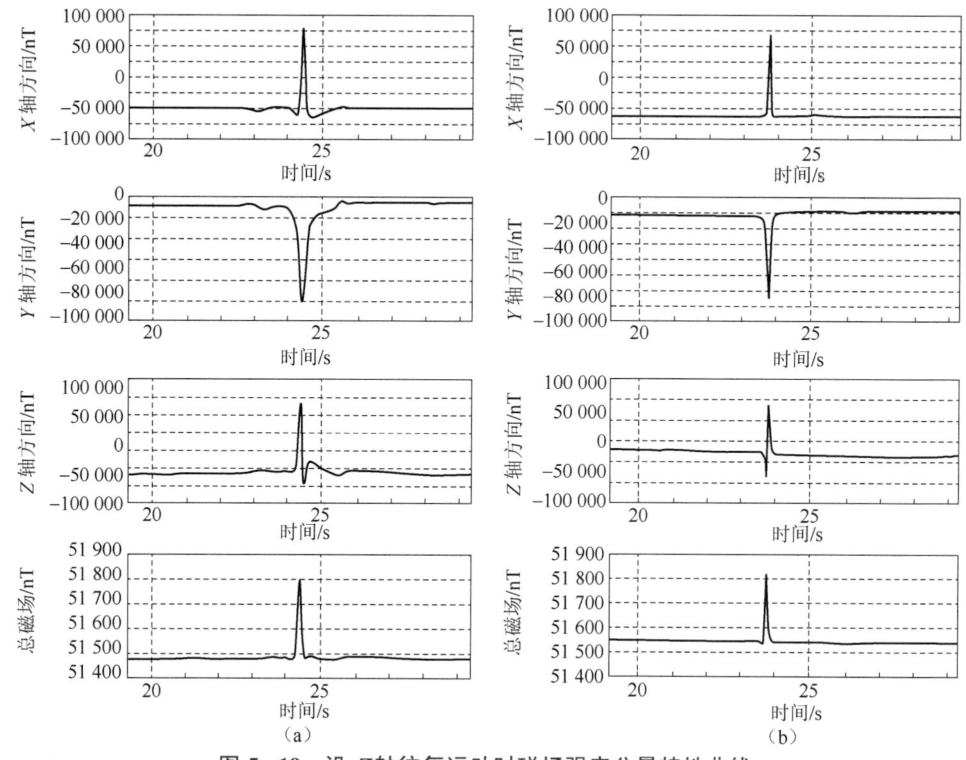

图 5−19　沿 Z 轴往复运动时磁场强度分量特性曲线

(a) 磁目标沿 Z 轴正向运动；(b) 磁目标沿 Z 轴反向运动

5.6.2　铁磁物体通过特性实验测试

本实验用所设计的三维 GMI 磁探测器分别对静止和运动的家用小汽车进行了室外测试，通过同一目标在不同速度、不同运行方向和不同探测距离下，对测得的典型目标特性曲线进行分析。通过曲线分析可得出三维 GMI 磁探测器的灵敏度和精确度。实验测试示意图如图 5−20 所示。

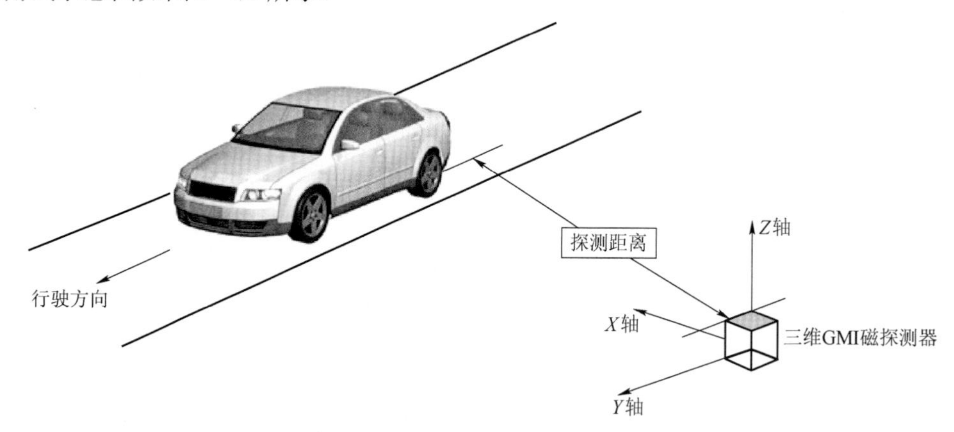

图 5−20　三维 GMI 磁探测器对汽车目标实验测试示意图

探测器输出曲线特性主要针对三维 GMI 磁探测器对 *X*、*Y*、*Z* 三轴方向的磁场测量值与总磁场矢量和进行分析。本测试按不同速度、不同行驶方向进行了多类组合测试，图 5-21～图 5-26 所示为不同条件下的测量曲线。实验条件为在地磁场相对稳定（约为 56 600 nT）且无外界磁场干扰的环境中，对家用小汽车（福特蒙迪欧）的通过性磁场进行测量，各图中显示的实验曲线为去除地磁场影响后（仅为汽车磁场）的实测曲线。

1. 实验 1

汽车沿 *Y* 轴探测方向（由南向北）行驶，与三维 GMI 磁探测器垂直距离 4 m，车速 5 km/h，获得实测曲线如图 5-21 所示。

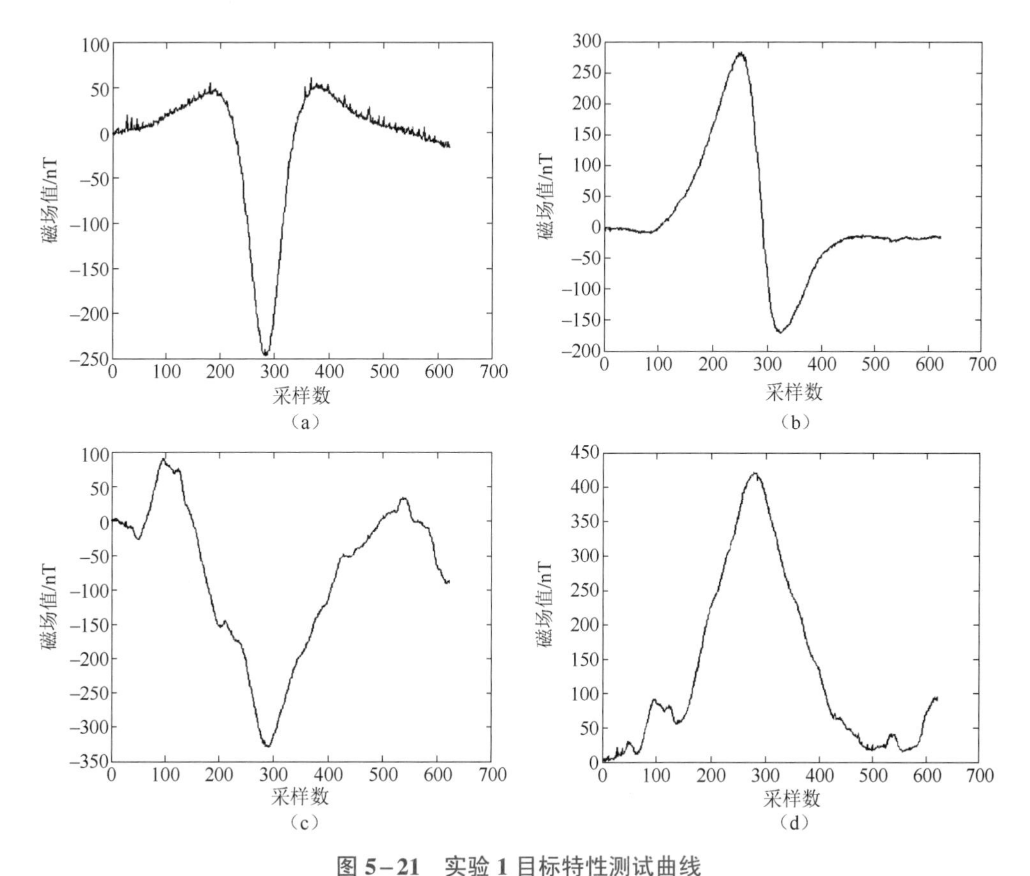

图 5-21　实验 1 目标特性测试曲线

（a）*X* 轴向实测曲线；（b）*Y* 轴向实测曲线；（c）*Z* 轴向实测曲线；（d）三轴磁场叠加曲线

由图 5-21 可见，当汽车行驶到三维 GMI 磁探测器 *X* 轴探测轴线位置时（汽车距离三维 GMI 磁探测器的位置达到最近点），图 5-21（d）显示探测总磁场强度达到最大值，图 5-21（b）显示此时恰是 *Y* 轴探测值的零点。此外，对比分量与总量曲线，三维 GMI 磁探测器灵敏度不低于一维 GMI 磁探测器的轴向灵敏度。

2. 实验 2

沿 Y 轴探测方向（由南向北）行驶，汽车与 Y 轴水平方向垂直距离为 4 m，车速 5 km/h，与实验 1 相比，实验 2 的 X 轴的探测方向反向测量，测试曲线如图 5-22 所示。由于改变了 X 轴的探测方向，所以其输出曲线峰值与图 5-21（a）方向相反。

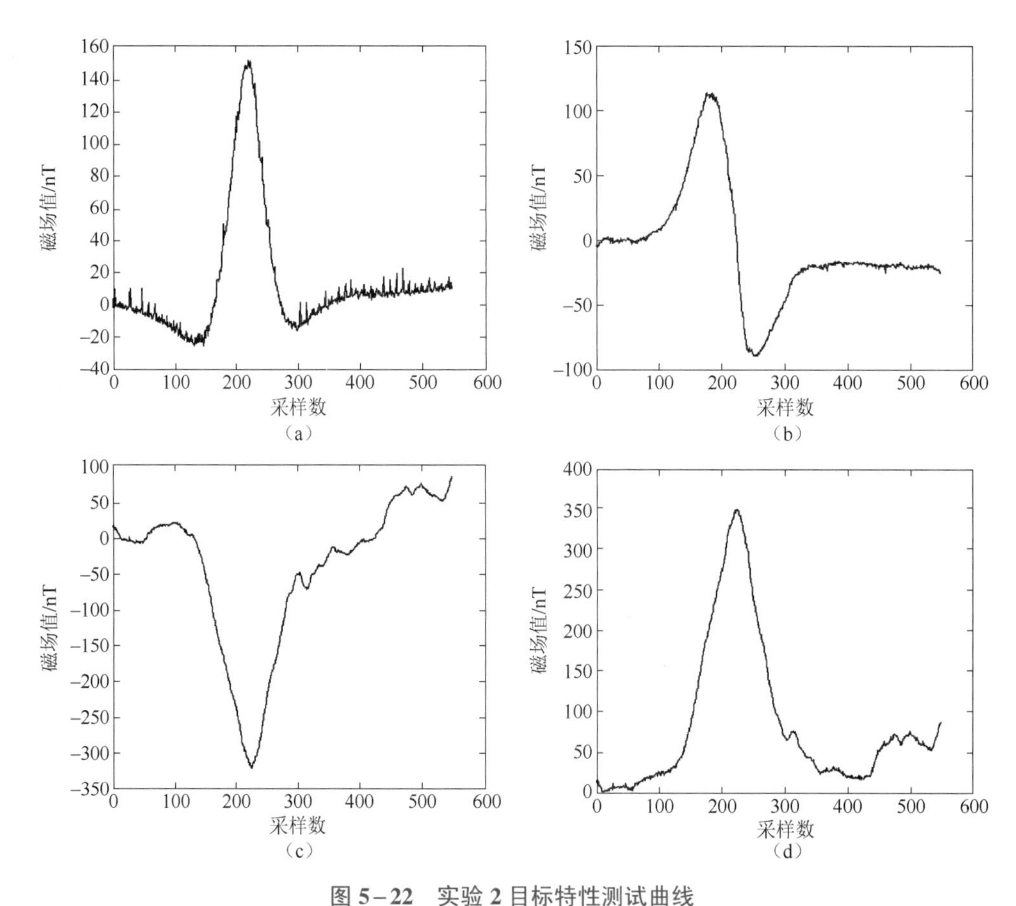

图 5-22　实验 2 目标特性测试曲线

（a）X 轴向实测曲线；（b）Y 轴向实测曲线；（c）Z 轴向实测曲线；（d）三轴磁场叠加曲线

对比实验 1 和实验 2 的测量曲线可知，在相同作用距离下的磁场总场值基本保持不变（误差产生于汽车运动过程中与三维 GMI 磁探测器距离的微小误差），由于小汽车运动方向的变化，使得相对应轴方向的磁场探测值发生相应的变化，故可通过对比两组实验中的 X 轴测量值可知。

3. 实验 3

汽车沿 X 轴探测方向（由西向东）行驶，与三维 GMI 磁探测器垂直距离 4 m，车速 40 km/h，探测曲线如图 5-23 所示。与实验 2 相比，显见 X 与 Y 轴恰好相反。

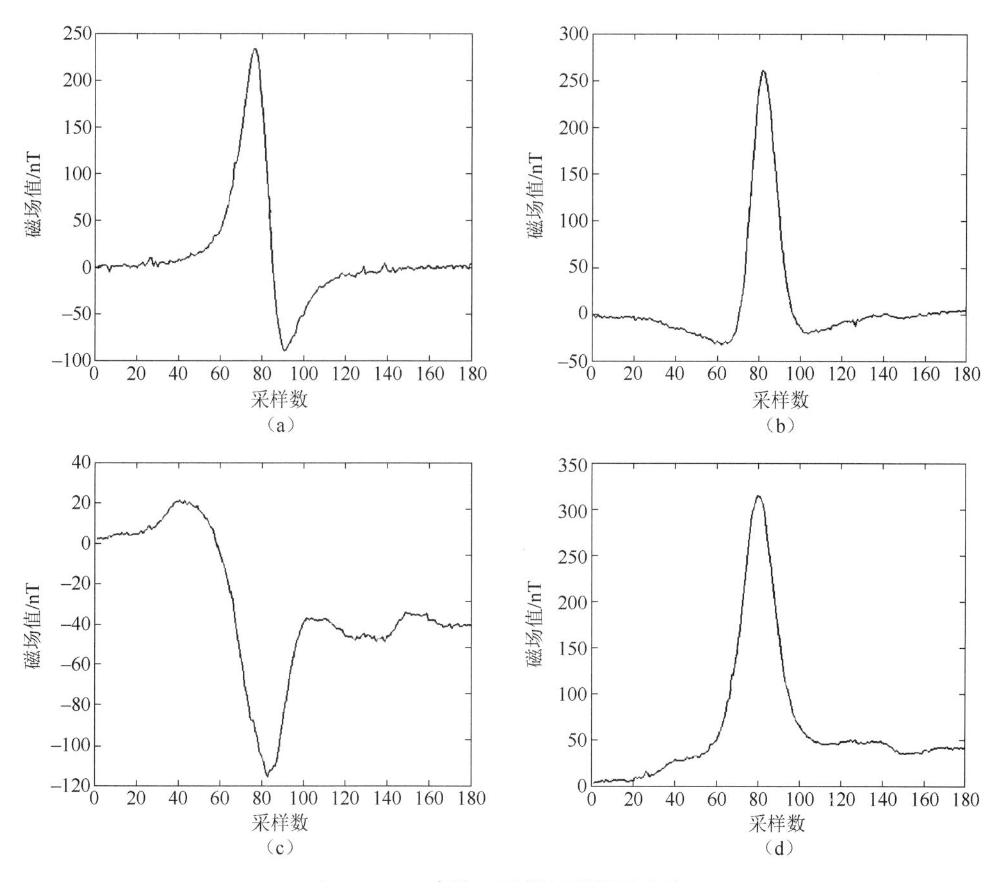

图 5-23　实验 3 目标特性测试曲线

(a) *X* 轴向实测曲线；(b) *Y* 轴向实测曲线；(c) *Z* 轴向实测曲线；(d) 三轴磁场叠加曲线

4. 实验 4

汽车与三维 GMI 磁探测器垂直距离 6 m，其他同实验 3，测试曲线如图 5-24 所示。显见，其波形与图 5-23 相同，而峰值降低（因距离远了）。同时可见，探测距离在 6 m 时能明显检测到汽车目标磁场。

5. 实验 5

汽车与三维 GMI 磁探测器垂直距离 8 m，其他同实验 3，测试曲线如图 5-25 所示，其波形变化趋势与图 5-23、图 5-24 相同，但峰值有明显的降低，且因磁场强度降低信号弱，导致信噪比减小、曲线干扰信号增大，但在测量曲线中可以明显检测出目标通过时的磁场变化。实验 5 的测试实验证明，在 8 m 的距离，汽车磁场值降低到几十纳特的范围内，三维 GMI 磁探测器依然能较精确地检测出磁场的变化规律，表明三维 GMI 磁探测器具有较高的精确度。

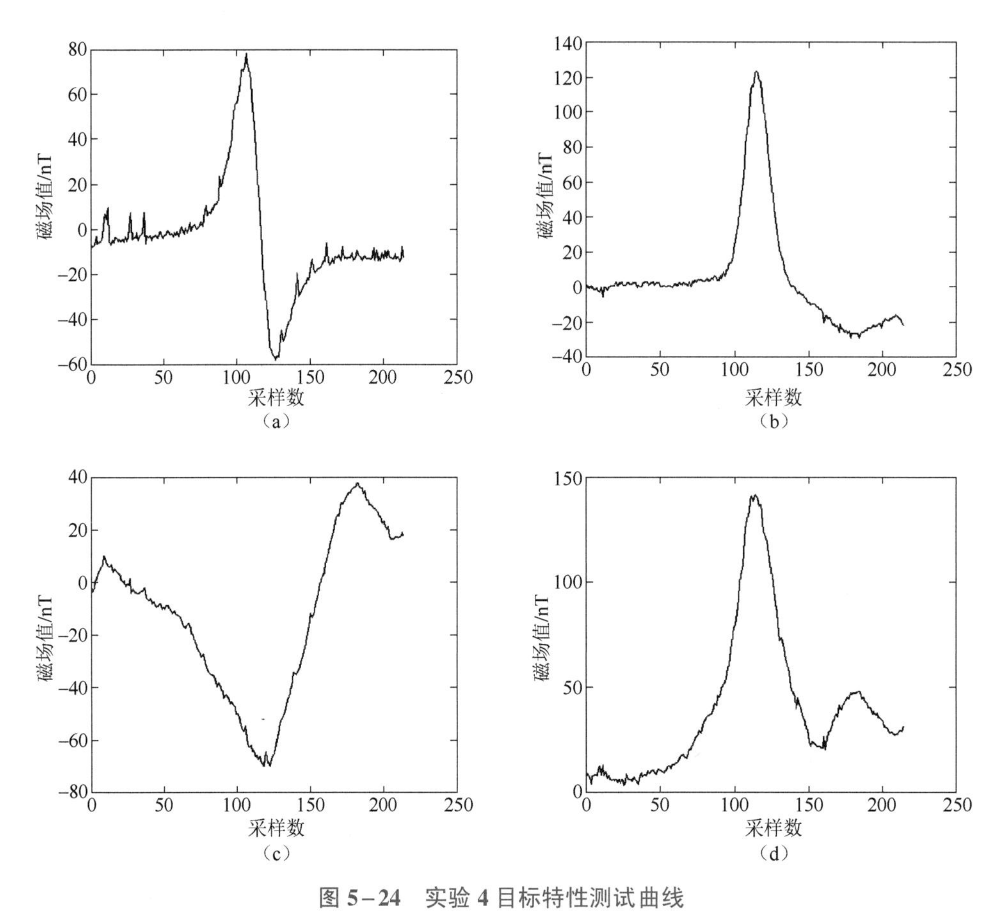

图 5-24　实验 4 目标特性测试曲线

（a）X 轴向实测曲线；（b）Y 轴向实测曲线；（c）Z 轴向实测曲线；（d）三轴磁场叠加曲线

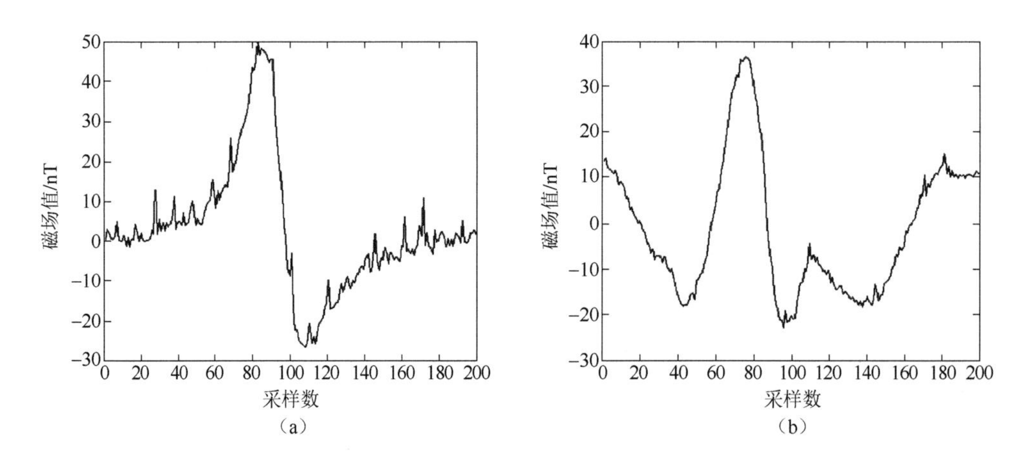

图 5-25　实验 5 目标特性测试曲线

（a）X 轴向实测曲线；（b）Y 轴向实测曲线

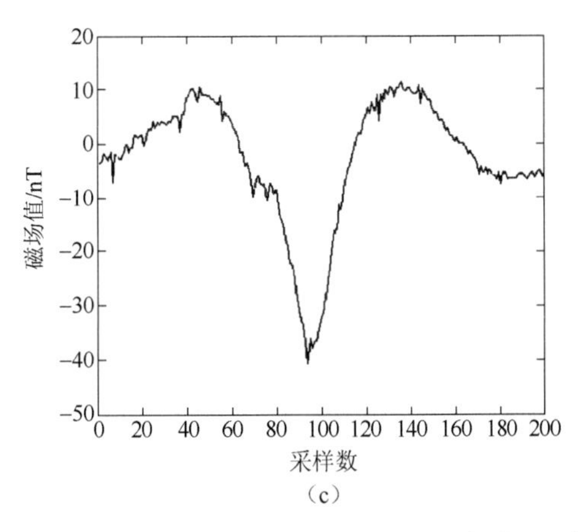

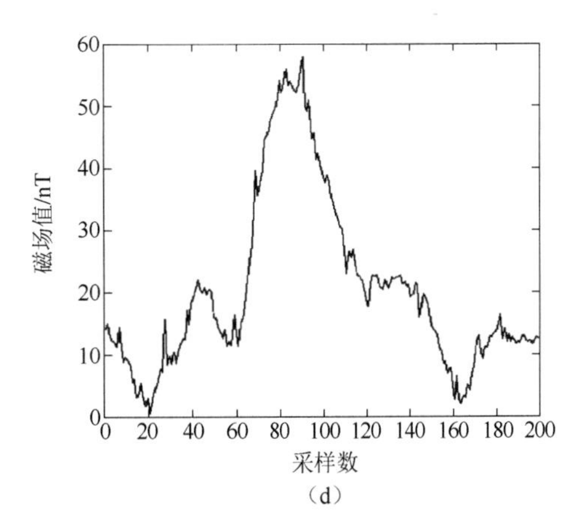

图 5-25　实验 5 目标特性测试曲线（续）

（c）Z 轴向实测曲线；（d）三轴磁场叠加曲线

由实验 3～实验 5 三组实验数据对比可知：在其他测试条件不变情况下，随着小汽车与探测器距离的增加，小汽车总磁场值呈现明显减小趋势，且随着磁场值的减小，信噪比随之降低，检测干扰磁场会有明显的影响。但实验结果表明，在 6～8 m 内目标磁场降低至几十纳特时，传感器依然能较精确地测量出汽车通过时的磁场变化，证明了其具有较高的测量精度。

为了验证三维 GMI 磁探测器对磁场变化率的反应程度，进行了相同条件下（垂直距离 4 m）小汽车两种速度（5 km/h 和 40 km/h）的目标特性对比，结果如图 5-26 所示。

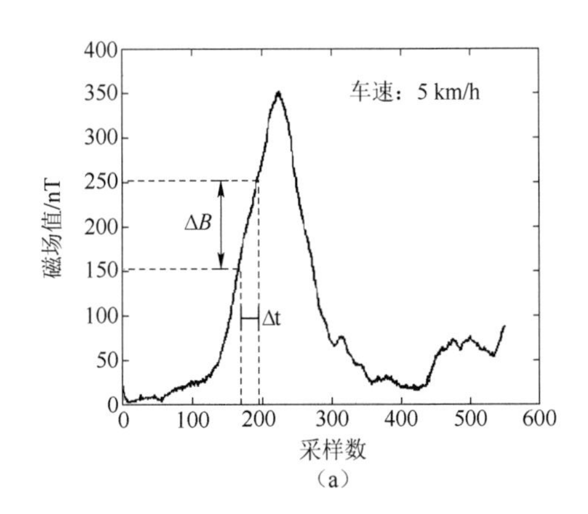

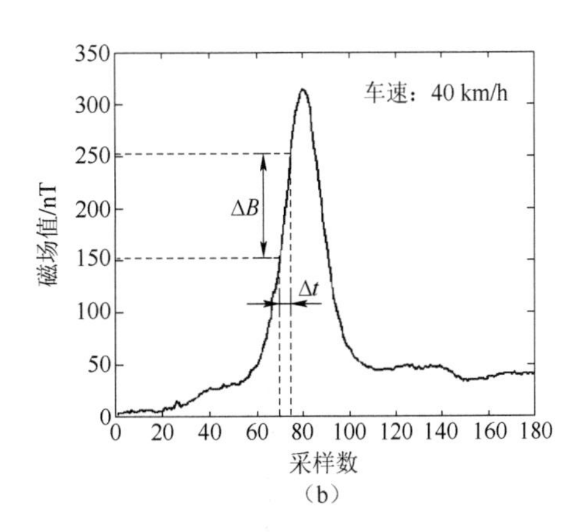

图 5-26　两种速度（5 km/h 和 40 km/h）的目标特性对比

（a）车速 5 km/h 实测曲线；（b）车速 40 km/h 实测曲线

由图 5-26 可见，在等距测量条件下，被测目标的磁场变化率与其运动速度成正比关系。通过对同一磁场变化范围内的磁场值 ΔB 与所用时间 Δt 的比值计算可得到不同速度下的磁场变化率。通过对比可知，不同速度下的磁场变化率不同，速度越高，磁场变化率越大。由此可证明该三维 GMI 磁探测器具有较高的灵敏度，同时为第 7 章铁磁目标梯度变化特征量的提取奠定了基础。图 5－27 所示为上述实验的几张典型现场测试照片。

（a）

（b）

（c）

图 5－27　三维 GMI 磁探测器对家用小汽车的现场测试照片

（a）三维 GMI 磁探测器对蒙迪欧小汽车由北向南；（b）三维 GMI 磁探测器对蒙迪欧小汽车由东向西；
（c）三维 GMI 磁探测器对 SUV 小汽车由西向东

5.7　GMI 磁引信探测器原理样机研制与静态性能参量测试

5.7.1　GMI 磁引信探测器原理样机研制

为真正将基于 GMI 效应的非晶丝磁探测技术用于引信，以 AFT－11 多用导弹为依托，以体积、功耗、适应弹速等技术指标为约束条件，以适应反坦克弹道环境为前提，开展了新型 GIF 磁引信探测器原理样机的研制工作。通过将三维磁传感器集成，对信号预处理电路、信号处理电路及电源电路进行双面、高密度排版等措施，有效减小了样机体积；选用高速频响及低功耗器件，不仅提高了实时性，而且降低了功耗；基于坦克目标信号特征建立目标信号识别准则（详见第 7 章），基于弹体干扰信号特征建立抗干扰准则（详见第 6 章），采用二者融合的信号识别策略，有效提高了探测器的目标信号识别能力及抗干扰能力。

图 5－28 所示为 GMI 磁引信探测器原理样机及内层电路实物，其尺寸为 ϕ75 mm×65 mm。所研制的探测器原理样机，经国家资质实验室静态测试及火箭撬动态靶试证明，满足各项主要指标要求（分别见 5.7.2 及第 7 章详述）。

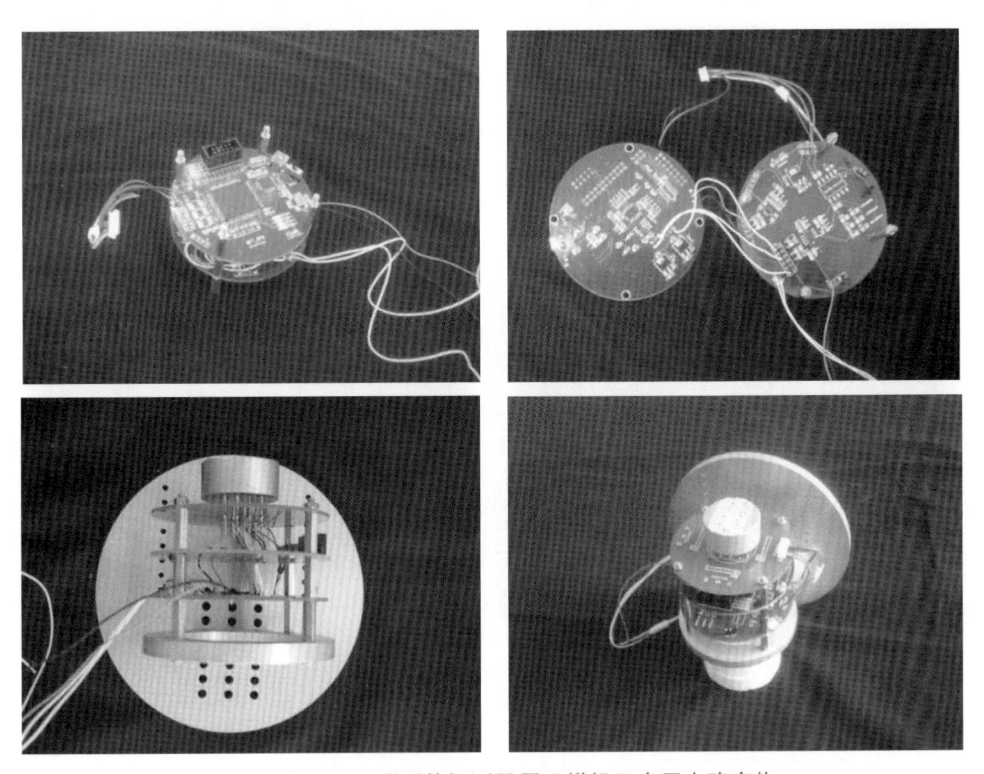

图 5－28　GMI 磁引信探测器原理样机及内层电路实物

5.7.2 GMI 磁引信探测器原理样机静态性能参量测试

为检测在实验室静磁环境条件下 GMI 磁引信探测器的主要技术指标，在具有“国防科技工业弱磁一级计量站”资质的“宜昌测试技术研究所磁学检测校准实验室”进行了该磁引信探测器磁场分辨率、非线性度及抗干扰能力的实际测试，测试场景如图 5-29 所示。

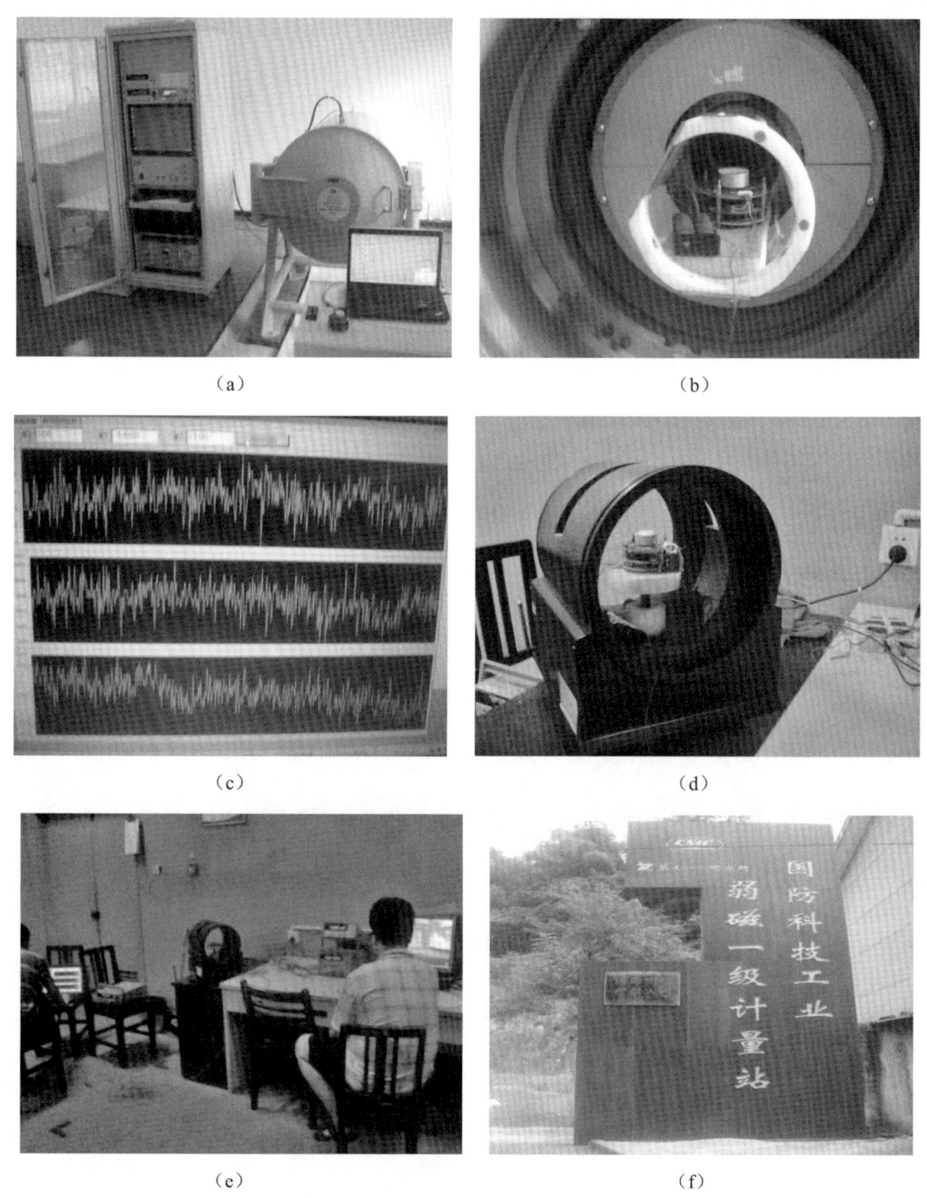

（a） （b） （c） （d） （e） （f）

图 5-29 GMI 磁引信探测器原理样机静态性能参量测试场景

（a）磁场分辨率及抗干扰指标的测试装置；（b）测试样机装填；（c）*X*、*Y*、*Z* 轴的典型测试曲线；（d）非线性度测试变加载线圈；（e）非线性度指标测试系统；（f）磁学检测校准实验室

主要测试设备及技术参数如下。

（1）指针式磁强计校准装置，磁场复现范围±2 mT，相对测量不确定度 5×10^{-3}（k=2）。

（2）磁屏蔽筒，剩余磁场≤5 nT，噪声磁场≤5 nT。

（3）微弱磁场校准装置，测量范围 10 pT～1 μT，测量不确定度 1%（k=2），频率范围 10 Hz～10 kHz。

试验环境：温度 25 ℃，相对湿度 75%。

测试结果及结论如下。

（1）磁场分辨率：任意 X、Y、Z 单轴均不大于 9 nT，平均 7.2 nT，指标达到。

（2）非线性度：−2～+2 Gs 内最大小于 4.2%，指标达到且余量较大。

（3）抗磁场扰动：临界磁场最小 11 nT 均无启动，达到 10^{-4} Gs 的指标要求。

5.8　结　　论

（1）本章在一维 GMI 传感器设计与实现基础上，按照三个传感器正交组合方式，以 XILINX 公司低功耗微控制器芯片 XC6SLX9 为核心单元设计了三维 GMI 磁探测器，实现了对非合作目标的磁场有效探测。

（2）三维磁探测器克服了一维传感器只能探测敏感轴方向磁场变化的不足。通过运用 CORDIC 算法实现了对三轴磁探测值的矢量叠加，基于三维分量值及其矢量和，不仅可识别目标方位，而且有效解决了不同弹目交会时探测灵敏度的一致性。

（3）通过信号调理电路和 3 通道并行输入的高精度 ADS8365 模数转换芯片实现了对探测模拟量的模数转换，不仅保证了三维磁探测系统各磁场分量探测的精度，同时提高了转化速率。

（4）基于国家专业实验室对本探测系统原理样机的试验测试，该探测系统在磁场分辨率、输出线性度及抗磁场扰动等方面均满足磁引信的指标要求。对家用小汽车的动态测试结果表明，其探测距离达到 6～8 m，同样功率下较传统磁探测器的探测距离得到显著提高。

第 6 章　GMI 引信目标检测抗载体干扰技术

本章提要　本章针对武器系统弹药引信对目标探测的可靠性要求，以炮弹作为传感器载体，以探测坦克、装甲车等为应用背景，着重分析实际战场铁磁目标探测过程中因载体干扰而对测量结果的影响，针对不同的干扰因素，采用不同应对方法消除其对目标检测的影响，并研究抗干扰措施，以提高目标检测的准确性与精度。

6.1　载体的磁化与消磁

在实际战场目标磁场测量过程中，探测装置一般都安装在弹体上，以实现磁场的测量。弹体作为传感器载体，其制造材料大多是铁磁性材料，本身具有磁场，实际目标检测中弹体磁场会叠加在目标磁场中，从而影响对目标磁场强度的检测。因此，要精确地探测目标磁场强度，首先要排除弹体磁场强度的干扰。

假定铁磁性物质的磁矩矢量和为磁化强度 $\boldsymbol{M}$，单位为 A/m，则磁化强度可表示为磁场强度 $\boldsymbol{H}$ 的函数，即

$$\boldsymbol{M}=\chi\boldsymbol{H} \tag{6-1}$$

式中　χ——铁磁物质的磁化率。

在弱磁场中，磁化强度与磁场强度成正比关系。当铁磁物质被外磁场磁化后，其磁场强度可表示为

$$\boldsymbol{B}=\mu_0(\boldsymbol{H}+\boldsymbol{M})=(1+\chi)\mu_0\boldsymbol{H} \tag{6-2}$$

式中　μ_0——真空磁导率，$\mu_0=4\pi\times10^{-7}\,\text{H/m}$。

由于物质的磁化率 χ 分为抗磁性物质、顺磁性物质和磁性物质，铁磁物质被磁化后其内部会产生去磁场 $\boldsymbol{H}_\text{q}$。因此，被磁化物质产生的实际磁场 $\boldsymbol{H}_\text{i}$ 要比外磁场弱，即

$$\boldsymbol{H}_\text{i}=\boldsymbol{H}-\boldsymbol{H}_\text{q} \tag{6-3}$$

铁磁物质的磁化可看成磁偶极子按照磁场的方向进行排列，其中相邻的磁偶极子正负极相互抵消，只是在物质两端产生磁荷。因此，去磁场的大小与磁荷的数值、磁化强度、构成物质的材料及其体积和形状等有关，去磁场可用磁化强度表示为

$$\boldsymbol{H}_\text{q}=q\boldsymbol{M} \tag{6-4}$$

式中 q——去磁系数，与材料的体积及形状均有关。

由磁材料制成的弹体，多被地球磁场磁化而产生磁性，其磁场强度一般分为两部分，即固定磁场和感应磁场。载体的固定磁场是制作材料所固有的磁场，是固定不变的，不会因所处位置、环境等因素的变化而改变。载体的固定磁场与下列因素有关。

（1）载体所用材料。制作载体材料的导磁率、磁化率等因素会影响载体的固定磁场，材料不同，载体的固定磁场不同。

（2）载体制作所在地地磁场的大小。

（3）载体制造的方向。载体制造时，受地磁场影响，不同的制作方向所受地磁场影响不同，制成的载体的固定磁场也不同。

（4）载体的形状、体积及磁性材料的分布。

载体在制造过程中，由于上述条件的不同，制造载体的固定磁场不同，甚至是相同类型的不同载体，由于制造条件不完全相同，载体的固定磁场也不相同。感应磁场是弹体受地磁场影响而产生的磁场，该部分磁场强度大小和方向会随着地磁场强度值的改变而成比例地变化。感应磁场主要是与载体运动区域的地磁场大小、载体运动过程中的方向和本身的摇摆程度有关。

在实际测量中，弹体作为探测器载体时，其对磁场测量的影响主要是由固定磁场和感应磁场引起的，磁传感器所测的磁场强度值为地磁场强度和弹体磁场强度的线性叠加。弹体磁场强度对磁探测器的目标探测构成了磁场干扰，弹体磁场就是一个与磁探测器并存的干扰磁场。因此要准确探测铁磁目标，首先要解决抗弹体磁场的干扰问题。

6.2 载体消磁方法研究

在实际测量中，探测器探测目标的测量值是由地磁场、目标磁场及载体和环境干扰磁场叠加而成的。虽然载体和环境干扰磁场相对于地磁场与目标磁场而言很弱，但叠加在磁场测量中会对目标探测的准确性产生影响，因此如何去除磁场干扰一直是个棘手的问题。早在 1950 年 W.E.Tolles 和 J.D.Lawson 就对机载磁探测系统的噪声进行了测量并对磁场补偿技术做了研究，提出了 Tolles-Lawson 计算方法的航磁补偿法，该方法将载体运动相关的磁场分为永久磁场、感应磁场和涡流磁场三种独立的磁场干扰源，并根据各种场源与磁场测量值的关系建立了方程，如式（6-5）所示：

$$\boldsymbol{H} = \boldsymbol{H}_{\mathrm{p}} + \boldsymbol{H}_{\mathrm{i}} + \boldsymbol{H}_{\mathrm{e}} \tag{6-5}$$

式中 $\boldsymbol{H}_{\mathrm{p}} = \sum_{i=1}^{3} p_i u_i$；

$\boldsymbol{H}_{\mathrm{i}} = \sum_{i=1}^{3}\sum_{j=1}^{3} a_{ij} u_i u_j$；

$$H_{e}=\sum_{i=1}^{3}\sum_{j=1}^{3}b_{ij}u_{i}\dot{u}_{j}\ ;$$

$p_i(i=1,2,3)$——平行于载体坐标系的固定系数；

$u_i(i=1,2,3)$——地磁场矢量与载体坐标系方向余弦；

a_{ij}，b_{ij}——感应磁场和涡流磁场的系数。

在磁场测量校准过程中，要求载体在完成一次飞行过程中覆盖空间四种朝向和翻转运动，通过将测量值代入式（6-5）中求出诸系数。该方法是将测量磁场投影到地磁场三分量上进行计算，而忽略了地磁场与测量磁场三分量方向上的误差，且该方法耗时较大，不能满足目前对高速运动载体的高精度、高实时性的测量要求。

Gebre-Egziabher 等提出了基于椭球体轨迹的两步估算法计算干扰量，该算法基于三轴磁场测量输出轨迹，满足椭球面约束条件，在磁场域对磁场干扰进行校正。然后 Gebre-Egziabher 等又提出了基于迭代估计算法和批处理最小二乘估计算法的磁场自校正算法，通过载体在已知的低梯度区域运行时，其测量轨迹在理想状况下应该是以磁场矢量为半径的圆球体。但由于硬铁误差、软铁误差和宽带随机噪声等测量误差的影响，圆球体被修正为椭球体，且椭球体的长、短轴会随感应磁场的变化而改变。两步估算法计算简单，优于常用的扩展卡尔曼滤波，且易于实现。但由于其计算过程需引进中间变量，且因中间变量与各变量之间的相关性问题会造成系数矩阵奇异，以至于无法得到正确的数值解。

为了能精确地去除干扰磁场对目标探测磁场的影响，本节在研究弹体磁场干扰的基础上，根据地磁场总量匹配的要求，推导出一种通过计算干扰系数的估算方法，对干扰进行补偿，以去除弹体干扰磁场对目标测量结果的影响。

根据弹体干扰量分析可知，弹体干扰磁场主要是由弹体的固定磁场和感应磁场构成的，因涡流磁场对目标探测的影响较小，此处暂不考虑。对固定载体而言，由于固定磁场在短时间内不会随时间变化而变化，故可把固定磁场看作一个常量，即

$$\boldsymbol{H}_{\mathrm{p}}=[H_{\mathrm{p}x}\quad H_{\mathrm{p}y}\quad H_{\mathrm{p}z}]' \tag{6-6}$$

感应磁场是弹体软磁材料在地磁场中受磁化产生的，其大小与外加磁场成正比，所以在弹体不同姿态下的感应磁场值不同，其大小和方向会随着载体姿态的改变而改变。感应磁场可表示为

$$\boldsymbol{H}_{\mathrm{i}}=\begin{bmatrix}H_{\mathrm{i}x}\\H_{\mathrm{i}y}\\H_{\mathrm{i}z}\end{bmatrix}=\boldsymbol{D}\boldsymbol{H}_{\mathrm{e}}=\begin{bmatrix}d_{11}&d_{12}&d_{13}\\d_{21}&d_{22}&d_{23}\\d_{31}&d_{32}&d_{33}\end{bmatrix}\begin{bmatrix}H_{\mathrm{e}x}\\H_{\mathrm{e}y}\\H_{\mathrm{e}z}\end{bmatrix} \tag{6-7}$$

式中 $\boldsymbol{H}_{\mathrm{e}}$——地磁场矢量；

$\boldsymbol{D}$——3×3 的感应磁场系数矩阵，当弹体一定时，系数矩阵为常量矩阵，且可

认为 $d_{ij}=d_{ji}\left(i,j=1,2,3\right)$。

在实际测量中考虑到载体干扰磁场主要是由固定磁场和感应磁场两部分组成的，故在一次测量中的测量值 $\boldsymbol{H}_{\mathrm{m}}$ 可以表示为

$$\boldsymbol{H}_{\mathrm{m}}=\boldsymbol{H}_{\mathrm{p}}+\boldsymbol{H}_{\mathrm{i}}+\boldsymbol{H}_{\mathrm{e}}=\boldsymbol{H}_{\mathrm{p}}+\left(\boldsymbol{I}+\boldsymbol{D}\right)\boldsymbol{H}_{\mathrm{e}} \tag{6-8}$$

式中　$\boldsymbol{H}_{\mathrm{m}}=[H_{\mathrm{m}x}\quad H_{\mathrm{m}y}\quad H_{\mathrm{m}z}]'$；

$\boldsymbol{I}$——3×3单位矩阵。

对于确定的传感器载体而言，载体固定磁场和感应磁场系数矩阵也是确定不变的常量，所以只要求得某一确定载体下的固定磁场和感应磁场系数矩阵，就能对干扰量进行补偿。

由式（6-8）可得

$$\boldsymbol{H}_{\mathrm{e}}=(\boldsymbol{I}+\boldsymbol{D})^{-1}(\boldsymbol{H}_{\mathrm{m}}-\boldsymbol{H}_{\mathrm{p}})=(\boldsymbol{I}+\boldsymbol{B})(\boldsymbol{H}_{\mathrm{m}}-\boldsymbol{H}_{\mathrm{p}}) \tag{6-9}$$

式中，$\boldsymbol{B}=(\boldsymbol{I}+\boldsymbol{D})^{-1}-\boldsymbol{I}$，对于地球表面的某一点而言，其地磁场的总场值是固定不变的，而测量值会随载体姿态的不同而发生变化。在式（6-9）中，用 $\boldsymbol{H}_{\mathrm{e}}'$ 分别乘以等式两边可得

$$\begin{aligned}\|\boldsymbol{H}_{\mathrm{e}}\|_2^2&=(\boldsymbol{H}_{\mathrm{m}}-\boldsymbol{H}_{\mathrm{p}})'(\boldsymbol{I}+\boldsymbol{B})'\times(\boldsymbol{I}+\boldsymbol{B})(\boldsymbol{H}_{\mathrm{m}}-\boldsymbol{H}_{\mathrm{p}})\\&=\|\boldsymbol{H}_{\mathrm{m}}\|_2^2-2\boldsymbol{H}_{\mathrm{m}}'\boldsymbol{H}_{\mathrm{p}}+\|\boldsymbol{H}_{\mathrm{p}}\|_2^2+(\boldsymbol{H}_{\mathrm{m}}-\boldsymbol{H}_{\mathrm{p}})'(\boldsymbol{B}+\boldsymbol{B}'+\boldsymbol{B}'\boldsymbol{B})(\boldsymbol{H}_{\mathrm{m}}-\boldsymbol{H}_{\mathrm{p}})\end{aligned} \tag{6-10}$$

令

$$\begin{aligned}f(\boldsymbol{x})=&\|\boldsymbol{H}_{\mathrm{m}}\|_2^2-\|\boldsymbol{H}_{\mathrm{e}}\|_2^2\\&-2\boldsymbol{H}_{\mathrm{m}}'\boldsymbol{H}_{\mathrm{p}}+\|\boldsymbol{H}_{\mathrm{p}}\|_2^2+(\boldsymbol{H}_{\mathrm{m}}-\boldsymbol{H}_{\mathrm{p}})'(\boldsymbol{B}+\boldsymbol{B}'+\boldsymbol{B}'\boldsymbol{B})(\boldsymbol{H}_{\mathrm{m}}-\boldsymbol{H}_{\mathrm{p}})\end{aligned} \tag{6-11}$$

式中，$\boldsymbol{x}=[H_{\mathrm{p}x}\quad H_{\mathrm{p}y}\quad H_{\mathrm{p}z}\quad d_{11}\quad d_{22}\quad d_{33}\quad d_{12}\quad d_{13}\quad d_{23}]'$。

令 $f(\boldsymbol{x})=0$，则式（6-11）可以看成一个关于地磁场测量的非线性方程，其未知量为固定磁场和感应磁场系数，因此可以看成非线性方程求解的问题。当获得一组测量值后，可根据式（6-11）求得固定磁场和感应磁场系数，因此，其消磁过程为：在某一磁场稳定的区域，先测出该地的磁场强度，然后通过载体改变运动姿态获得一组测量值，通过解线性方程式（6-11）求得载体固定磁场和感应磁场系数值，最后通过式（6-10）消除干扰磁场的影响。

利用式（6-11）求固定磁场和感应磁场系数可以看成求非线性优化的问题，非线性方程参数估计通常用迭代法求解，最常用的是牛顿法。该方法具有收敛快、形式简单等优点，但牛顿迭代法对初始值要求较高，初始值选取不合适可能导致迭代发散而无法得到正确的估计值。相对而言最速下降法对初始值的要求不高，该方法收敛性好，但是收敛速度较慢。为了能更快、更准确地得到估计值，本书采用将最速下降法与牛顿法相结合的求解方法，但鉴于最速下降法下降速率慢和牛顿法局部难收敛的缺点，

本书采用一种拟牛顿的最优化数值计算方法求解非线性方程。

最速下降法的具体求解过程如下。

（1）选取初始值 $\boldsymbol{x}^{(0)}=(x_1^{(0)},x_2^{(0)},x_3^{(0)},x_4^{(0)},x_5^{(0)},x_6^{(0)},x_7^{(0)},x_8^{(0)},x_9^{(0)})'$。

（2）构造模函数如下所示：

$$\phi(\boldsymbol{x})=\left[f(\boldsymbol{x})\right]^2 \tag{6-12}$$

式中，$\boldsymbol{x}=(x_1,x_2,x_3,x_4,x_5,x_6,x_7,x_8,x_9)'$。显然，将非线性方程的解转化成求模函数 $\phi(x)$ 的零点，即可转化为求最优问题 $\min\phi(x)$。为了求解该无约束最优化解，本书采用最速下降法实现，先令

$$\begin{cases} g_1(x_1,x_2,\cdots,x_9)=\dfrac{\partial\phi(\boldsymbol{x})}{\partial x_1} \\ g_2(x_1,x_2,\cdots,x_9)=\dfrac{\partial\phi(\boldsymbol{x})}{\partial x_2} \\ \qquad\vdots \\ g_9(x_1,x_2,\cdots,x_9)=\dfrac{\partial\phi(\boldsymbol{x})}{\partial x_9} \end{cases} \tag{6-13}$$

则 $\boldsymbol{G}(x_1,x_2,\cdots,x_9)=[g_1(x_1,x_2,\cdots,x_9),g_2(x_1,x_2,\cdots,x_9),\cdots,g_9(x_1,x_2,\cdots,x_9)]'$ 为 $\phi(\boldsymbol{x})$ 的梯度值，因此 $-\boldsymbol{G}(x_1,x_2,\cdots,x_9)$ 表示负梯度方向，为点 $(x_1,x_2,\cdots,x_9)$ 处函数 $\phi(\boldsymbol{x})$ 的最速下降方向。从初始值 $(x_1^{(0)},x_2^{(0)},\cdots,x_9^{(0)})$ 开始，沿着负梯度的方向找到 $(x_1^{(1)},x_2^{(1)},\cdots,x_9^{(1)})$，使得 $\phi(\boldsymbol{x}^{(1)})<\phi(\boldsymbol{x}^{(0)})$，然后再从点 $x_1,x_2,\cdots,x_9$ 开始，找到点 $(x_1^{(2)},x_2^{(2)},\cdots,x_9^{(2)})$，使得 $\phi(\boldsymbol{x}^{(2)})<\phi(\boldsymbol{x}^{(1)})$，沿着负梯度方向一直迭代下去，直到点 $(x_1^{(k)},x_2^{(k)},\cdots,x_9^{(k)})$ 逼近到 $\phi(\boldsymbol{x})$ 的最小点 $(x_1^*,x_2^*,\cdots,x_9^*)$，使得 $\phi(x)$ 取值最小。

$$\boldsymbol{G}^{(k)}=\boldsymbol{G}\left(x_1^{(k)},x_2^{(k)},\cdots,x_9^{(k)}\right)=\left(\frac{\partial\phi(\boldsymbol{x})}{\partial x_1},\frac{\partial\phi(\boldsymbol{x})}{\partial x_2},\cdots,\frac{\partial\phi(\boldsymbol{x})}{\partial x_9}\right)'_{\boldsymbol{x}=\boldsymbol{x}^{(k)}} \tag{6-14}$$

（3）判断，若 $\left\|\boldsymbol{G}^{(k)}\right\|<\varepsilon$，则得到近似解 $\boldsymbol{x}^*=\boldsymbol{x}^{(k)}$。

否则，求解一维搜索问题 $\lambda>0$ 时 $\min\phi(\boldsymbol{x}^{(k)}-\lambda\boldsymbol{G}^{(k)})$，然后通过函数求极值的方法求得 λ。

（4）令 $\boldsymbol{x}^{(k+1)}=\boldsymbol{x}^{(k)}-\lambda\boldsymbol{G}^{(k)}$，$k+1\Rightarrow k$，返回步骤（2）。

该算法是基于最速下降法的基本思想，具有线性收敛速度的优点，但该算法在求解过程中由于其具有固定步长，故不能使目标函数值达到最快下降速度。牛顿法是提高搜索速度的一种方法，该方法的基本思想是将目标函数进行泰勒展开，并用目标函数的二次函数近似目标函数，用二次函数极小值点方向作搜索方向寻找迭代点，以得到的近似二次函数极小值点作为目标函数极小点的近似值。但在计算过程中，若 KKT 矩阵为非奇异矩阵，该方法将无法收敛，即得不到最优解。因此，为了提高目标函数

的收敛速度，并具有更好的数值稳定性，本书采用将最速下降法和牛顿法相结合的一种拟牛顿法求解目标函数的最优解。

拟牛顿法的基本思想是将最速下降法和牛顿法的迭代式统一化，可表示为

$$\begin{cases} \boldsymbol{x}^{(k+1)} = \boldsymbol{x}^{(k)} + \lambda^{(k)}\boldsymbol{d}^{(k)} \\ \boldsymbol{d}^{(k)} = -\boldsymbol{F}^{(k)}\nabla f(\boldsymbol{x}^{(k)}) \end{cases} \tag{6-15}$$

式中　$\lambda^{(k)}$——目标函数沿 $\boldsymbol{d}^{(k)}$ 方向搜索的最优步长。

当 $\boldsymbol{F}^{(k)} = \boldsymbol{I}$ 时，式（6-15）为最速下降法的迭代式；当 $\boldsymbol{F}^{(k)} = [\nabla^2 f(\boldsymbol{x}^{(k)})]^{-1}$ 时，式（6-15）为牛顿法的迭代式。拟牛顿法成立满足的条件为

$$\Delta\boldsymbol{F}^{(k)}\Delta\boldsymbol{p}^{(k)} = \Delta\boldsymbol{x}^{(k)} - \boldsymbol{F}^{(k)}\Delta\boldsymbol{p}^{(k)} \tag{6-16}$$

式中，$\Delta\boldsymbol{F}^{(k)} = \boldsymbol{F}^{(k+1)} - \boldsymbol{F}^{(k)}$，$\Delta\boldsymbol{x}^{(k)} = \boldsymbol{x}^{(k+1)} - \boldsymbol{x}^{(k)}$，$\Delta\boldsymbol{p}^{(k)} = \nabla f(\boldsymbol{x}^{(k+1)}) - \nabla f(\boldsymbol{x}^{(k)})$。

拟牛顿法的算法步骤如下。

（1）选取初始值 $\boldsymbol{x}^{(0)}$，令 $\varepsilon > 0$。

（2）计算得到初始值 $\Delta\boldsymbol{p}^{(0)} = \nabla f(\boldsymbol{x}^{(0)})$，$\boldsymbol{F}^{(0)} = \boldsymbol{I}$（单位矩阵）。

（3）令 $\boldsymbol{d}^{(k)} = -\boldsymbol{F}^{(k)}\nabla f(\boldsymbol{x}^{(k)})$，通过线性搜索求得 $\lambda^{(k)}$ 的值，满足式（6-17）：

$$f(\boldsymbol{x}^{(k)} + \lambda^{(k)}\boldsymbol{d}^{(k)}) = \min_{\lambda>0} f(\boldsymbol{x}^{(k)} + \lambda^{(k)}\boldsymbol{d}^{(k)}) \tag{6-17}$$

（4）令 $\boldsymbol{x}^{(k+1)} = \boldsymbol{x}^{(k)} + \lambda^{(k)}\boldsymbol{d}^{(k)}$。

（5）若 $\left\|\nabla f(\boldsymbol{x}^{(k)})\right\| < \varepsilon$，则停止迭代，得到近似解为 $\boldsymbol{x}^{*} = \boldsymbol{x}^{(k+1)}$；否则，计算出 $\nabla f(\boldsymbol{x}^{(k+1)})$，$\Delta\boldsymbol{x}^{(k)}$，$\Delta\boldsymbol{p}^{(k)}$，$\boldsymbol{F}^{(k+1)}$，令 $k+1 \Rightarrow k$，则返回步骤（3）。

拟牛顿法是一种共轭方向法，其与最速下降法的主要区别在于第（3）步中迭代的搜索方向，最速下降法是沿着梯度的负方向迭代的，而拟牛顿法迭代的搜索方向 $\boldsymbol{d}^{(k)}$ 由第 k 次迭代点的负梯度 $-\nabla f(\boldsymbol{x}^{(k)})$ 与共轭方向 $\boldsymbol{d}^{(k-1)}$ 的线性组合来确定。

为了验证拟牛顿消磁方法的可行性，本章进行了实验验证。图 6-1 所示为 GMI 探

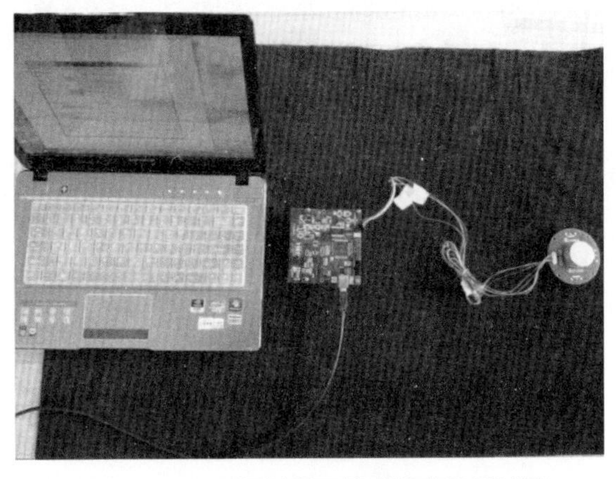

图 6-1　GMI 探测器环境磁场实验测试图

测器环境磁场实验测试图，该实验测量为在实验室弱磁环境下进行的。在周围磁场环境基本稳定的状态下，传感器测得的磁场强度基本为以地磁场为主的环境磁场强度，其测量值为 56 510 nT 左右。

图 6-2 所示为将探测器装在某破甲弹上的实验测试图，GMI 磁探测器安装在载体上，载体为某钢制材料的破甲弹，通过对载体按不同方向和不同姿态进行测量，得到一组测量值，如图 6-3 所示。由该图可知，磁场测量值不仅大于环境测量磁场，且其干扰磁场的变化范围大，相对地磁场其最大变化值达到 3 711 nT，显然干扰量远大于磁探测器的分辨率。受载体磁场干扰，未补偿前的磁场测量值会对目标的探测产生影响。

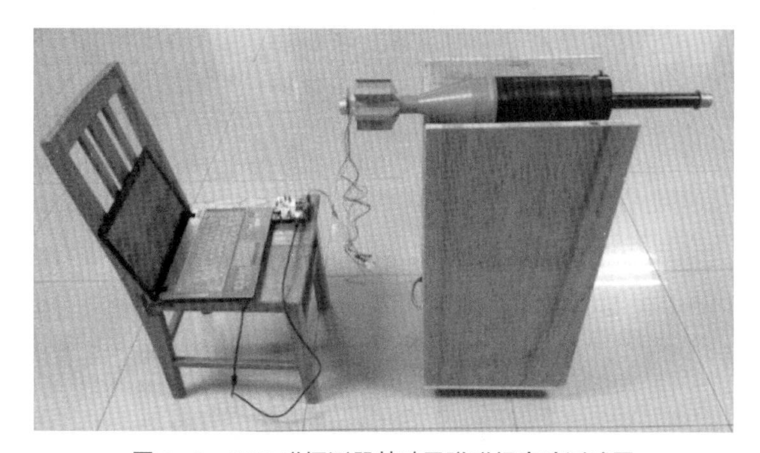

图 6-2　GMI 磁探测器某破甲弹磁场实验测试图

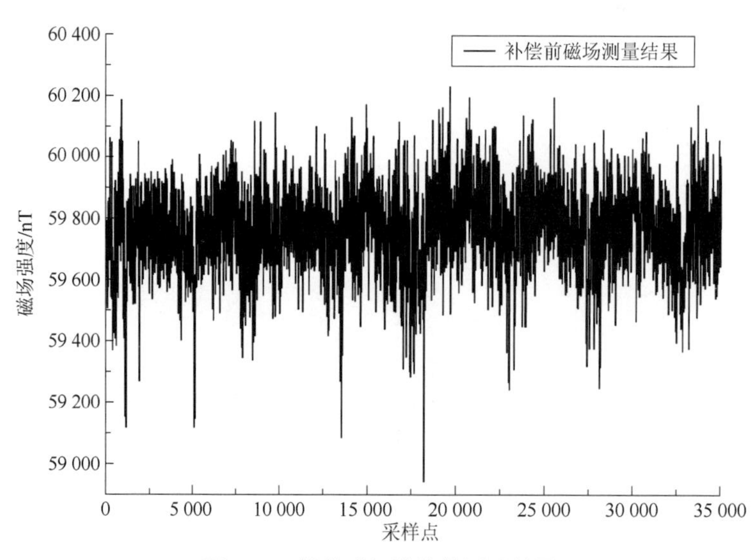

图 6-3　载体磁场补偿前测试结果

本章针对由拟牛顿法计算得到的磁场干扰量进行磁场补偿，图 6-4 所示为通过本书提出的拟牛顿法进行载体磁场干扰补偿后的结果。补偿后，载体干扰磁场的剩余误差基本保持在 10 nT 的范围内，与补偿前的磁场干扰相比，减小到补偿前的 0.78%，补偿后的误差均值为 1.4 nT。由此可见，本书提出的非线性参数估值计算方法精度高，可有效地对载体干扰磁场进行补偿。

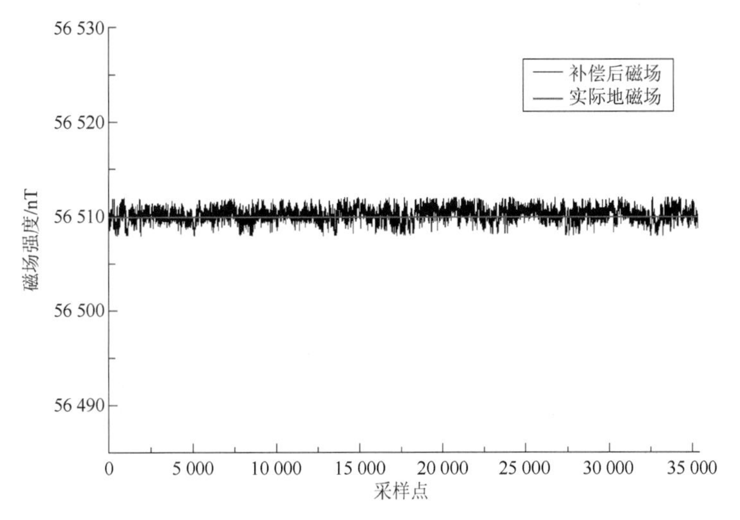

图 6-4　载体磁场补偿后测试结果

为了验证该估值消磁方法的可行性，本章通过补偿后对弱磁目标进行检测，验证了该补偿算法的有效性。在地磁场相对稳定的实验环境下（地磁场值约为 56 510 nT），对弱磁目标（手机）进行通过性测试实验，如图 6-5 所示。

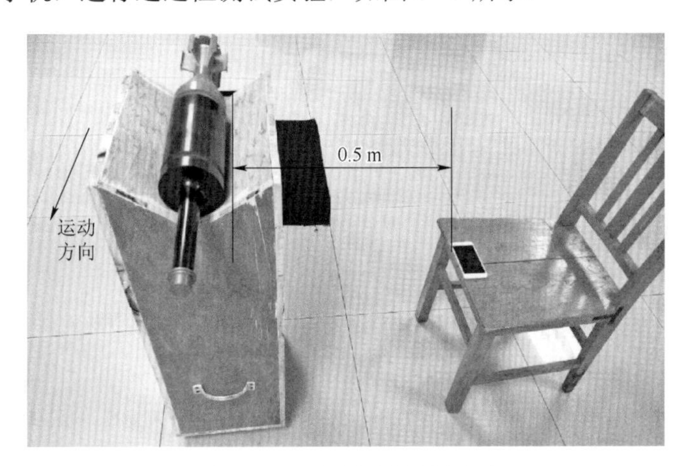

图 6-5　目标通过性测试实验

实验中，将目标放置于固定位置保持不变，磁探测器安装在载体上以低速状态通过目标（速度为 2 m/s），载体与目标的垂直距离为 0.5 m，测量磁场未补偿前的目标磁场测试结果如图 6-6 所示。从图中可以看出，由于载体运动过程中的干扰磁场相对较强，目标磁场较弱，磁探测器测量的目标磁场完全被淹没在干扰磁场中，无法判别目标。

图 6–7 所示为经过本章提出的估值算法进行载体磁场补偿后的目标磁场测试结果。从该图中可以看出，目标（手机）磁场在垂直方向距安装有磁探测器的载体 0.5 m 时的最大磁场约为 150 nT（56 660－56 510＝150），目标特性明显，其磁场峰值远小于载体的干扰磁场，且其载体干扰磁场减小到 10 nT 以内。由此可见，利用补偿算法求解出的补偿参数有效还原了微弱目标的磁场。

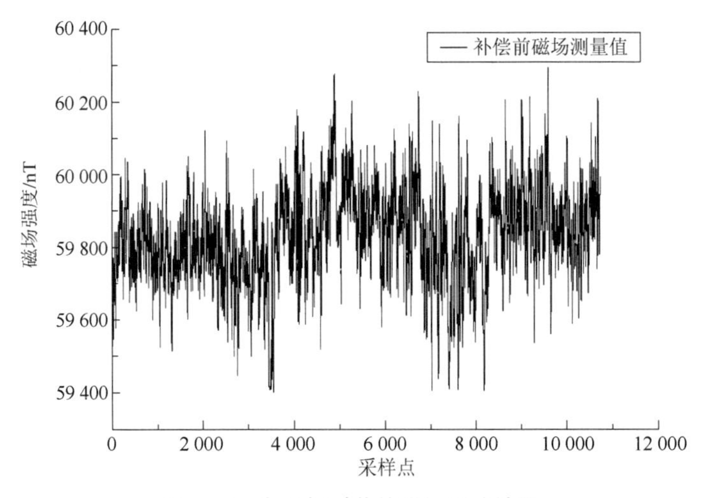

图 6–6 有目标时载体磁场测试结果

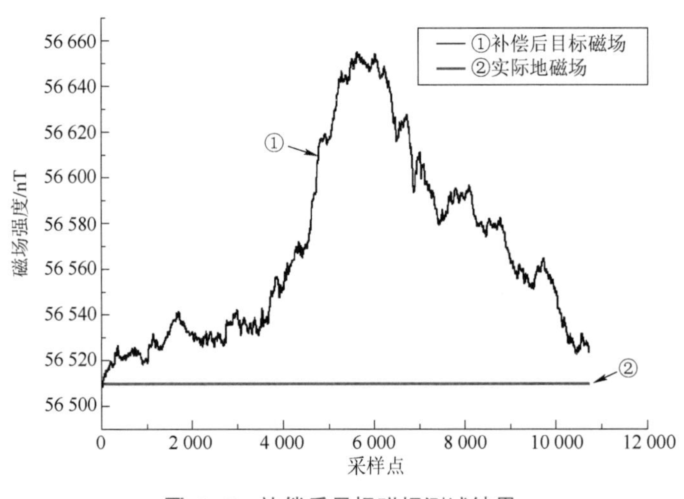

图 6–7 补偿后目标磁场测试结果

由上述试验测试可知，本章提出的通过拟牛顿数值计算载体磁场干扰，并对测得的载体干扰磁场进行补偿的方法计算精度高，补偿后的载体干扰磁场控制在 10 nT 的范围内，目标磁场还原率较高，能有效对微弱磁场目标进行探测。针对本章的近距坦克测量应用背景而言，目标磁场远大于手机磁场，故实现对目标的探测，该方法完全适用。

6.3　载体速度影响目标检测精度的解决措施

传感器载体速度的大小对目标检测结果起着至关重要的作用，这是因为磁性目标检测主要与目标的磁场强度和磁场变化率有关。目标在同一地点的磁场强度是固定不变的，磁场强度的检测可以通过设置阈值的方法来实现。而磁场变化率则与载体速度密切相关，在目标一定且载体运动方向不变的情况下，磁场变化率随着载体速度的变化而呈现不同的变化趋势。因此，为了减少弹药引信对目标的误警率，提高目标的检测精度，对载体速度进行检测十分必要。

在本章应用背景下，传感器载体多为炮弹，而炮弹速度的测量现在多用非接触式测量方法实现。目前国内外测量弹丸速度的方法多种多样，常用的有定距测时法、多普勒雷达测速法等，但这些测速方法多应用于一些发射平台或在一定的设备上，均为被动测量，不适用于弹载测速。另外，还有采用动压传感器测速的方法，传感器安装在弹药引信头部的中轴线上，利用空速管原理进行测速，但该测速方法要改变弹药的引信结构，且其测量误差与弹药的攻击角度相关，攻击角度大时测量结果误差也相对较大。此外，现在应用较多的测速方法还有弹载自测速方法，即通过在发射炮口上以一定的距离安装两个发射线圈，当弹丸发射并经炮口两线圈时，由引信感应得到两个脉冲信号，根据两个脉冲信号的时间差与发射线圈之间的距离可求得弹药的初始速度。该方法提高了测量精度，结构简单，测速过程无须与发射平台进行信息交联，但由于发射线圈易对感应装定信号产生干扰，且两个线圈的电气性能、结构和位置等差异会产生测量误差，影响测量精度。基于上述测速方法，本章设计了通过在弹体上以一定距离安装两个 GMI 传感器测量信号的方法来实现弹速测量。

图 6–8 所示为本章进行的双 GMI 传感器测速原理示意图。由图可见，在弹体上安装了两个 GMI 传感器①和传感器②，二者处在弹体的同一弹轴线上，从而保证载体在飞行过程中所测磁场强度的一致性。由于载体（如炮弹等）的速度（每秒数百米）远

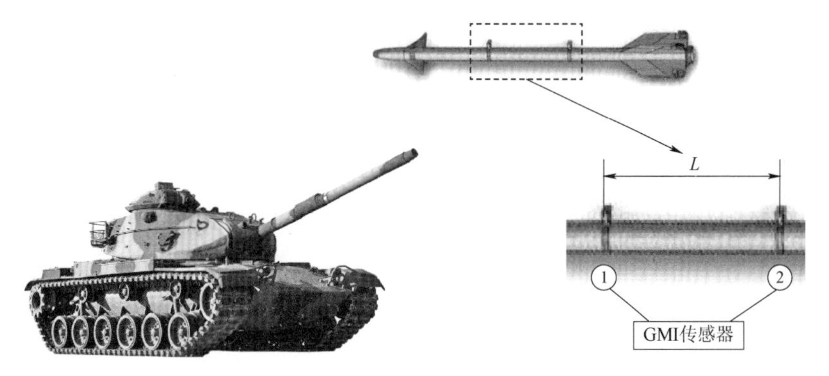

图 6–8　双 GMI 传感器测速原理示意图

大于铁磁目标的运动速度（如坦克每秒一、二十米），二者相差至少一个数量级，故铁磁目标运动对两个传感器测量值的影响可以忽略，即可近似认为铁磁目标处于静止状态。载体速度测量的基本思路为：两个传感器以一定距离 L 安装在载体上，在进入磁性目标检测区域内，两个传感器分别检测到磁场变化值，且在目标一定的情况下，测量输出磁场值变化范围相同，但是两组输出值相同的位置点会有一个时间差 Δt ，根据输出时间差的计算，结合两个传感器的间距，便可求得载体的速度 $V = L / \Delta t$ 。

传统计算时间差 Δt 的方法是通过测量传感器输出曲线函数的互相关性而求得的。该方法在确定采样数为 N 和一个确定的时延值下完成互相关计算，需要作 N 次乘法和 N 次加法运算。然而时延值的取值个数直接影响到计算量的大小，每增加一个时延值，计算量将增加 1 倍。如果想要得到精确的时延值，则需取更多的值进行互相关计算，所以此相关算法的运算量大，不能保证相关运算的实时性。本章在相关算法的基础上，提出了一种间接互相关的计算方法，它在保证计算精确度的前提下，减少了算法的运算量，从而保证了系统的实时性。具体方法如下。

设 $e_1(t)$ 和 $e_2(t)$ 是传感器①和传感器②的测量输出值， $e_1(n)$ 与 $e_2(n)$ 为 $e_1(t)$ 和 $e_2(t)$ 的采样值。设 N_1 为 $e_1(n)$ 的列长， N_2 为 $e_2(n)$ 的列长，为了使两个有限长序列的线性相关不产生混淆现象，可用其圆周相关来代替。

首先，选择周期 $N = N_1 + N_2 - 1$ ，且 $N = 2^l$ （其中 l 为正整数），则 $e_1(n)$ 和 $e_2(n)$ 用补零的方式使其具有列长 N ，即

$$e_1(n) = \begin{cases} e_1(n) & (n = 0, 1, \cdots, N_1 - 1) \\ 0 & (n = N_1, N_1 + 1, \cdots, N - 1) \end{cases}, \quad e_2(n) = \begin{cases} e_2(n) & (n = 0, 1, \cdots, N_2 - 1) \\ 0 & (n = N_2, N_2 + 1, \cdots, N - 1) \end{cases} \tag{6-18}$$

用 FFT 计算 $e_1(n)$ 和 $e_2(n)$ 的 N 点离散傅里叶变换：

$$e_1(n) \xrightarrow{\text{FFT}} E_1(k), \quad e_2(n) \xrightarrow{\text{FFT}} E_2(k) \tag{6-19}$$

利用圆周相关定理求得 $e_1(t)$ 与 $e_2(t)$ 的互功率谱密度函数：

$$Z(k) = E_1^*(k) E_2(k) \tag{6-20}$$

对 $Z(k)$ 作 IFFT，即可得到相关序列 $z(n)$ ：

$$z(n) = \sum_{k=0}^{N-1} \left[\frac{1}{n} Z(k) \right] W_N^{-nk} = \sum_{k=0}^{N-1} e_1(k) e_2(n+k) \tag{6-21}$$

将 $z(\tau)$ 除以 N ，即可得到 $R_{e_1 e_2}(\tau)$ ：

$$R_{e_1 e_2}(\tau) = \frac{1}{N} z(\tau) = \frac{1}{N} \sum_{k=0}^{N-1} e_1(k) e_2(\tau + k) \tag{6-22}$$

通过上述方法计算得到传感器①与传感器②测量值的时间间隔（即时延） Δt ，根据所求得的数值计算出载体的速度。

根据提出的间接互相关算法过程，通过对动态目标进行实验，验证（通过对铁磁

目标的测量）算法的实时性和正确性。图 6-9 所示为两个 GMI 传感器测得的目标曲线。从该图中可以看出得到的曲线幅值基本相同，测得的数值有明显的时间差，由于目标磁场分布的规律性较好，测得的曲线根据峰值点的间隔，可以得到时间差，但精确性不高。图 6-10 所示为通过间接互相关算法求得的时间差 Δt 的值，该方法比峰值测量法得到的计算值更精确。由图 6-10 可见，本实验中 Δt 为 0.052 s 时对应的曲线峰值，即当 Δt 取值为 0.052 s 时的曲线相关性最大，根据两个传感器间的距离，可求得载体速度约为

$$V = 2 / 0.052 \approx 38.5 \ (\text{m/s})$$

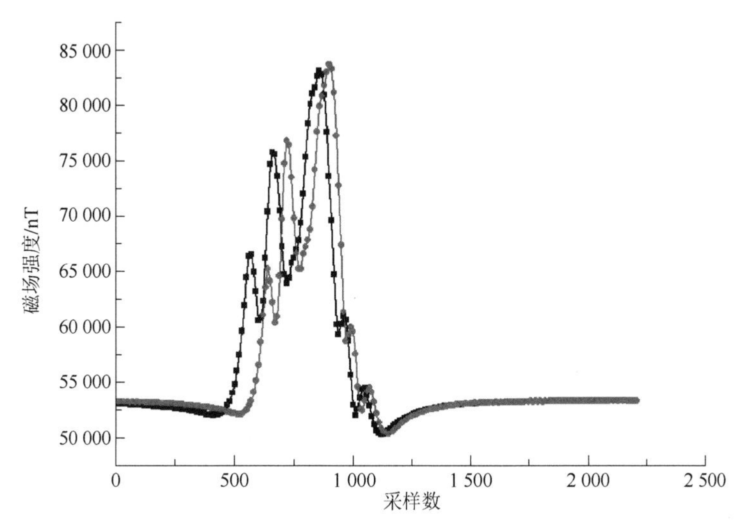

图 6-9　GMI 传感器检测曲线（实验 1）

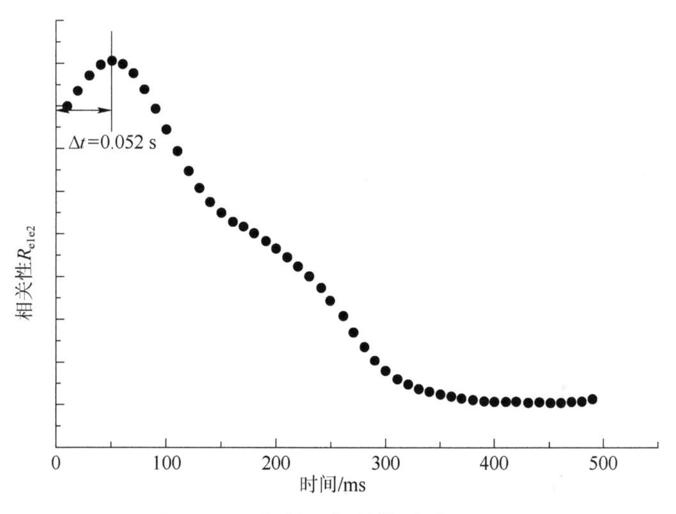

图 6-10　间接互相关算法求Δt图示

图 6-11 所示为与图 6-9 所示实验中不同铁磁目标的实测曲线。由于实验 2 中的铁磁目标相对实验 1 中的铁磁目标磁场分布更复杂，从其测量曲线很难直接看出两个

传感器测量的时间差值，即通过峰值测量方法不能确定时间差，此时通过本章提出的互相关法计算更能体现其优势所在。图 6-12 所示为通过间接互相关算法求得的时间差 Δt 的值，实验中 Δt 取 0.071 s 时对应的曲线峰值，进而可求得载体速度约为

$$V = 2 / 0.071 \approx 28.2\ (\mathrm{m/s})$$

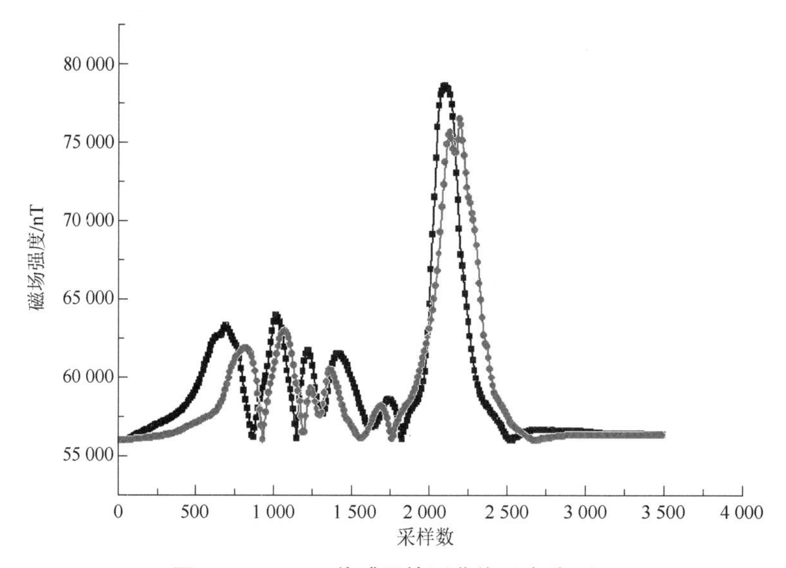

图 6-11　GMI 传感器检测曲线（实验 2）

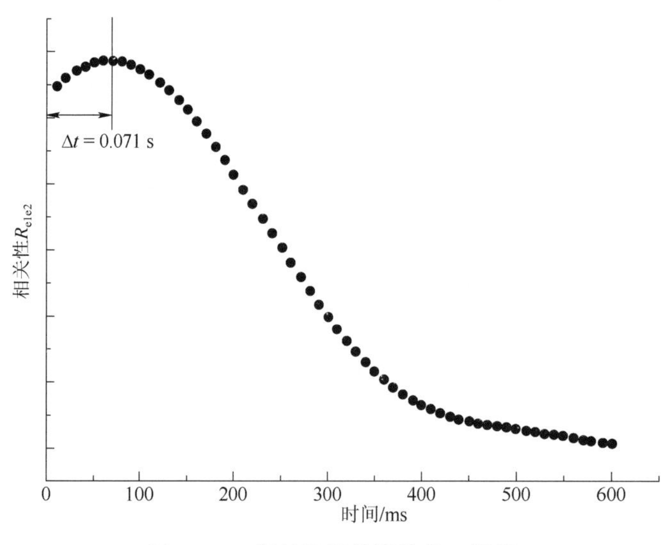

图 6-12　间接互相关算法求Δt 图示

6.4　结　　论

本章在分析传感器载体磁场对 GMI 探测器磁场测量影响的基础上，建立了探测磁

场与干扰磁场和地磁场的计算模型，并提出了一种基于最速下降法和牛顿迭代法相结合的拟牛顿数值计算法计算载体固定磁场和感应磁场系数的方法，以对载体干扰磁场进行补偿。补偿后的载体干扰磁场剩余误差保持在 10 nT 以内，实验结果证明了该方法计算精度高，目标磁场的还原率较高；同时提出了一种运用两个传感器输出的互相关性计算载体运动速度的方法，解决了因载体速度不同而影响探测精度的问题。实验验证了本章所提出方法的有效、可行性。

第 7 章　坦克目标空间磁场模型与识别

本章提要　以坦克、装甲车等战场铁磁目标为应用背景，通过对坦克磁场空间分布的实测数据分析，建立坦克磁场空间分布的数理模型，模拟磁场的空间分布规律，并根据分布规律对铁磁目标的特征量进行分析提取，从而建立目标识别准则，实现三维 GMI 磁探测器对坦克等铁磁目标的精确探测。通过静、动态实验验证理论及方法的有效正确性。

7.1　坦克空间磁场模型的建立

现代战争中，坦克作为陆地作战的主要装备之一，发挥着巨大的作用。坦克作为主战武器装备，尽管具有不同的形状和性能，但其主要制作材料为铁磁材料，具有很强的磁性，故磁探测技术成为探测坦克的主要技术之一。所以，坦克磁场分布特性的研究对坦克探测具有重要意义，它可为三维 GMI 磁探测器实现坦克精确测量奠定基础。

7.1.1　坦克在地磁场中的磁化

坦克车体、炮塔、履带和动力装置等都是坦克的重要组成部分，而这些部件都是由钢铁材料制成的，制作过程中这些材料始终处于地磁场的作用下，受地磁磁化作用而具有磁性，因此坦克构成了一个庞大的铁磁体。战场中的坦克处于地磁场中，会产生一个附加在地磁场的畸变磁场，使周围的磁场局部分布不再均匀。应用磁场测量技术可以测量铁磁目标和地磁场的合成磁场，从该总磁场中减去地磁场即可得到铁磁目标本身产生的磁场。

由于坦克的制作材料为钢铁，材料本身具有剩磁和矫顽力，且在制作过程中长期处于地磁场的影响下，会产生不随外部磁场变化的剩余磁场，即坦克的固有磁场。固有磁场与坦克制作所处位置、生产工艺、坦克体积和坦克内部材料密度等因素均有关。由于固定磁场与诸多因素有关，所以即使是相同型号的坦克，其固有磁场也不会完全一样。坦克的固有磁场一般处于相对稳定的状态，所以可以把固有磁场看作固定磁场处理。

坦克等铁磁目标在地球表面行驶过程中，由于地磁场的感应磁化作用会产生感应磁场。感应磁场受地磁场的影响，坦克感应磁场的大小和方向与所处位置的地磁场大小和方向有关，同时与坦克的制作材料和坦克体积等因素有关，主要是受坦克制作材料的磁特性决定，所以同一型号的坦克，由于其制作材料和体积相同，在同一地区朝同一方向行驶时，感应磁场基本相同。

固定磁场属于剩余磁范畴。坦克在实际行驶过程中会产生强烈的振动，一般产生的感应磁场受地磁场大小、尺寸等因素影响，其约占坦克磁场强度的 90%，远大于坦克的固定磁场，所以，本章主要研究坦克的感应磁场。

7.1.2　实测坦克空间磁场分布特性

为精确了解坦克磁场的分布情况，本章通过在磁场环境变化小、地磁场基本稳定的区域，对某国产坦克进行实际测量与分析，利用三维 GMI 磁探测器对坦克磁场进行测量，其测试主要内容如下。

（1）坦克磁场的纵向测量。

（2）坦克磁场的横向测量。

（3）坦克的整体磁场分布测量。

坦克磁场测量示意图如图 7–1 所示。选用 T69 式中型坦克，东西方向放置，正前

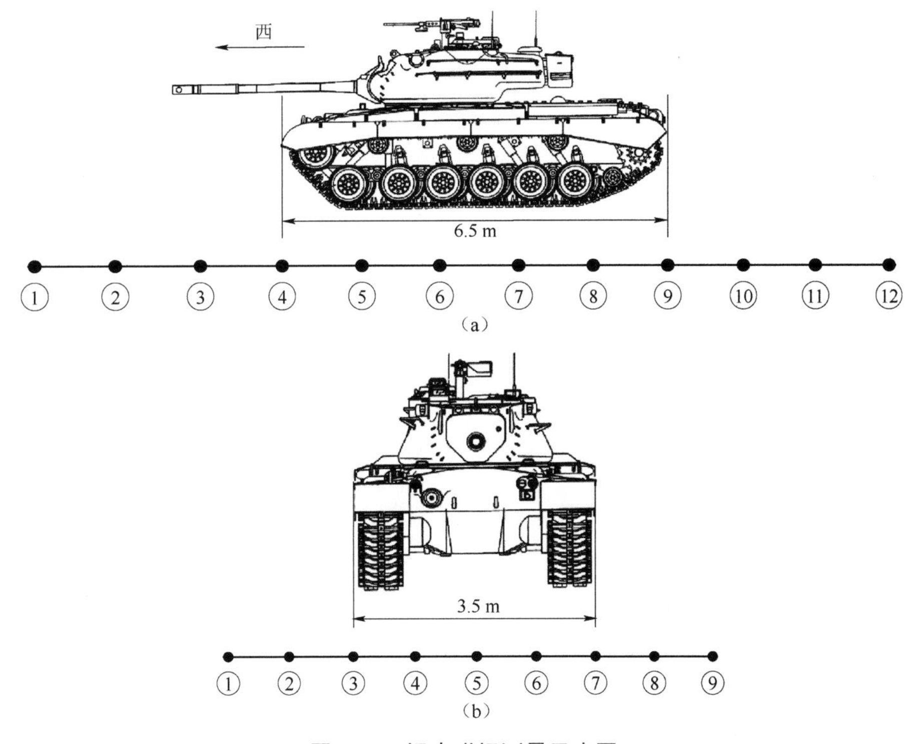

图 7–1　坦克磁场测量示意图

（a）坦克纵向测量示意图；（b）坦克横向测量示意图

方（炮筒朝向）为正西方向，坦克长 6.5 m、宽 3.5 m，纵向测量点选择 12 个（见图 7–1（a）），横向测量点选择 9 个（见图 7–1（b）），根据横向采样点和纵向采样点分布，坦克整体总测量点为 108 个。

图 7–2 所示为坦克整体磁场测量图，东西朝向放置，战斗全重为 37 t，其顶部有 100 mm 滑膛炮一门和机枪一挺，其装甲厚度为 100 mm，采用均质钢装甲、铸造炮塔。沿着坦克车身纵向和横向及坦克履带外侧不同位置的磁场强度测量，确定坦克的磁场分布规律。

图 7–2　坦克整体磁场测量

1. 坦克磁场纵向测量与分析

按照图 7–1（a）所示的纵向测量点，对坦克进行测量，共有 9 条测量线，每条线之间相距约为 0.9 m，而每条测量线上共有 12 个测量点，每个点相邻 1.3 m，其测量结果分别如图 7–3 和图 7–4 所示。

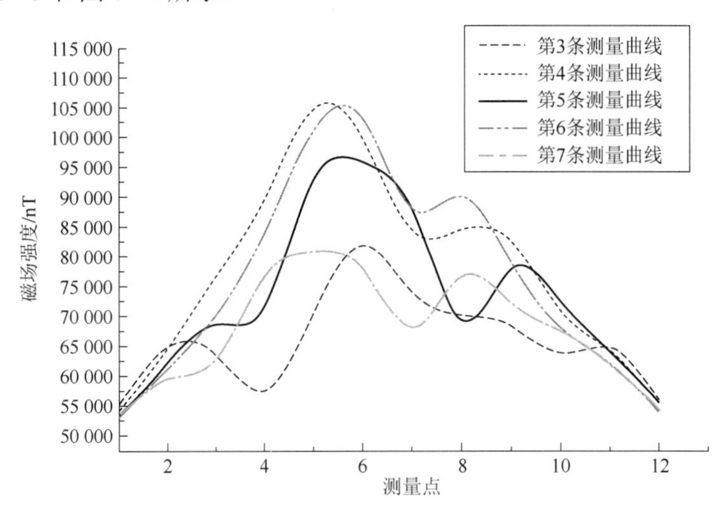

图 7–3　坦克纵向测量曲线（第 3～7 条测量曲线）

图 7−3 所示为坦克第 3～7 条测量曲线，其中第 3 和第 7 条曲线为坦克履带外侧磁场分布曲线，在车首部分磁场强度相对较低，车身部分靠近炮塔部位出现波峰，其磁场强度最大，车尾部分出现小的峰值，该部分相对磁场变化缓慢。随着与车首和车尾距离的增加，其磁场强度均出现下降趋势。第 5 条测量曲线位于坦克中轴线上，其坦克前部磁场强度有明显的磁场梯度变化，磁场测量最大值出现在车身中部炮塔的位置，在车尾部分靠近发动机部位有小的峰值出现。第 4 和第 6 条曲线为履带内侧附近位置的磁场测量曲线，同样车首部分呈现一定的磁场梯度变化，峰值出现在炮塔部位，此时峰值为纵向磁场测量的最大值，炮塔以后的车尾位置磁场强度呈现一定的下降趋势，在尾部发动机部位出现一个小的峰值变化，然后随着测量点与坦克距离的增加，磁场呈明显减小趋势。

图 7−4 所示为沿履带外侧进行的坦克纵向测量曲线。靠近坦克较近的磁场测量曲线 2 和曲线 8 峰值明显大于其距离履带较远的第 1 和第 9 条曲线磁场强度峰值。由该图的曲线对比可见，随着测量点与坦克距离的增大，磁场强度明显减弱。从图中峰值可以看出，在距离坦克两侧 2 m 范围内，坦克磁场强度有明显的畸变，在坦克车尾部分出现大的波峰。

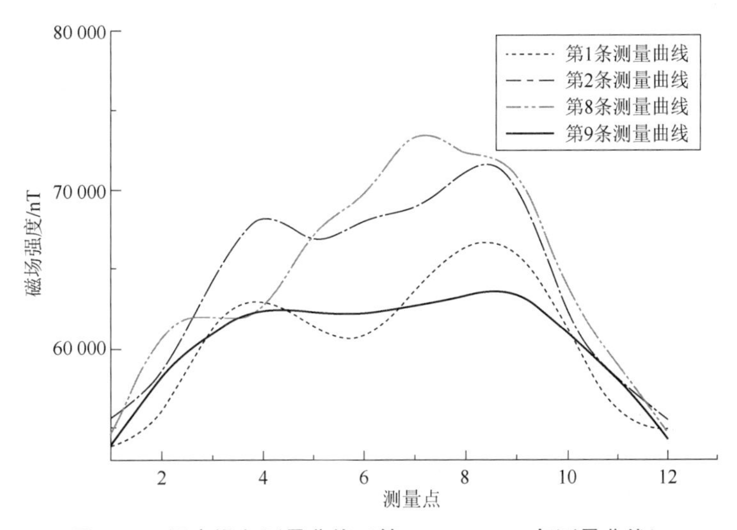

图 7−4　坦克纵向测量曲线（第 1，2，8，9 条测量曲线）

通过坦克纵向测量曲线可知，坦克磁场纵向分布主要分为三部分，即车头、车中部（炮塔附近）以及车尾发动机部位，三部分的磁场强度分布情况为：坦克中部磁场强度＞坦克尾部磁场强度＞坦克头部磁场强度。由实验可知，当坦克放置位置的朝向发生变化时，坦克磁场的分布曲线也发生较大变化，但其共同之处在于，坦克中部和尾部的磁场强度均出现峰值。

2. 坦克磁场横向测量与分析

横向测量总共有 12 条测量线，每条测量线上设置 9 个测量点，其在坦克车身位置共有 6 条测量线，距离车首和车尾 4 m 范围内分别为 3 条测量线，其磁场测量结果分别如图 7-5 和图 7-6 所示。

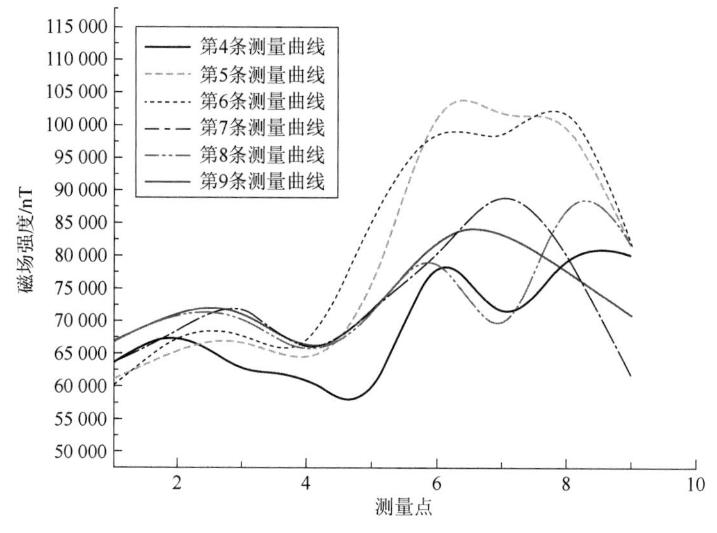

图 7-5　坦克横向测量曲线（第 4～9 条测量曲线）

图 7-5 所示为坦克第 4～9 条测量曲线。从图中可以看出坦克的磁场强度基本呈现出一个峰值的趋势，峰值均出现在坦克中轴线及偏右位置，其中第 5 和第 6 条曲线峰值达到最大值，为坦克炮塔部位；图中曲线出现北强南弱的趋势，其主要原因是受地磁场方向的影响。磁场的分布特性与坦克位置的朝向有关，当坦克位置朝向发生变化时，磁场的变化较大，但磁场峰值位置基本不变，总体呈现单峰值钟形排列特征。

图 7-6 中的曲线分别为距离坦克车首和车尾 4 m 范围内的测量曲线。第 1 和第

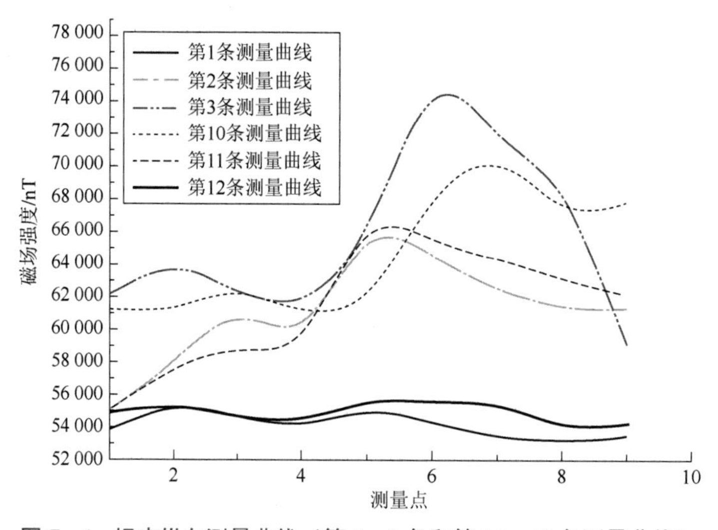

图 7-6　坦克纵向测量曲线（第 1～3 条和第 10～12 条测量曲线）

12 条测量曲线变化浮动较小，为距离车首和车尾部位 3.9 m 的测量曲线，该曲线呈现一个微小的变化范围，表明该距离地磁场受坦克磁场扰动较小。第 2、3、10 和 11 条曲线在坦克中轴线附近出现一个峰值，距离坦克较近的第 3 和第 10 条曲线峰值明显高于距离较远的第 2 和第 11 条曲线峰值。测量峰值位于中轴线附近，其曲线基本呈钟形排列特征。

横向测量曲线表明，坦克两侧磁场强度与坦克位置朝向相关，其最高峰值出现在中轴线附近，主要位于炮塔及尾部。由实验可知，当坦克放置位置的朝向发生变化时，坦克磁场的分布曲线也发生变化，但总体趋势均呈现钟形排列，且坦克中部和尾部的磁场强度达到最大。

7.1.3　坦克磁场分布模型的建立

仅利用坦克空间磁场测量得到的分布曲线建立目标的探测准则，难以消除探测过程中干扰因素的影响，同时也很难确定稳定的磁场分布特征量。因此，坦克磁场数理模型的建立对坦克空间磁场的分布规律和坦克目标的探测起着至关重要的作用。通过建立数理模型可以较精确地推算出目标实际的磁场分布特征和时频特性，从而可以有效地提高对目标探测的准确度，故本节着重讨论坦克空间磁场建模。

坦克磁场的地面分布情况复杂，其所处的地理位置、制造工艺及结构材料均会对坦克磁场的分布产生明显的影响。通过建立坦克模型的方法计算周围磁场的分布，研究坦克磁场的变化规律，是实现坦克目标探测及坦克磁防护技术的必要前提和技术基础。

臧克茂在 1990 年首先提出了坦克磁场计算方法，他将坦克近似为一个空心的旋转椭球体，其内表面为具有同样焦点和半焦距的旋转椭球面。在假定坦克由单一材料制作且坦克所处地磁场分布均匀的情况下，推导出了坦克磁场的计算式，其模型如图 7−7 所示。该方法通过解析法可以计算出坦克周围的磁场分布，在距离坦克较远的

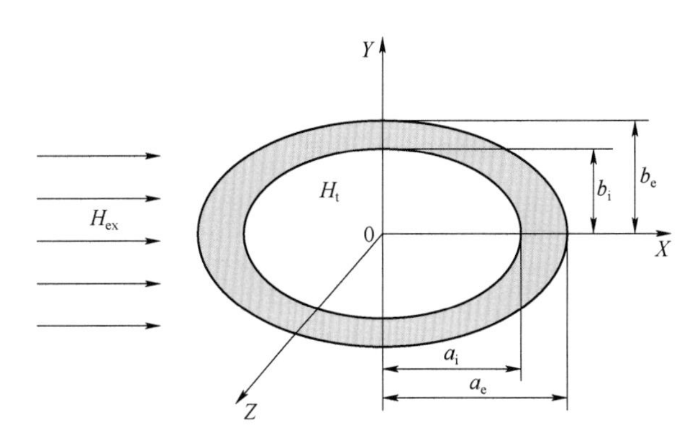

图 7−7　坦克磁场旋转椭球体模型

位置计算出的坦克磁场与实际值比较接近，对计算坦克磁场分布具有一定的参考价值，但在近场范围内的坦克计算值与实际值相比误差较大，难以精确地分析近场坦克的磁场分布。

为了提高磁探测的精确性，需要对坦克近场磁场进行精确的计算。费保俊等应用数值计算的方法，将坦克的底盘近似为空心长方体，炮台处理为空心椭球体，利用磁场叠加原理，通过对磁标势在直角坐标系中的拉普拉斯方程进行分析，建立坦克近场磁场计算模型，精确推算出坦克近场的磁场。坦克磁场长方体模型如图 7–8 所示。

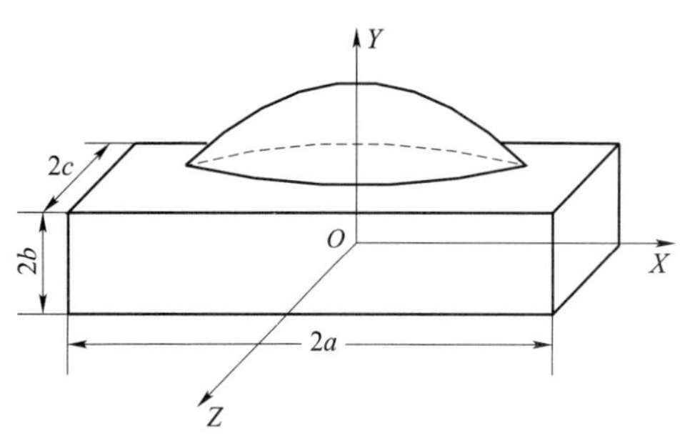

图 7–8　坦克磁场长方体模型

通过数值计算方法，根据建立的模型推算出坦克近场磁场与实际磁场接近，可以作为铁磁目标近场探测的磁场分布计算方法。该方法表达式为级数形式，所以只能借助计算机进行数据处理。利用长方体的数值计算方法，近场测量数据与实际比较接近，但是在中远场的计算还需要通过椭球体的方法进行磁场模拟。针对本章研究背景，坦克攻顶弹的磁探测要实现坦克 6 m 内的精确测量，加上攻顶弹的弹速较快、实时性要求较高，故只研究近场的坦克磁场不能满足要求，在满足中远场磁场计算的同时，提高坦克近场磁场计算精度，是本章研究的重点。综合坦克磁场的分析方法，本章改进了椭球体和长方体的数值计算方法，通过长方体接近目标近场磁场及椭圆体与远场磁场分布接近的特点，实现中远场的磁场精确分析，同时提高坦克近场的磁场计算精度，为本章后期目标探测与识别研究奠定基础。

坦克构成部件复杂（主要有动力系统、履带、炮塔、车体外壳等部件），单独分析诸部件产生的磁场不仅复杂且较难实现。如图 7–9 所示，可将整个坦克分为两部分分别计算磁场分布，即坦克底盘和炮塔，最后通过叠加原理将两部分的磁场叠加模拟出坦克整体的磁场分布。

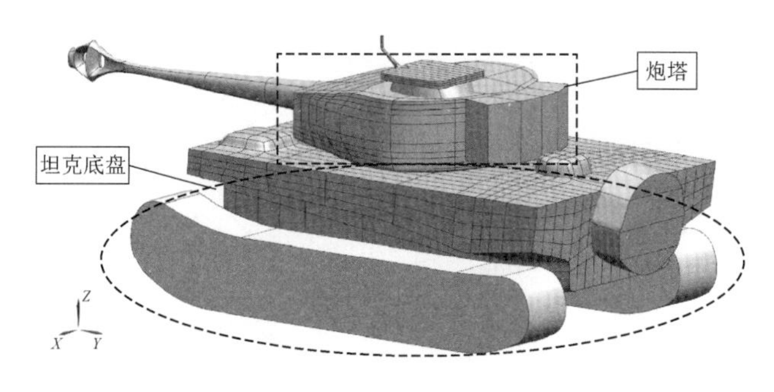

图 7–9　坦克模型

将坦克底盘作为一个整体，计算磁场时将其简化为空心的旋转椭球壳体，如图 7－10 所示。假定整个底盘由单一钢材制作而成，具有相同的导磁率 μ，且椭球体内表面为旋转椭球面，有相同的焦点和半焦距，坦克所处地磁场均匀。

由于坦克整个模拟成椭球壳体与底盘模拟成椭球壳体的边界条件一致，不同的只有旋转椭球体的几何尺寸，故由图 7--10 所示的椭球体示意图可推出底盘的磁场分布。

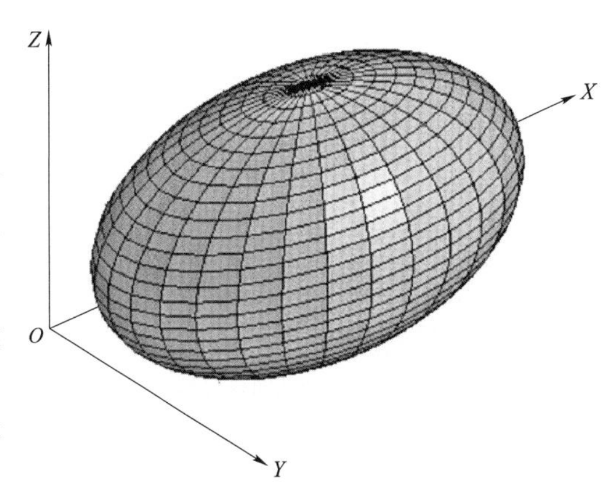

图 7－10　底盘旋转椭球体模型图

设地磁场沿 X 轴方向磁化坦克壳体，其场强为 H_{ex}，则 X 轴分量的附加磁场可计算为

$$\boldsymbol{H}_{x1} = H_{xx}\boldsymbol{i} + H_{yx}\boldsymbol{j} + H_{zx}\boldsymbol{k} \tag{7-1}$$

其中，沿 X、Y、Z 轴三方向的标量值表达式依次为

$$H_{xx} = -A\left(\frac{1}{2g^3}\ln\frac{a_k+g}{a_k-g} - \frac{a_k}{g^2T}\right) \tag{7-2}$$

$$H_{yx} = A\frac{xy}{a_k b_k^2 T} \tag{7-3}$$

$$H_{zx} = A\frac{xz}{a_k b_k^2 T} \tag{7-4}$$

式中

$$A = \frac{a_e b_e^2 H_{ex} X_m}{P_1}\left[N - \frac{X_m}{\mu_r}(D_1 - kD_2)\right] \tag{7-5}$$

$$T = \sqrt{(x^2+y^2+z^2+g^2)^2 - 4g^2x^2} \tag{7-6}$$

$$a_k = \sqrt{\frac{(x^2+y^2+z^2+T)}{2}},\quad b_k = \sqrt{a_k^2 - g^2} \tag{7-7}$$

$$P_1 = 1 + \frac{X_m}{\mu_r}[\mu_r D_2 N - (D_1 - kD_2)(1 + X_m D_2)] \tag{7-8}$$

式中，$X_m = \mu_r - 1$，$k = \dfrac{a_i b_i^2}{a_e b_e^2}$。

根据坦克的实际尺寸，确定旋转椭球体的几何尺寸，从而可确定参数值 a_e，b_e，a_1，b_1，D_1，D_2，其中 D_1 和 D_2 是由椭球壳体内壳与外壳椭球面的离心率确定的。

$$D_1=\frac{1-\varepsilon_i^2}{\varepsilon_i^2}\left(\frac{1}{2\varepsilon_i}\ln\frac{1+\varepsilon_i}{1-\varepsilon_i}-1\right),\quad D_2=\frac{1-\varepsilon_e^2}{\varepsilon_e^2}\left(\frac{1}{2\varepsilon_e}\ln\frac{1+\varepsilon_e}{1-\varepsilon_e}-1\right) \tag{7-9}$$

g 为半焦距，$a_e^2-b_e^2=g^2$，$a_i^2-b_i^2=g^2$，则离心率为

$$\varepsilon_e=\frac{g}{a_e},\quad \varepsilon_i=\frac{g}{a_i} \tag{7-10}$$

坦克底盘的磁场模型建立后，还需计算炮塔外部的磁场。炮塔作为一个独立的部件，将其近似处理为一个中空的长方体，用数值分析的方法分析长方体模型的磁场分布。坦克磁场计算模型如图 7-11 所示，由于坐标中心定于椭球体中心，所以长方体模型的计算中心坐标为（0，b_e+b_1，0），根据建立的坐标模型，计算炮塔外部磁场。

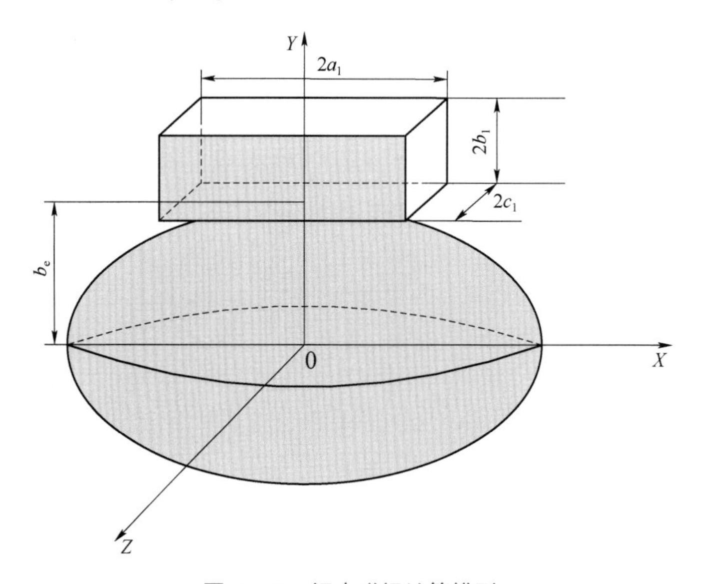

图 7-11　坦克磁场计算模型

首先，为便于计算，设长方体计算的坐标中心在长方体中心，基于直角坐标系建立磁标势的方程为拉普拉斯表达式：

$$\nabla^2\varphi=\left(\frac{\partial^2}{\partial x^2}+\frac{\partial^2}{\partial y^2}+\frac{\partial^2}{\partial z^2}\right)\varphi=0 \tag{7-11}$$

分离变量可得

$$\varphi(x,y,z)=X(x)\cdot Y(y)\cdot Z(z) \tag{7-12}$$

将式（7-12）代入式（7-11）可得

$$\frac{1}{X}\frac{\partial^2 X}{\partial x^2}+\frac{1}{Y}\frac{\partial^2 Y}{\partial y^2}+\frac{1}{Z}\frac{\partial^2 Z}{\partial z^2}=0 \tag{7-13}$$

令 $\frac{1}{Y}\frac{\partial^2 Y}{\partial y^2}=-k_y^2$，$\frac{1}{Z}\frac{\partial^2 Z}{\partial z^2}=-k_z^2$，则 $k_x=\sqrt{k_y^2+k_z^2}$ 。

当 $k_j(j=x,y,z)$ 为实数时，令 $p=\frac{\mathrm{d}Y}{\mathrm{d}y}$，由 $\frac{1}{Y}\frac{\partial^2 Y}{\partial y^2}=-k_y^2=(\mathrm{i}k_y)^2$ 可得

$$\frac{\mathrm{d}^2 Y}{\mathrm{d}y^2}=p\bullet\frac{\mathrm{d}p}{\mathrm{d}Y} \tag{7-14}$$

进而得到 $p=jk_yY$，从而得到 $\frac{\mathrm{d}Y}{\mathrm{d}y}=jk_yY$，两边同时积分得到 Y 的表达式为

$$Y=\mathrm{e}^{jk_y y}=B_1\sin k_y y+B_2\cos k_y y \tag{7-15}$$

同理可求得

$$X=A_1\sinh k_x x+A_2\cosh k_x x \tag{7-16}$$

$$Z=C_1\sin k_z y+C_2\cos k_z z \tag{7-17}$$

假设地磁场的方向是沿 X 轴方向均匀分布，则坦克外部磁场具有对称性。根据对称特性，可知

$$\frac{\partial X(x)}{\partial x}=\frac{\partial X(-x)}{\partial x},\quad \frac{\partial Y(y)}{\partial y}=-\frac{\partial Y(-y)}{\partial y},\quad \frac{\partial Z(z)}{\partial z}=-\frac{\partial Z(-z)}{\partial z} \tag{7-18}$$

磁场沿 X 轴方向，故当 X 轴取值从 $x\to -x$ 时磁场没有变化，但当取值范围从 $y\to -y$ 或 $z\to -z$ 时，磁场的大小不变，方向相反。将式（7－18）分别代入式（7－15）～式（7－17），可推出 $A_2=B_1=C_1=0$，则磁标势的表达式为

$$\varphi(x,y,z)=A_1B_2C_2\sinh k_x x\cos k_y y\cos k_z z=A_k\sinh k_x x\cos k_y y\cos k_z z \tag{7-19}$$

当 $k_j(j=x,y,z)$ 为虚数时，同理可推出磁标势的另一表达式为

$$\varphi(x,y,z)=A_k'\sin k_x x\cosh k_y y\cosh k_z z \tag{7-20}$$

得到磁标势表达式之后，就可根据边界条件和连续性推出长方体模型的外部磁场分布，长方体模型的前后面和上下面与磁场方向平行，所以壳体中的磁场分布只有 X 轴分量，其边界条件为

$$\frac{\partial\varphi_1(x,y,z)}{\partial y}\bigg|_{y=b_1}=0,\quad \frac{\partial\varphi_1(x,y,z)}{\partial z}\bigg|_{z=c_1}=0 \tag{7-21}$$

根据边界条件，将磁标势表达式分别对 y 和 z 求偏导可得

$$-k_yA_k\sinh k_x x\sin k_y b_1\cos k_z z=0\Rightarrow\sin k_y b_1=0 \tag{7-22}$$

$$-k_zA_k\sinh k_x x\cos k_y y\sin k_z c_1=0\Rightarrow\sin k_z c_1=0 \tag{7-23}$$

则

$$k_y=\frac{m\pi}{b_1},\quad k_z=\frac{m\pi}{c_1}\quad(m=0,1,2,3,\cdots) \tag{7-24}$$

$$k_x = \sqrt{\frac{1}{b_1^2 + c_1^2}} m\pi \tag{7-25}$$

由取值范围在 $y = b_1$，$|x| < a_1$ 和 $|z| < c_1$ 上时有边界条件，因为磁场只在 X 轴有分量，故磁标势可计算为

$$\varphi_1(x, y, z)\Big|_{y=b_1, |x|<a_1, |z|<a_1} = -H_{ex}x \tag{7-26}$$

由式（7–26）可得到 A_k 的解为

$$A_k = \frac{\dfrac{H_{ex}a_1^2}{m\pi\sqrt{b_1^2 + c_1^2}}}{\cosh\dfrac{m\pi a_1}{\sqrt{b_1^2 + c_1^2}} - 1} \cdot \frac{\cos m\pi - 1}{\cos m\pi} = \begin{cases} 0 & (m = 0, 2, 4, \cdots) \\ \dfrac{\dfrac{-2H_{ex}a_1^2}{m\pi\sqrt{b_1^2 + c_1^2}}}{\cosh\dfrac{m\pi a_1}{\sqrt{b_1^2 + c_1^2}} - 1} & (m = 1, 3, 5, \cdots) \end{cases} \tag{7-27}$$

由此可求得长方体上下面和前后面的磁标势为

$$\varphi_1 = -\sum_{m=1,3,5,\cdots} \frac{\dfrac{-2H_{ex}a_1^2}{m\pi\sqrt{b_1^2 + c_1^2}}}{\cosh\dfrac{m\pi a_1}{\sqrt{b_1^2 + c_1^2}} - 1} \sinh\left(\sqrt{\frac{1}{b_1^2 + c_1^2}} m\pi x\right) \cos\left(\frac{m\pi}{b_1} y\right) \cos\left(\frac{m\pi}{c_1} z\right) \tag{7-28}$$

长方体模型左右面的磁标势根据边界条件 $x = a_1$，$|y| < b_1$ 和 $|z| < c_1$，按照磁标势式（7–19）计算，即当系数为实数时无解，所以该磁标势按照式（7–20）求得

$$\tan k_{1x}a_1 = \mu_r k_{1x} a_1 \tag{7-29}$$

且有 $k_{1x}^2 = k_{1y}^2 + k_{1z}^2$，利用 $x = a_1$ 的边界条件 $\varphi_2 = A' \sin k_{1x} a_1$，$\dfrac{\partial \varphi_2}{\partial x} = A' \mu_r k_{1x} \cos k_{1x} a_1$ 可求得

$$\tan k_x a_1 = \frac{\tan k_{1x} a_1}{\mu_r k_{1x}} k_x \tag{7-30}$$

通过数值解法求得 k_x，从而可求得长方体模型左右面的磁标势为

$$\varphi_2 = \sum_k A' \sin k_x x \cosh k_y y \cosh k_z z \tag{7-31}$$

式中，k 的取值与 k_x 和 k_{1x} 有关，A' 可由 $x = a_1$ 的边界条件 $\varphi_2 = A' \sin k_{1x} a_1$，$\dfrac{\partial \varphi_2}{\partial x} = A' \mu_r k_{1x} \cos k_{1x} a_1$ 求出。

由此可计算得到整个长方体模型在空间产生的磁标势为

$$\varphi = \varphi_1 + \varphi_2 \tag{7-32}$$

则当地磁场沿 X 轴方向磁化时，长方体模型的外部磁场由磁标势求得

$$\boldsymbol{H}_{x2} = -\nabla\varphi = -\left(\boldsymbol{i}\frac{\partial\varphi}{\partial x} + \boldsymbol{j}\frac{\partial\varphi}{\partial y} + \boldsymbol{k}\frac{\partial\varphi}{\partial z}\right) \tag{7-33}$$

目前坦克磁场建模中常用的方法是用椭球体和长方体分别代替炮台与底盘计算坦克磁场，该方法提高了近场磁场分布计算的精确度。为提高中远场磁场的分析精度，满足载体高速运行过程中对目标的实时检测要求，本章通过把模型对调的方式分析坦克磁场模型，以提高目标中远场磁场的分析精度。由于坦克整个磁场是通过椭球体模型和长方体模型叠加的磁场，且坐标中心在椭球体中心为（0，0，0），所以长方体中心坐标为（0，$b_e + b_1$，0），在长方体模型计算中需要把 y 换成 $y - b_e - b_1$，则坦克产生的外部磁场为

$$\boldsymbol{H}_x = \boldsymbol{H}_{x1} + \boldsymbol{H}_{x2} \tag{7-34}$$

同理可求得地磁场有 Y 轴和 Z 轴分量时的 $\boldsymbol{H}_y$ 和 $\boldsymbol{H}_z$。

7.2　目标探测与识别方法研究

对目标的精确探测是获取战场目标信息的关键技术之一。目前，地面铁磁目标探测的制约因素主要有以下两方面。

（1）磁引信多是基于涡流效应和霍尔效应等为主要探测模式，其探测精度有限，从而制约了探测距离。同时，传感器易受环境因素影响降低了探测精度，从而制约了磁引信的发展。

（2）为了增加引信的探测距离，需要提高传感器的灵敏度，灵敏度提高的同时必然会增大探测距离，而探测距离的增加会使目标信号减弱，为了提高目标的检测率，就需要引信系统降低检测门限，从而增加了引信系统的虚警率。

针对以上两大问题，本书提出采用巨磁阻抗效应传感器作为磁引信的核心探测单元，在提高探测精度的同时，结合运用多特征量提取的方法实现铁磁目标的探测。

7.2.1　目标探测与识别方法

针对目标特性及不同的物理场环境，地面铁磁目标的探测与识别方法主要有以下三种。

1. 统计推理法

统计推理是指研究物体总体时往往是复杂的，需要了解的总体对象范围很大，甚至是无限的，较难实现。此时可根据对象的统一性和相似性分析对象的局部特性或有限单位，从而根据局部特性得到对总体的分析，如贝叶斯法。但一般统计推理法依赖于先验概率，通常在实际应用中先验概率较难获取，所以此种方法的适应性不佳。

2. 智能识别法

智能识别法是利用自适应神经网络法、基于知识或专家系统的知识法、模糊推理法等智能方法识别目标的总称。该类方法是伴随智能信息处理和先进控制等技术发展而产生的，是用先进算法实现目标识别的技术，具有前瞻性。其优点是更接近于人脑识别过程，但在实际应用中，算法复杂，较难实现，且在实现过程中由于系统的复杂性，实时性较差。

3. 物理模型法

物理模型法是根据研究对象的目标特征建立数学模型，提取模型的特征值，通过频谱分析、小波分析、幅频变化等信号处理来识别目标的一种方法。物理模型法的特点是实时性好，易于实现，但存在对不同类型目标（类别、体积、组成等）建立的数学模型不同，其复杂程度也不相同。

通过综上对比，本章应用物理模型法对目标进行分析，由于陆地铁磁目标的体积和组成部分具有相似性，所以通过建立具有代表性铁磁目标（坦克）的磁场分布数学模型，运用识别算法对磁场分布进行分析，建立识别准则，从而精确探测识别陆地铁磁目标。

7.2.2 目标特征量的提取

为了提高引信目标探测与识别的精度及抗干扰能力，尽可能多地提取目标的特征信息，通过对提取信息的判断及分析，在合适的时间和合理的位置使引信作用，不仅能降低引信工作的虚警率，同时还可提高对目标的毁伤效率。

1. 目标信号幅度提取

由本章 7.1 节坦克磁场分布模型分析可知，坦克磁场变化呈现一个随距离逐渐衰减的过程，在近距离下坦克的磁场强度最大，随着距离的不断增加，中远场范围内，坦克磁场随距离的增加呈现近 3 次方的衰减速度下降，根据磁场分布特性，本章通过设置阈值的方法对坦克目标进行粗判断，以达到预警的作用。

根据坦克磁场测量数据，绘制 $X-Y$ 平面坦克磁场的分布，如图 7–12 所示，从整个平面考察坦克磁场强度的分布情况。由该图可以看出，坦克周围磁场随着与坦克距离的减小，呈现一个缓慢的增加趋势。在坦克的投影面内，坦克磁场剧烈变化，立体图上呈现山峰状起伏，在坦克中部即炮塔部位及坦克后部发动机部位，坦克磁场达到峰值。在车尾后方的空间内，坦克磁场强度呈现较大的梯度变化，坦克左侧相对右侧的磁场变化浮动偏大，这与地磁场及坦克的朝向有关，但坦克空间磁场的总体分布趋势基本不变。

由图 7–12 中坦克磁场空间分布特性可知，坦克磁场在与坦克较远的距离时基本接近于地磁场的值，随着与坦克距离的不断接近磁场呈增加趋势，到坦克中后部靠近发动机的部位，磁场达到最大值。在此区间，磁场探测值在一定的范围内波动，所以根

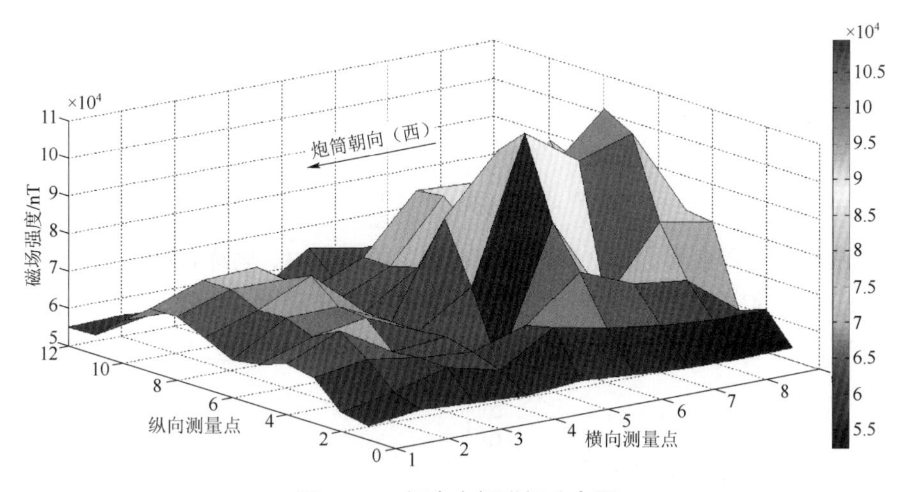

图 7-12　坦克空间磁场分布图

据磁场的分布，通过设置阈值建立目标信号幅度提取的方法。设在一定距离内的最小磁场强度值为 $B_{\min}$，出现在坦克尾部发动机部位的总磁场的最大值为 $B_{\max}$，当传感器磁场探测值介于最小和最大值之间时，启动预警系统，从而对目标进行下一步检测。

2. 感应磁场梯度的提取

设坦克为中心点坐标 O（0，0，0），如图 7-13 所示，随着距离的增加，不同椭球体代表不同位置的等磁场强度。

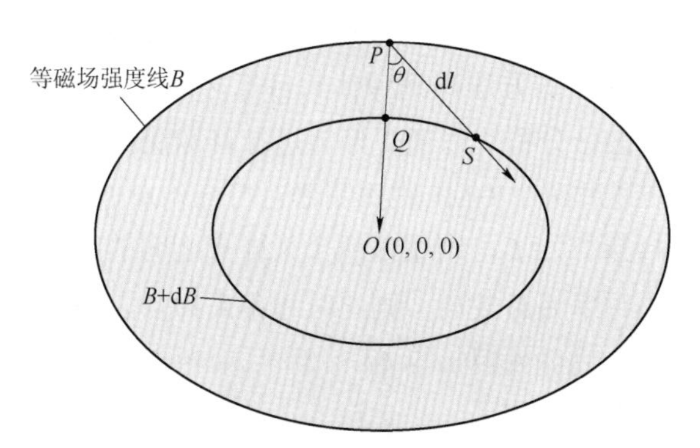

图 7-13　磁场梯度示意图

磁场从 P 点到 S 点的微分变化为

$$\mathrm{d}B=\frac{\partial B}{\partial x}\mathrm{d}x+\frac{\partial B}{\partial y}\mathrm{d}y+\frac{\partial B}{\partial z}\mathrm{d}z=\left[\frac{\partial B}{\partial x}\boldsymbol{x}+\frac{\partial B}{\partial y}\boldsymbol{y}+\frac{\partial B}{\partial z}\boldsymbol{z}\right]\mathrm{d}\boldsymbol{l} \tag{7-35}$$

式中　$\boldsymbol{x}$，$\boldsymbol{y}$，$\boldsymbol{z}$——X、Y 和 Z 方向的单位向量。

由此，磁场在 $\boldsymbol{l}$ 方向上的变化率即可表示为

$$\frac{\mathrm{d}B}{\mathrm{d}l}=\left[\frac{\partial B}{\partial x}\boldsymbol{x}+\frac{\partial B}{\partial y}\boldsymbol{y}+\frac{\partial B}{\partial z}\boldsymbol{z}\right]\frac{\mathrm{d}\boldsymbol{l}}{\mathrm{d}l} \tag{7-36}$$

令 $\boldsymbol{a}_l = \frac{\mathrm{d}\boldsymbol{l}}{\mathrm{d}l}$ 是从 P 点到 S 点在 $\boldsymbol{l}$ 方向上的单位矢量，$\frac{\partial B}{\partial x}\boldsymbol{x} + \frac{\partial B}{\partial y}\boldsymbol{y} + \frac{\partial B}{\partial z}\boldsymbol{z} = N \bullet \boldsymbol{a}_n$，则磁场变化率可表示为

$$\frac{\mathrm{d}B}{\mathrm{d}l} = N\boldsymbol{a}_n \bullet \boldsymbol{a}_l \tag{7-37}$$

在经过 P 点的等磁面上，磁场强度值是固定的常数 B，同样存在一个点 S，在经过 S 点的等磁面上的磁场强度为固定常数 $B + \mathrm{d}B$，为使比值 $\mathrm{d}B / \mathrm{d}l$ 达到最大，则从 P 点到 S 点的距离 $\mathrm{d}l$ 必须最小，即当 $\boldsymbol{a}_l$ 与 $\boldsymbol{a}_n$ 共线时，磁场变化率达到最大，即

$$\frac{\mathrm{d}B}{\mathrm{d}l}\bigg|_{\max} = N \tag{7-38}$$

则标函数 $B(x,y,z)$ 的微分用梯度可表示为

$$\frac{\mathrm{d}B}{\mathrm{d}l} = \nabla B \bullet \boldsymbol{a}_l \tag{7-39}$$

式中，$\nabla B = \frac{\partial B}{\partial x}\boldsymbol{x} + \frac{\partial B}{\partial y}\boldsymbol{y} + \frac{\partial B}{\partial z}\boldsymbol{z}$。

通过磁场梯度的测量，可根据梯度值的大小表示磁场在单位距离变化范围内磁场的最大变化率，从而可根据磁场变化率的大小来判断弹体与铁磁目标（坦克）的距离。

由于在实际测量中，GMI 磁探测器测量的三轴磁场分量与地磁场三轴分量不可能完全重合，且传感器安装在弹体上，在运动过程中三轴的探测方向会时刻变化，故为了能更精确地利用磁场梯度的方法探测弹体与目标之间的距离，运用基于总磁场梯度变化的方法对运动位置进行分析，以便更好地进行目标探测与识别。

在本书 6.3 节中，通过两个 GMI 磁探测器对目标相对速度的测量可得到弹体的速度 V，而传感器的采样频率为 f，则相邻两个采样点之间的距离 $\Delta l = V / f$。为了提高探测精确度，一般采样频率相对较高，则此时相邻采样点之间的距离 Δl 非常小。为了方便总磁场梯度的计算，可以近似估算 $\Delta l \approx \Delta x \approx \Delta y \approx \Delta z$，则实际测量磁场强度随空间距离的变化率可计算为

$$\frac{\mathrm{d}B}{\mathrm{d}l} = \nabla B \bullet \boldsymbol{a}_l \approx \frac{\partial B}{\partial \boldsymbol{l}} \bullet \boldsymbol{a}_l \approx \frac{\Delta B}{\Delta l} = \frac{B_Q - B_P}{V / f} \tag{7-40}$$

式中，$B = \sqrt{B_x^2 + B_y^2 + B_z^2}$。

在实际测量中，磁场变化率与通过磁场梯度计算的磁场变化率进行比对可推算出弹体与目标的距离，为目标精确探测提供可靠依据。

本章以检测识别战场铁磁目标为背景，故对以坦克为代表的目标体进行了目标特性分析与测试，对象选择为铁磁量相对较小的 T69 式坦克。测试实验通过探测器静态和动态两种不同的测试方式测量，通过实验结果比对证明测试结果的正确性，同时对

两种典型的攻击角度进行测量，验证其识别方法的正确性和可靠性。图 7–14 所示为探测器静态测量坦克磁场图。

图 7–14　探测器静态测量坦克磁场图

1）坦克正前方向静态测量实验

该实验首先在坦克正前方（0°）测量，自坦克前甲板前沿位置开始测量，在坦克前行方向上每隔 0.5 m 处进行一次测量记录，直到距离坦克前端 9 m 远处，共取 19 个位置点进行总磁场测量，依结果绘制出曲线，如图 7–15 所示。由该图可以看出，在坦克前端附近的磁场强度最大（达到峰值），随着距离的增大，磁场强度呈明显下降趋势，直到距离坦克前端 4 m 处，下降趋势变缓。随着距离的不断增加，磁场的变化率降低，到 6 m 处仍然可以看出磁场变化的趋势。此后随着距离的进一步增大，磁场强度呈缓慢下降状态，直到 9 m 处附近，坦克的磁场值很小，9 m 以外的磁场强度逐渐趋近于地磁场大小。本实验实测 8 m 处对应值为 53 370 nT，6 m 处对应值为 55 230 nT，二者相差 1 860 nT，随着距离的不断接近，相同距离内的磁场强度变化越大，相对梯度的变化率也越大，从而提高了基于目标磁场变化梯度判断的可靠性。

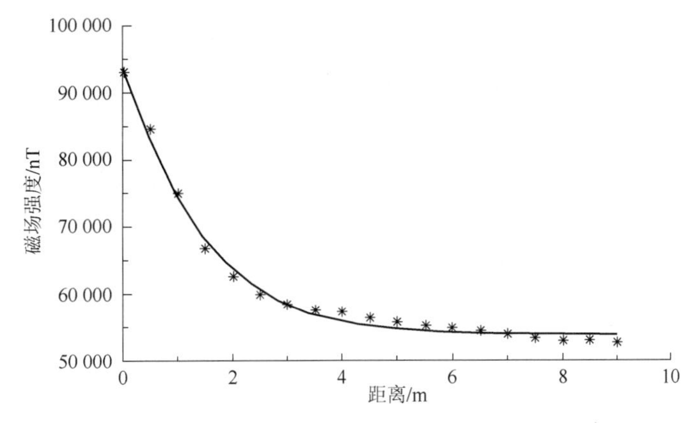

图 7–15　坦克正前方向静态测量曲线

2）坦克侧面方向静态测量实验

实验方法与“1）坦克正前方向静态测量实验”相同，只是探测器在坦克侧面（90°）方向进行测量，测量起始点为坦克履带外侧，绘制出的磁场变化曲线如图 7–16 所示。由该图可见，随着探测器与坦克侧面距离的不断增大，磁场呈衰减趋势，在距离坦克 3 m 范围内的衰减率最大，在 3～7 m 范围内的衰减趋势相对变缓，随着距离的增加，磁场的变化率呈现一定的下降趋势。此后随着距离的增加，探测曲线变化接近平稳，9 m 后趋向地磁场值。本实验实测 8 m 处对应值为 54 450 nT，6 m 处对应值为 56 160 nT，二者相差 1 710 nT，同样磁场强度的变化值会随着距离的接近而不断变大。

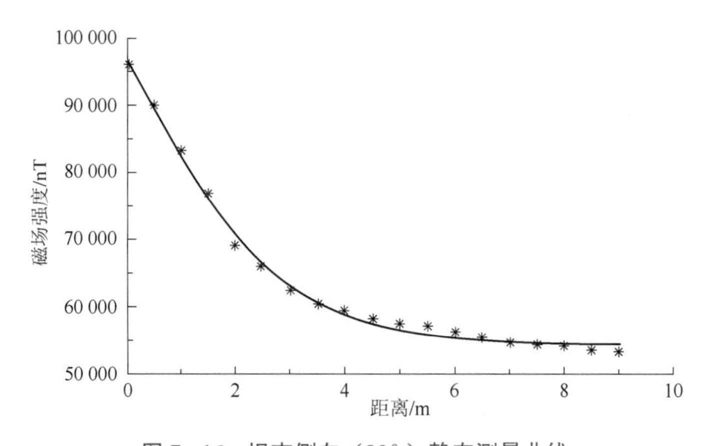

图 7–16 坦克侧向（90°）静态测量曲线

为了验证探测器的动态特性，模拟弹丸的空中飞行轨迹搭建实验平台，使探测器的运行轨迹与弹丸的飞行轨迹相同，进行低速动态模拟，模拟实验如图 7–17 所示。

图 7–17 探测器低速动态模拟实验

3）坦克正前方向动态测量实验

首先对坦克正前方进行测量，自探测器在距坦克前端 9 m 处开始沿坦克正前方向的反方向以固定速度到达坦克前端，存储电路实时记录输出信号，其测量曲线如图 7-18 所示。图中的峰值点为探测器到达坦克顶端时的测量值，探测器与坦克的距离随着采样数的不断增大以匀速减小，直至到达坦克顶端。由该图曲线可以看出，随着距离的不断减小，坦克磁场越来越大。在 9 m 时磁场很弱，磁场变化曲线与静态测量基本一致（见图 7-17），因而可以证明探测器的动态特性良好，能保证对坦克等目标的动静态测量的一致性。

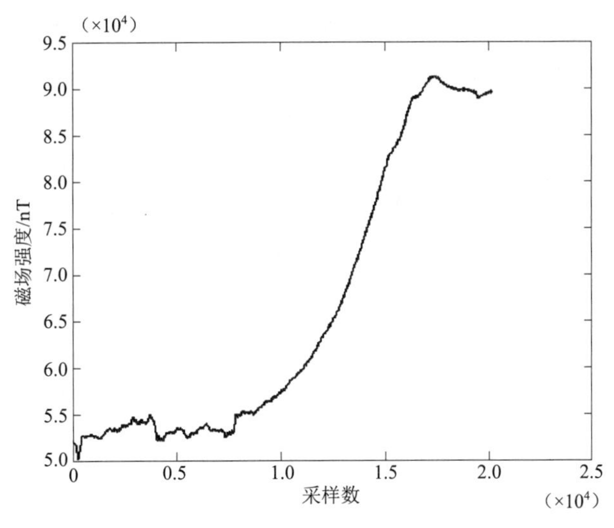

图 7-18　坦克正前方向（0°）动态测量曲线

由图 7-18 可以看出，随着探测器与坦克的不断接近，磁场强度越来越大，且磁场强度的变化趋势也随距离的不断接近而呈现出明显的增大，即磁场变化率随距离的减小而增大。根据磁场强度随空间距离的变化率表达式可求出动态测量过程中磁场梯度变化曲线，如图 7-19 所示，图中曲线每一点值为相邻两采样距离内的磁场梯度值。由

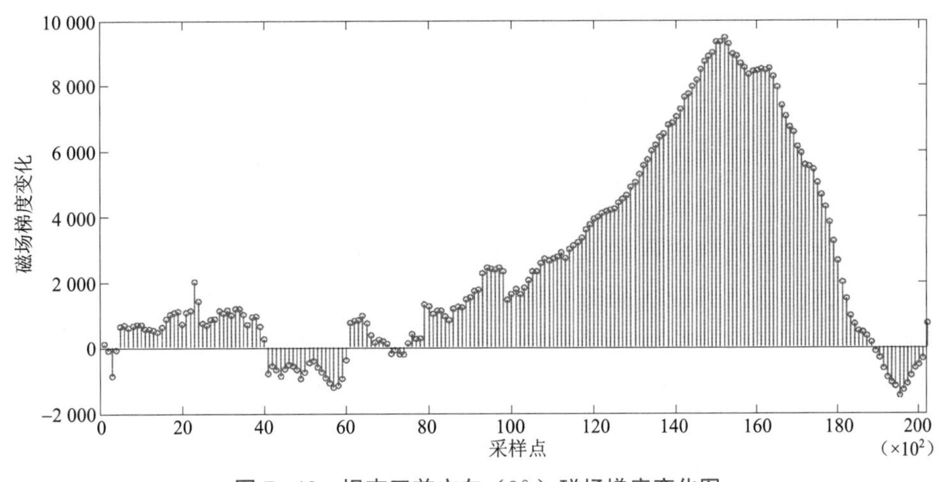

图 7-19　坦克正前方向（0°）磁场梯度变化图

图 7－19 可以看出，在探测器距离坦克较远处，磁场基本上维持在一个小的范围内变化，随着距离的增近，磁场变化率逐渐增加，即磁场强度呈现增大趋势，且增加的幅度随着距离的减小而不断增大。通过该磁场的变化率可以求得磁场变化量与距离的关系，同时对比坦克磁场梯度的变化，可以预判出弹丸与目标的距离，从而实现对目标的精确探测。

4）坦克侧面方向动态测量实验

对坦克侧面（90°）方向进行测量，在距离坦克侧面 9 m 远处，探测器以一定的速度到达至坦克履带外侧处，所测曲线如图 7－20 所示。由该图可以看出，在距离坦克较远时的磁场低，随着探测器与坦克距离的不断减小，磁场强度明显变大，在距离坦克侧面处达到最大峰值，且磁场变化率随距离的减小呈现上升趋势，距离坦克越近，磁场变化率越大。由此可见，该探测器可完全满足坦克的动态测量。对比动态与静态测量曲线可以看出，在相同距离处，无论动态还是静态，磁场的测量值基本相同，且整个曲线的变化量呈现一致性，证明了探测器动态和静态测量的准确性，不仅可以对静态目标进行准确测量，同时可以满足坦克动态测量。

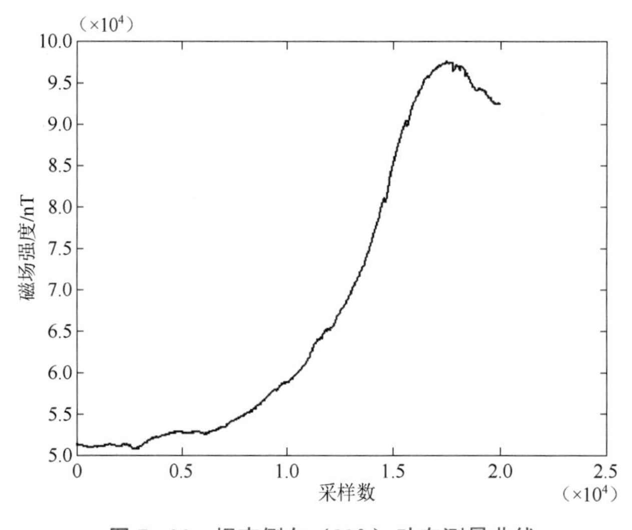

图 7－20　坦克侧向（90°）动态测量曲线

图 7－21 所示为侧向动态测量的磁场梯度变化曲线，其变化趋势与正向动态测量时基本相近，均为随着与坦克距离的不断接近，磁场变化率越来越大。由该图可以看出，在探测器距离坦克较远处，磁场维持在一个小的范围内变化，随着距离的增近，磁场变化率逐渐增加，即磁场呈现增大趋势，且增加的幅度随着距离减小而不断增大。通过该磁场变化率可以求得磁场变化量与距离的关系，同时对比坦克磁场梯度的变化，可以预判出弹丸与目标的距离，从而实现对目标的精确探测。

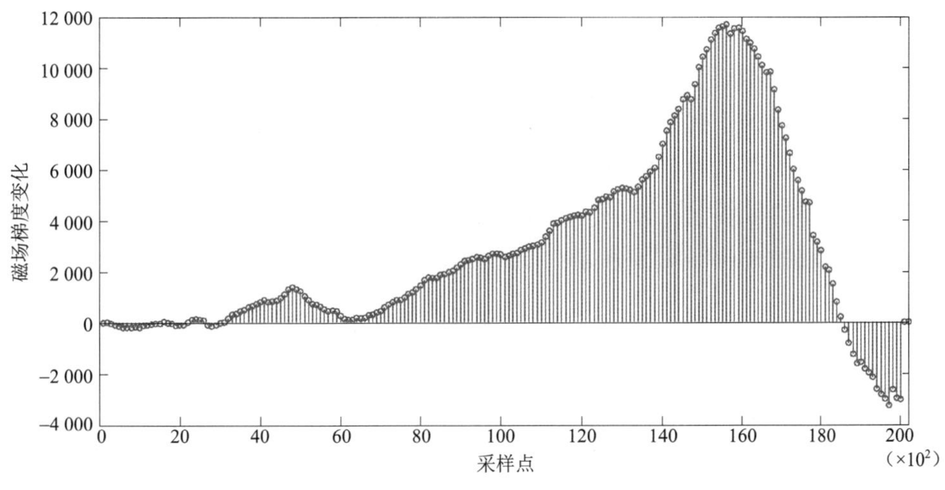

图 7－21　坦克侧向（90°）磁场梯度变化图

3. 坦克磁场变化频率的提取

坦克通过特性是指坦克在行驶过程中通过某一位置时磁场强度的变化特性，通常用磁场的变化频率来表示。坦克磁场的变化频率主要与坦克的行驶速度有关，在沿坦克纵向磁场分析时，坦克磁场的垂直分量呈现出一个或两个正弦波的变化趋势，坦克磁场的变化率可表示为

$$f_{\mathrm{T}} = \frac{VF}{L_1} \tag{7-41}$$

式中　f_{T}——坦克磁场的变化频率，Hz；

V——坦克的行驶速度，m/s；

F——坦克磁场垂直分量正弦波的个数；

L_1——坦克车体的纵向长度，m。

坦克的动态特性 $\partial H_z / \partial t$ 与磁场的纵向特性完全相同，纵向特性 $\partial H_z / \partial x$ 一般具有一个或两个正负交替的正弦磁场变化曲线，即呈现两个峰值，所以计算坦克磁场变化率时，坦克磁场垂直分量正弦波的个数取值为 2。

坦克行驶速度一般在 6～80 km/h 范围内变化，即在 1.7～22.2 m/s 内变化，若坦克车体长度为 8 m，则坦克磁场的变化率为 0.4～5.6 Hz，该磁场变化频率是在探测器相对静止、坦克行驶的情况下计算得到的。当探测器安装在高速弹体上进行测量时，此时的速度应为坦克与弹体的相对速度。一般弹速在 200～1 500 m/s 范围内变化，则相对速度的最大值为坦克与弹体在同一方向直线上相向运动，此时的最大相对速度为 1 522.2 m/s，相对速度的最小值为弹尾追坦克状态，此时的最小相对速度为 177.8 m/s，按照式（7－41）的计算方法，坦克磁场的变化率范围为 44.5～380.6 Hz。所以，在目标探测过程中，可以将坦克磁场的变化频率范围作为一项判断依据对目标进行识别。

4. 磁场干扰量的提取

随着磁探测技术的不断发展，主动磁场干扰技术应运而生。坦克为了加强防护，通过设立目标磁场的干扰线圈等装置来产生干扰磁场，通过使磁引信误启动的方法来加强防护，目前美、俄等已经推出大功率直流线圈等作为干扰源模拟目标磁场，但是它们的变化一般比较缓慢，磁场三分量具有相似的时间变化规律。识别人工干扰源的特征量提取方法如式（7−42）所示：

$$D=\sqrt{\frac{1}{l_{\mathrm{m}}}\int_0^{l_{\mathrm{m}}}(\mathrm{d}y/\mathrm{d}t)\mathrm{d}t} \tag{7-42}$$

式中 l_{m}——磁场波形宽度；

$y=|H_z|/\sqrt{H_x^2+H_y^2+H_z^2}$；

H_x，H_y，H_z——磁场三分量值。

大量实验数据表明，自然干扰和人工电磁线圈干扰场特征量 $D<0.01$，本章以 D 为特征量识别干扰磁场。

7.2.3 引信目标识别特征量的处理

根据目标特性，本节要提取的目标识别特征量有以下几个。

（1）C_1：目标磁场幅度提取，$B_{\min}$ 为目标探测距离内的磁场强度最小值，$B_{\max}$ 为目标总磁场强度的最大值，一般出现在坦克炮塔及车尾部位。

（2）C_2：目标磁场梯度 ∇B。

（3）C_3：坦克磁场变化频率 f_{T}。

（4）C_4：磁场干扰特征量 D。

对于以坦克作为磁探测目标而言，其磁场的特征空间为

$$\Omega=\{C_1,C_2,C_3,C_4\}=\{B_{\min},B_{\max},\nabla B,f_{\mathrm{T}},D,y\}$$

空间特征量按上述 4 类进行分类决策，并根据分类进行 4 级判别，其过程如下。

第一级，利用特征量 C_1 判断是否为目标磁场的作用范围，如果是则进行下一级判断，否则不是坦克目标磁场。

第二级，利用特征量 C_4 判别是目标还是非目标（非目标指人为干扰源或自然干扰源），如果计算干扰量不小于 0.01，则认为测量磁场非人为干扰源或为自然干扰等，进入下一级判别，若干扰量小于 0.01，则认为探测磁场为干扰磁场，而非坦克磁场。

第三级，利用特征量 C_3 判断目标是否符合坦克磁场频率变化特征，若频率变化满足坦克磁场变化频率，则进行第 4 级判断，否则为非坦克目标。

第四级，利用特征量 C_2 判断弹丸与目标的距离，按照坦克磁场周围磁场分布建立的梯度模型进行匹配，若检测磁场梯度满足提前设定的梯度模型值，则证明目标进入

打击范围内，否则在打击范围外。

根据上述分析，本章按照二叉树分类器设计思想，对目标进行快速识别。二叉树是一种快速、简单、实用的树分类器，其除了叶节点以外，树的其他节点仅有两个分支。二叉树是一个将多类别复杂问题变换成多级别、多个两类别问题的数据结构，它是在每个节点上，把样本分为左右两个子集，同时每个子集又可分为两个样本，直到最后得到同一类别样本或某一类样本占绝对优势为止。二叉树方法突出的优点是化繁为简，大大减少了决策的计算量，在降低识别代价的同时提高了正确识别率，且设计方法灵活。本章通过二叉树分类设计，结合反坦克弹磁引信工作环境特点及实时性的要求，建立坦克目标识别准则。

根据分类决策设计二叉树分类器结构如图 7–22 所示。

由该图可以看出，t_1～t_6 为叶节点，λ_{ij} 为决策代价，n_1 为根节点，n_2～n_5 为非终止节点，判别顺序是从根节点 n_1 开始，按上述分析规则顺序进行非终止节点判别，最后完成对目标的识别。对于一个测量样本，只需从根节点到叶节点按顺序将样本特征量测量值与阈值进行比较，作出决策，把样本分到相应的分支，最终即可有效实现对目标的探测与识别。

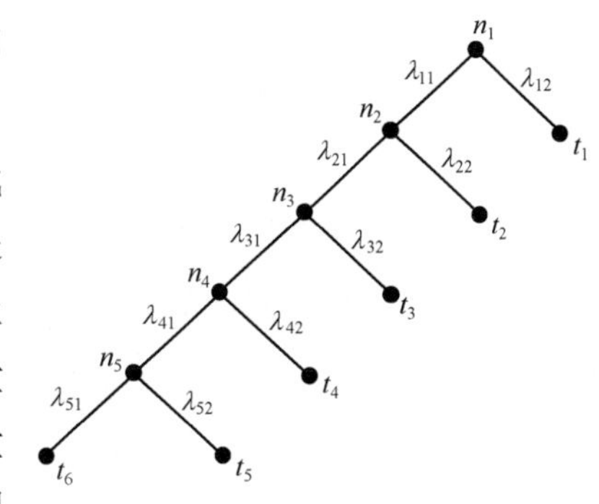

图 7–22　二叉树分类器结构

7.3　对坦克目标的动态打靶试验验证

为检验在野外靶场条件下，GMI 磁引信探测器原理样机在弹速超过 200 m/s 条件下对坦克的动态作用距离，我们在某特种工业集团有限公司所属的某兵器试验靶场进行了该磁引信探测器对坦克目标的动态响应试验，亦即借助火箭撬进行针对坦克目标的轨道射击试验。火箭撬靶试场景如图 7–23 所示。

1. 试验器材

磁引信探测器 3 个；AFT–11 导弹弹体 3 发；火箭撬发动机 3 套；弹架 3 个；起爆发火部件 3 套；T69 式 105 mm 坦克 1 辆；高速摄影设备、测速仪、示波器等。

2. 试验环境

靶场环境下除火箭撬轨道、被测坦克目标外，轨道两侧 50 m 内无铁磁物质。

3. 试验方法

将被测坦克目标放置在火箭撬轨道一侧，坦克纵向与轨道平行，坦克前端面向火

(a) (b)

(c) (d)

图 7-23 火箭撬靶试场景

(a) 装有 GMI 磁引信原理样机的 AFT-11 导弹；(b) 弹与坦克目标交会前；
(c) 火箭撬轨道及全靶试场景；(d) 待发的火箭撬与导弹

箭撬起点方向，坦克履带外侧距离两轨道中心（弹轴）6.5 m。高速摄影机放置在与坦克相对的轨道另一侧，距轨道 56 m。将装有被测试磁引信探测器的 AFT-11 导弹固定于火箭撬推动的弹架上，专用点火药包与探测器执行级相连。电路稳定后点火，高速摄影机记录弹道飞行状态及药包发火状况。

4. 靶试结果

动态作用距离测试记录如表 7-1 所示。

表 7-1 动态作用距离测试记录

样机序号	实测弹速/ ($m \cdot s^{-1}$)	药包点火情况	备注（点火距离以坦克履带前端垂直轨道对应点为参考零点）
1	5	正常点火	人工拉动弹架，药包点火点于履带前约 0.5 m
2	215.5	正常点火	火箭推动弹架，药包点火点约 -2 m
3	223.7	正常点火	火箭推动弹架，药包点火点约 1.8 m

5. 试验结论

由表 7-1 测试数据计算可得结论：在导弹速度大于 200 m/s 的情况下，对坦克动态作用距离大于 6.5 m，设计指标达到。图 7-24 所示为高速摄影记录的 2 号磁引信探测器遇坦克时的启动前、后状态。

（a）　　（b）

（c）　　（d）

图 7-24　高速摄影记录的 2 号磁引信探测器遇坦克时启动前、后状态

（a）弹远离坦克目标时；（b）弹接近坦克但未起爆；（c）弹在坦克附近起爆并点燃药包；（d）起爆后

第8章　TMR磁探测技术与探测系统电路设计

本章提要　近年来随着微加工、微集成技术的飞速发展，磁隧道结的TMR（tunnel magneto-resistance，隧道磁电阻）效应得到了显著提高，使得TMR传感器综合性能一举超越HALL（霍尔效应）、AMR（各向异性磁阻效应）、GMR（巨磁阻效应）及GMI（巨磁阻抗效应）数种探测体制，成为弱磁场探测领域的佼佼者。TMR新型磁传感器技术的发展，也必然推动新型磁引信技术的发展。作者团队率先将TMR磁传感器应用于引信领域并取得了突破，使得基于某反坦克导弹应用背景的首个TMR磁引信原理样机应运而生，开创了又一个磁引信探测的新体制。本章在阐述TMR磁探测技术发展基础上，着重进行TMR磁引信探测机理分析，并基于隧道磁电阻效应对引信探测器电路进行设计。为了获得TMR引信探测器的高分辨率、高灵敏度等性能，本章通过对TMR探测器的各电路组成部分进行分析以获得最优的参数选择。首先对TMR探测器进行总体框架设计与分析，确定电路的组成部分，然后对各部分进行具体设计和参数优化，最终实现高灵敏度的TMR探测器，最后对探测器进行测试，检测探测器的灵敏度、线性度等性能。

现代信息化战争对引信等武器系统的智能化、精确化、小型化、抗干扰能力与实时性等提出了更新的要求。新型基于TMR的磁传感器代表着当今世界上最新一代磁传感器技术，前几代分别为HALL（霍尔效应）、AMR（各向异性磁阻效应）、GMR（巨磁阻效应）、GMI（巨磁阻抗效应）磁传感器。与前四代技术相比，TMR传感器具有以下优点：频响高、磁场分辨率及灵敏度高、动态范围宽、功耗低、工作温度范围宽、体积小、抗干扰能力强、环境适应性好等。TMR元件具有很高的磁敏感度，由于TMR磁性隧道结的两铁磁层间基本不存在层间耦合，故只要存在一个很弱的外磁场即可实现铁磁层磁化方向的改变，引起隧道磁电阻的巨大变化。因此，该元件用于导航、制导及引信等武器系统可显著提高其探测灵敏度和定距精度，这不仅能提高其目标探测能力，且更利于其抵御弹道上的各种有源和无源干扰。目前TMR芯片尺寸可小至0.5 mm×0.5 mm，这十分有利于该类武器系统的微小型化。

1975年，Julliere首先报道在“铁磁体/绝缘体/铁磁体”结构的磁性隧道结Fe/Ge/Co中发现了TMR效应。由于过去受加工手段制约，该类传感器的性能及体积优势并不突出。近年来随着微加工、微集成技术的飞速发展，通过提高界面的平整度及材料纯度、减小中间绝缘层厚度、增加隧道过程的相干性，显著提高了磁隧道结的TMR效应，使得TMR传感器综合性能一举超越HALL、AMR、GMR及GMI几种体制，成为弱磁场探测领域的佼佼者。典型的磁隧道结是“三明治”结构，即由上下两个铁磁电极以及中间厚度为1 nm量级的绝缘势垒层构成。当外加磁场使两铁磁电极的磁矩由平行态向反平行态翻转时，隧穿电阻会发生由低电阻态向高电阻态的速变。它可以直接集于集成电路，制成灵敏度高、响应速度快（20 MHz）、磁滞小（0.1%）、温度稳定性高（−55～150 ℃）、功耗低（0.001～0.01 mW）的微型TMR磁传感器。导弹的三维地磁匹配制导系统、磁近炸引信、可攻顶反坦克导弹复合引信等现代武器装备系统，都需要灵敏度高、响应速度快、温度稳定性好、功耗低、可微型化等优点的微磁传感与探测技术。因此，将TMR传感器应用于引信、制导等系统，不仅可提高上述武器系统的目标探测能力、抗有源干扰能力及作用可靠性，而且对导航、制导及引信领域摆脱对GPS、伽利略等系统的依赖均具有重要战略意义。

此外，坦克、装甲车、潜艇、舰船、鱼雷等陆地或海洋战场上的主战武器都属于铁磁物质，在现代战争中起着举足轻重的作用。因此，隧道磁电阻体制磁物理场探测技术无论是在导航、制导还是在引信领域均具有广阔的应用前景。

20世纪70年代初，Tedrow等利用“超导体/非磁绝缘体/铁磁金属”隧道结验证了隧道贯穿电流的自旋极化特性，并测量了Fe、Co和Ni在输运过程中的自旋极化电流。1975年，Slonczewski提出以铁磁金属取代超导体，当两铁磁层磁化方向平行或反平行时，FM/I/FM隧道结将具有不同的电阻值。随后，Julliere在Fe/Ge/Co隧道结中观察到了这一现象。这种因外磁场改变隧道结铁磁层的磁化状态而导致其电阻发生变化的现象，称为隧道磁电阻效应，即两铁磁层在外加磁场下发生磁化现象。该现象是当两铁磁层磁化方向平行时，磁性隧道结呈现低阻态；当两铁磁层磁化方向反向平行时，磁性隧道结呈现高阻态。但是，这一发现当时并没有引起人们的重视。在这之后的十几年内，TMR的研究进展十分缓慢。1988年，巴西学者Baibich在Fe/Cr多层膜中发现了巨磁电阻（GMR）效应，随着GMR效应研究的深入以及快速发展，TMR开始引起人们的重视。人们发现尽管金属多层膜可以产生很高的GMR值，但强的反铁磁耦合效应导致饱和场很高、磁场灵敏度很小，从而限制了GMR的实际应用。MTJs（磁隧道结）中两铁磁层间不存在或基本不存在层间耦合，只需要一个很小的外磁场即可将其中一个铁磁层的磁化方向反向，从而实现隧穿电阻的巨大变化，故MTJs较金属多层膜具有高得多的磁场灵敏度。同时，在“铁磁层/非磁绝缘层/铁磁层”类磁隧道结中，其TMR变化率（变化比值）可以达到400%，且其能耗小、性能稳定。因此，MTJs无论是作为读出磁头、各类传感器，还是作为磁随机存储器（MRAM），都具有无与伦比的优点，其应用前景十分广阔，引起了全球磁探测领域的高度重视。在此背景下，基于磁隧道结的磁阻抗效应进行微型磁传感器的研究十分活跃。

如何在室温下得到高的 TMR 变化率一直是人们研究的重点。1975 年，Julliere 在 Fe/Ge/Co 隧道结低温下的磁电阻变化率达到14%，但在室温下却很小。1995 年，Miyazaki 小组在 Fe/$A1_2O_3$/Fe 隧道结中发现在室温和几毫特的磁场下 TMR 变化率高达 15.6%，低温下更高，约为 23%。1995 年，Moodera 等采用真空蒸发低温沉积技术制备 CoFe/$A1_2O_3$/ CoFe 平面隧道结，室温时的 TMR 变化率可达 18%。自 1995 年发现室温隧道磁电阻以来，非晶势垒的 AlO_x 磁性隧道结在磁性随机存储器和磁硬盘磁读头中得到了广泛应用，2007 年，室温下其 TMR 变化率可达到 80%。之后的下一代高速、低功耗、高性能的自旋电子学器件的发展，迫切需要更高的室温 TMR 变化率和新型的调制结构。2001 年，通过第一性原理计算发现：由于 MgO（001）势垒对不同对称性的自旋极化电子具有自旋过滤（spin filter）效应，单晶外延的 Fe（001）/MgO（001）/Fe（001）磁性隧道结的 TMR 变化率可超过 100%，随后 2004 年在室温下单晶或多晶的 MgO 磁隧道结中获得了约 200%的 TMR 变化率，2008 年更是在自旋阀结构 CoFeB/MgO/CoFeB 磁隧道结中获得高达 604%的室温 TMR 变化率。伴随着新势垒材料的不断发现和各种磁性隧道结结构的优化，磁隧道结性能得到了进一步提升，这为制作更高灵敏度的微磁传感器创造了条件。目前国外已研制出该体制的电流传感器、开关传感器、罗盘传感器等，主要反映在民用方面，包括工业控制、生物医疗、消费电子、汽车等领域。近几年来，我国 TMR 传感器制造技术发展迅速，江苏多维科技有限公司研发的隧道磁电阻芯片一举打破了国外的技术垄断，研发出国际领先水平的纳米磁性多层膜结构，造出了拥有自主知识产权的磁传感器芯片，为 TMR 磁引信研究创造了有利条件。

同样，TMR 新型磁传感器技术的发展，也必然推动新型磁引信技术发展。笔者所带领的北京理工大学团队依托国家自然基金、总装预研基金等项目支持，率先将 TMR 磁传感器应用于引信领域并取得突破，使得基于某反坦克导弹应用背景的首个 TMR 磁引信原理样机应运而生，开创了又一个磁引信探测的新体制。

8.1 TMR 效应

传统金属导电是基于自由电子电荷运输以及杂质等散射的原理，其电子的自旋是简并的，并不存在净的自发磁矩，而费米面附近的态密度对于自旋向上和自旋向下也是完全一样的。相反地，对于铁磁金属而言，其电子的输运与电子自旋相关联，这两个几乎是完全独立的电子导电通道相互并联，替铁磁金属完成输送电子的功能。

8.1.1 隧穿效应

隧道磁电阻效应产生机理源于电子自旋相关的隧穿效应。隧穿效应又称隧道效应，顾名思义就是电子等微观粒子能够穿过它们本来无法通过的“墙壁”的现象。在量子力学里，量子隧穿效应是一种量子特性。在两块金属之间夹一层厚度约为 0.1 nm 的极薄绝缘层，构成一个称为“结”的元件。设电子开始处在左边的金属中，可认为电子是自由的，在金属中的势能为零。由于电子不易通过绝缘层，因此绝缘层就像一个壁垒，称为势垒，如图 8－1 所示。两种不同的材料或是相同的材料中间存在一个势垒层时就组成了基本的隧道结。

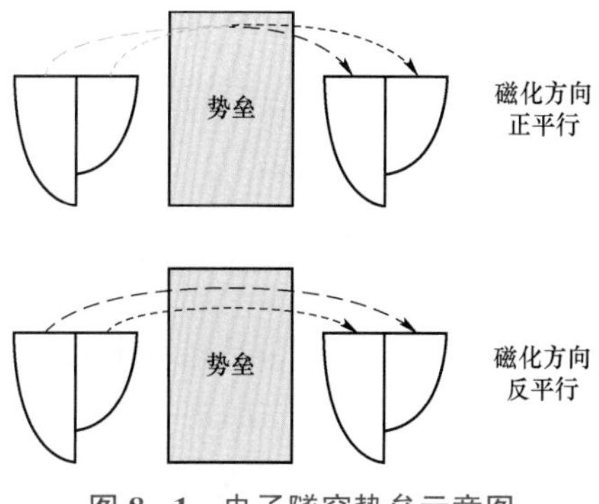

图 8－1　电子隧穿势垒示意图

隧穿现象基于量子粒子的波动性，它无法用经典力学的观点来解释，因为在经典力学中，电子是不可能通过绝缘层的。构成隧道结的材料可以是金属，也可以是半导体或者超导体，因此隧穿现象种类多样，且在实际中有十分重要的应用。

8.1.2　TMR 效应分析

TMR 效应本质上是一种关于自旋极化运输过程的现象。TMR 以磁隧道结作为敏感元件，主要是因为磁隧道结中两铁磁层间不存在或基本不存在层间耦合。对于 TMR 来说，只需要一个很小的外磁场即可将其中一个铁磁层的磁化方向反向，从而实现隧穿电阻的巨大变化。

在磁隧道阀中，磁场克服两铁磁层的矫顽力就可以使它们的磁化方向转到磁场方向而趋一致，这时隧道电阻为极小值；如果磁场减少至负，矫顽力小的铁磁层的磁化方向首先反转，两铁磁层的磁场方向相反，此时隧道电阻为极大值。由此可知，TMR 的磁场灵敏度非常高，且具有非常低的饱和磁场以及较高的磁电阻灵敏度，这也是其他磁阻传感器所不能达到的。TMR 效应原理如图 8－2 所示，若两层磁化方向相互平行，则在一个磁性层中，多数自旋子带的电子将进入另一磁性层中多数自旋子带的空态，少数自旋子带的电子也将进入另一磁性层中少数自旋子带的空态，使总的隧穿电流较大；若两磁性层的磁化方向反向平行，情况则刚好相反，即在一个磁性层中，多数自旋子带的电子将进入另一磁性层中少数自旋子带的空态，而少数自旋子带的电子也将进入另一磁性层中多数自旋子带的空态，这种状态的隧穿电流比较小。因此，隧穿电导随着

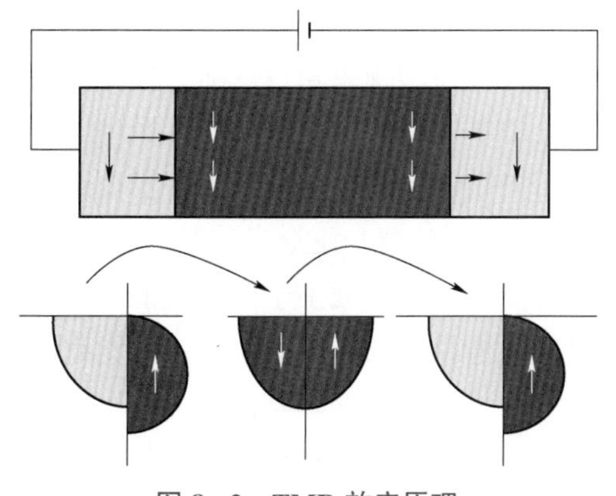

图 8－2　TMR 效应原理

两铁磁层磁化方向的改变而变化，磁化矢量平行时的电导高于反向平行时的电导。通过施加外磁场可以改变两铁磁层的磁化方向，使得隧穿电阻发生变化，从而导致 TMR 效应的产生。

8.1.3 TMR 材料

早期人们利用非晶态氧化铝 AlO_x 作为隧道势垒，此种材料拥有高自旋极化率的铁磁电极，室温环境下即可获得 70%左右的 TMR 值。实验研究发现，采用 MgO 绝缘层的磁隧道结在室温下也具有较为客观的隧道磁电阻。另外，通过效应理论计算，研究人员发现，若采用类似于 NaCl 结构的 $MgCl_2$ 作为隧道势垒，很有可能获得巨大的 TMR 变化率，这源于 $MgCl_2$ 自身的自旋过滤效应。而实际结果会与理论计算结果有一定的偏差。在磁控溅射系统中，Sakuraba 等制备出了 $Co_2MnSi/Al\text{-}O/Co_2MnS$，可得到极高的 TMR 变化率，约为 580%，这是利用非晶态氧化铝 AlO_x 作为势垒的最高值，但其实现温度为低温 4 K，不具有太大的应用价值。

近些年来，研究发现以分子束外延法，得出采用单晶 CoFe/MgO/CoFe 等材料作为隧道结获得了室温下高达 180%的 TMR 变化率。以 MgO 作为隧道势垒，而铁磁电极采用多晶 CoFe，可得到 220%的 TMR 变化率。

8.2 TMR 磁传感器

8.2.1 磁传感器研究现状

传感器技术近些年来发展迅猛，作为当代科学技术发展的重要标志，它与通信技术、计算机技术构成了现代社会主要的信息产业。传感器的种类繁多，随着信息产业与电力电子、交通运输、办公自动化及医疗器械等技术领域的飞速发展，以及电子计算机的更新换代，对各种电子设备的性能要求不断提高，就需要传感器能将需要进行感知测量的非电参量转换成与计算机兼容的信号，而磁传感器就是众多传感器的一种，极大地满足了上述要求，这就给磁传感器提供了诸多机会，形成了十分可观的发展前景。磁传感器是基于磁物理场工作的传感器，根据磁性材料的磁阻效应制成，它将感知到的与磁现象相关的物理量转变为电信号进行检测，间接地探测到磁场的大小、方位等物理信息。其磁化方向取决于材料的易磁化轴、材料的形状和磁化方向的夹角。近年来，磁传感器正处于传统型向新型传感器转型的发展阶段，随着 CAD（计算机辅助设计）技术、MEMS（微机电系统）技术、信息理论及数据分析算法的发展，新型磁传感器正朝着微型化、数字化、智能化、多功能化、系统化、网络化的方向发展。其中基于磁电阻效应的传感器因其出色的高灵敏度、小体积、低功耗以及易于集成等优点正在取代传统的传感器。早先的磁传感器是伴随着测磁仪器逐步发展起来的，我们所熟识的测磁仪器的“探头”和“取样装置”就是磁传感器。目前常用的测磁方法是将磁场信号转变为电信号进行某种间接的测量。磁传感器的发展，在 20 世纪 70—80 年代形成高潮，90 年代逐步成熟和完善。1967 年，Honeywell 公司的科技人员将霍尔片元件与其信号处理电路集成到一个单芯片上，是单片集成磁传感器的先例。日本旭化成电子公司成功开发了 Insb 薄膜技术，让 Insb 元件产量大增，同时降低了成本。1975 年，强磁合金薄膜磁敏电阻首次面世，其利用的就是强磁合金薄膜中的各向异化效应。同时，该种异化效应还可以应用于磁阻磁强计、磁阻读头以及不同的二维、三维磁阻器件。这些器件性能上要求较高的灵敏度以及较高的温度稳定性这一特点使其成为弱磁场传感与检测的重要器件。

各种不同成分和比例的非晶合金材料的采用，以及其各种处理工艺的引入给磁传感器的研制注入了新的活力，已研制和生产出了双芯多谐振荡桥磁传感器、非晶力矩传感器、压力传感器、热磁传感器、非晶大巴克豪森效应磁传感器等。非晶合金具有较高的磁导率，并可做成细丝，利用这些特性可将它们应用于磁通门等器件中，进而取代坡莫合金芯，以改善器件的性能。

之后在研究非晶材料和纳米晶丝材料中，相继发现了巨磁感应效应（giant magneto inductive effect）和巨磁阻抗效应（giant magneto impedance effect），相比巨磁电阻效应，其响应灵敏度要提高一个量级，做成磁头，则成为高密度磁盘读头的有力竞争者。就目前主流的磁传感器仍然是半导体霍尔器件，但是其本身存在的灵敏度低，容易受力和温度的影响，以及响应频率低、功耗大，使其不断受到磁电阻传感器的冲击。

在国外，磁传感器被广泛地运用于各行各业、企业之间，磁传感器行业发展已渐趋于平衡稳定。在世界范围内，磁传感器芯片及其次级产品的年产值超过千亿人民币，并以 8%的年增长速率持续增长。国外的薄膜磁电阻传感器技术已趋于成熟并开始了大规模的量产。应用于硬盘磁头和磁性内存领域的 TMR 传感器代表厂商有 Seagate/WD/TDK，AMR 器件代表厂商有 HoneyWell/NEC/日本旭化成/西门子；Philips、Honeywell、Sony、IBM 等已大量生产了金属膜磁敏电阻器及集成电路；TDK、Sony、Matsushita、Toshiba 等已批量生产非晶磁头等非晶金属磁传感器；LEM、Honeywell、F.W.Bell、NaNa 等公司生产了各种用途和量程的电流、电压传感器和其他类型的磁传感器组件，这些磁传感器都已得到了广泛应用。纳米薄膜以及纳米级电子元器件生产设备、生产工艺与技术以及芯片的设计在很大程度上影响着 TMR 磁传感器芯片的研发与生产。目前 TMR 核心技术很大一部分都掌握在国外硬盘制造企业的手中，作为国内的一些磁传感器制造企业，除少数企业（如多维公司等）外普遍缺乏 TMR 芯片制备技术。

全世界范围内可以批量生产 TMR 磁传感器芯片的，该领域较为著名的两家公司，分别是美国的 NVE 和 Micro Magnetics。我国该领域的人才极度缺乏，直到 2010 年国内才逐渐弥补这一领域的空白。在国内，江苏多维科技有限公司在这一领域遥遥领先，其创立于 2010 年，是一家致力于 TMR 传感器技术与产业发展的高科技公司，拥有多项独特的专利和最先进的制造能力，是首家 TMR 传感器批量供应商。目前其生产的 MDT 全新的三轴高性能 TMR 传感器为高端传感器应用提供了多项颇为便捷的功能。这些应用已经开始受益于 MDT 的 TMR 传感器技术的多重优势，包括电路的低噪声、低功耗和高灵敏度特性，这是其他包括各向异性磁阻（AMR）、巨磁阻（GMR）或者霍尔（HALL）效应传感技术所不能实现的。

8.2.2 磁阻效应发展历程

磁阻效应主要经历了四代发展历程：HALL、AMR、GMR、TMR。

1935 年，俄罗斯 Harrison 等在通入电流的铁磁丝中发现，在外加轴向磁场的影响下，铁磁丝的感抗会发生变化，据此磁感应效应就此诞生。1957 年，W.Thomson 在铁磁多晶体中发现了各向异性磁电阻（anisotropic magneto resistance，AMR）效应，受限于当时的技术水平，这并没有引起广泛关注。1985 年，IBM 公司利用 AMR 效应制作磁盘系统的读取磁头实现了高密度记录，AMR 具有良好的温度稳定性且制作简单，但是其灵敏度较低。

1988 年，法国 Fertility 教授工作组在 FeCr 金属多层膜中发现比 AMR 效应高得多的巨磁电阻（giant magneto resistance，GMR）效应，将霍尔元件和磁阻元件的灵敏度大大提高，巨磁电阻效应在成本、体积和功耗等方面也有优势。随着 GMR 效应研究的深入以及快速发展，日本名古屋大学的 K.Mohri 教授等在钴（Co）基软磁非晶丝材料中发现了巨磁阻抗（giant magneto-impedance，GMI）效应。

随着后期对 CoFeSiB 系列非晶丝的研究，1994 年巴西的 Machado 等提出了非晶丝中的磁电阻效应。同年，日本学者 L.V.Panina 和西班牙学者 J.Velazquez 等综合考虑该非晶结构中的电感和电阻效应，认为二者本质上具有共同的电磁学起源和相同的物理效应，并将这两种效应统一为交流阻抗随外加磁场变化的磁阻抗现象，称为磁阻抗效应（magneto-impedance，MI）。新的 GMI 传感器不仅具有传统几代传感器灵敏度高的特点，同时兼顾霍尔传感器的快速响应性，这象征着磁传感器的重要发展方向。

早在 1994 年巴西学者发现非晶丝中的磁电阻效应之前，20 世纪 70 年代初 Tedrow 等就利用“超导体/非磁绝缘体/铁磁金属”隧道结验证了隧道贯穿电流的自旋极化特性，并测量了 Fe、Co 和 Ni 在输运过程中的自旋极化电流。几年后 Slonczewski 提出以铁磁金属取代超导体，当两铁磁层磁化方向平行或反平行时，FM/I/FM 隧道结将具有不同的电阻值。随后，Julliere 在 Fe/Ge/Co 隧道结中观察到了这一现象。MTJs 中两铁磁层间不存在或基本不存在层间耦合，只需要一个很小的外磁场即可将其中一个铁磁层的磁化方向反向，从而实现隧穿电阻的巨大变化，故 MTJs 较金属多层膜具有高得多的磁场灵敏度。同时，在“铁磁层/非磁绝缘层/铁磁层”类磁隧道结中，其 TMR 变化率可以达到 400%，且其能耗小、性能稳定。因此，磁隧道结无论是作为读出磁头、各类传感器，还是作为磁随机存储器（MRAM），都具有无与伦比的优点，其应用前景十分广阔。图 8-3 所示为三种磁传感器内部结构比较。

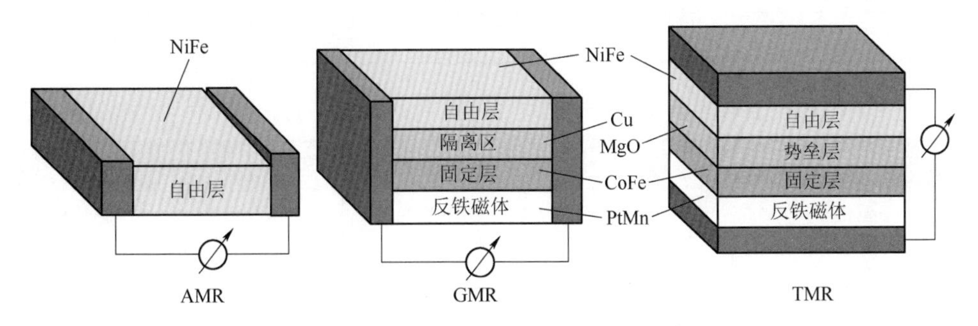

图 8-3　三种磁传感器内部结构比较

过去受加工手段制约，该类传感器的性能及体积优势并不突出。近年来随着微加工、微集成技术的飞速发展，通过提高界面的平整度及材料纯度、减小中间绝缘层厚度、增加隧道过程的相干性等措施，显著提高了磁隧道结的 TMR 效应。

综上所述，磁传感器经历了各种发展阶段。第一代传感器主要基于半导体技术，利用磁探测线圈感知磁通量方法测量磁场强弱，该传感器尺寸较大，灵敏度相对较低，分辨率约为 1 Gs；第二代磁场传感器以霍尔传感器、MR 传感器和 GMR 效应传感器为主要代表，在尺寸较小的情况下提高了磁场探测的灵敏度，其分辨率可达 0.01 Gs；第三代磁场传感器为 GMI 效应传感器和 TMR 隧道磁电阻传感器，该传感器无论在体积、功耗、灵敏度等各方面的性能都有显著提高，且其分辨率可达 0.1 mGs。三种传感器技术性能对比如表 8-1 所示。表 8-2 给出了四种磁电阻效应典型芯片的灵敏度。

表 8-1　三种传感器技术性能对比

传感器芯片	AMR	GMR	TMR
构造方式	桥式	桥式	桥式
磁电阻变化率（R/R_{min}）/%	3	15	50～300
典型信号	1.5	1.5	50～300
输出温度系数	−0.35	−0.1	−0.1
零点失调输出	±2	±64	±3

续表

传感器芯片	AMR	GMR	TMR
零点温漂系数	±2	±5	±3
磁场动态范围/（$kA \cdot m^{-1}$）	1～10	2～50	1～100
工作温度范围/℃	−40～+150	−40～+150	−40～+200
信噪比/dB	65	70	90
可集成性	易集成	易集成	易集成

表 8-2　磁电阻效应典型芯片的灵敏度对比

效应	MR	AMR	GMR	TMR
型号	KMZ52	HMC1043	SPVxx	MMFP44F
灵敏度/（$mV^{-1} \cdot V^{-1} \cdot Gs^{-1}$）	1.28	1	5.5	9

由表 8-1 可以看出，TMR 传感器具有更高的信噪比、更宽的工作温度范围等，由表 8-2 可见基于隧道磁电阻（TMR）效应的芯片灵敏度较其他三种磁阻效应更高。

8.2.3　TMR 磁传感器典型应用

随着传感器技术的日渐成熟，基于 TMR 效应的磁传感器研究工作也取得了突破性进展，TMR 传感器应用可以覆盖工业的每一个角落，市场总量上亿。其应用覆盖在不同的领域，如交通、医学、电子、信息等行业。TMR 传感器应用于电子罗盘的制作、导航仪、磁力计等；还有各类传感器，如电流传感器、电压传感器、电量传感器、温度传感器等。表 8-3 列出了 TMR 在不同领域的应用以及其产品特性。

表 8-3　TMR 传感器应用领域

产品	应用	产品特性
开关传感器	• 流量计 • 接近开关	• 超低功耗 • 超高频率响应
线性传感器	• 电流传感器 • 磁场检测 • 位置传感器	• 高灵敏度 • 低噪声 • 低磁滞
角度传感器	• 旋转编码器 • 电位计	• 大幅度信号输出 • 允许大工作间隙
齿轮传感器	• 齿轮检测 • 线性和旋转编码器	• 微小间距检测 • 高灵敏度 • 允许大工作间隙

续表

产品	应用	产品特性
磁图像识别传感器（金融磁头）	● 验钞机 ● 自动取款机 ● 自动售货机 ● 磁卡读头	● 高灵敏度 ● 高信噪比 ● 坚固的机械设计

由上述分析可知，TMR 传感器在不同的领域都有着广泛的应用，其灵敏度高、体积小、功耗低等诸多优点使它在信息技术、电子电力、能源工业、汽车电子、工业自动控制及生物医学等领域较其他传感器有着更广阔的应用空间。因此，将其应用于武器系统也势在必行。这也是本书的立足点。

8.3　TMR 磁引信探测器探测机理

8.3.1　TMR 效应理论模型

1. Julliere 模型

Julliere 在实验上证实了隧道结的隧道电导与两个铁磁层的磁化方向有关。由 Julliere 模型可得隧道磁电阻阻值为

$$T_R = \frac{\Delta R}{R} = \frac{R_{AP} - R_P}{R_{AP}} = \frac{2PP'}{1+PP'} \tag{8-1}$$

式中　R_P，R_{AP}——两铁磁层磁化方向平行和反平行时的隧穿电阻；

　　P，P'——两铁磁层电极的自旋极化率。

显然，如果 P 和 P' 均不为零，则 MTJs 中存在 TMR 效应，且两铁磁层电极的自旋极化率越大，TMR 阻值也越高。由于自旋反转效应总是减小 T，事实上该模型忽略了自旋反转效应对 TMR 效应的影响。

2. Slonczewski 模型

Slonczewski 模型由 Slonczerwki 提出，它是关于隧道磁电阻的另一种理论模型。该模型假设铁磁金属中自旋向上和自旋向下的电子是独立的，具有不同的波矢，且以电子被绝缘体的势垒所隔离为前提，分析了电荷和电子自旋穿过势垒的透过率，得出电导变化为

$$\Delta G = G_P - G_A = 2G_0 P_2' \tag{8-2}$$

而隧道磁电阻阻值为

$$T_R = \frac{\Delta R}{R_A} = \frac{R_A - R_P}{R_A} = \frac{\Delta G}{G_P} = \frac{2P_1' \ P_2'}{1+P_1' \ P_2'} \tag{8-3}$$

式中　P_1'，P_2'——两铁磁金属的有效自旋极化率。

相比 Slonczewski 模型而言，Julliere 的理论分析更为简明，其针对磁隧道效应重要特征并从物理学的角度揭示了决定隧道磁电阻的基本参数是自旋极化率。但是，根据 Julliere 的模型，总是得到比试验值偏小的理论值，原因是其考虑在内的、磁化强度从平行到反平行的某种极限情况，该结果得到的总是隧道结电阻的最大理论值。而 Slonczewski 模型从形式上看更为复杂，但在某种程度上更加精确地揭示了磁电阻与磁化强度之间夹角变化的余弦规律。Slonczewski 模型认为，势垒的高度将严重影响铁磁金属和绝缘层界面处电子的自旋方向以及铁磁层的交换耦合。

8.3.2　TMR 磁引信目标探测机理

TMR 磁引信目标探测机理基于地磁场以及外部扰动磁场的变化。地磁场是一种天然磁场，分布在地球周围。地磁场主要是由稳定磁场和变化磁场组成的，其稳定磁场占地磁场总量的 99%以上。地球可视为一个磁偶极，其磁场分布由 N 级（北极）指向 S 级（南极），地磁场磁感线分布如图 8−4 所示。除稳定磁场外，变化磁场通常认为是短时期内变化较小且无规律的地磁场。

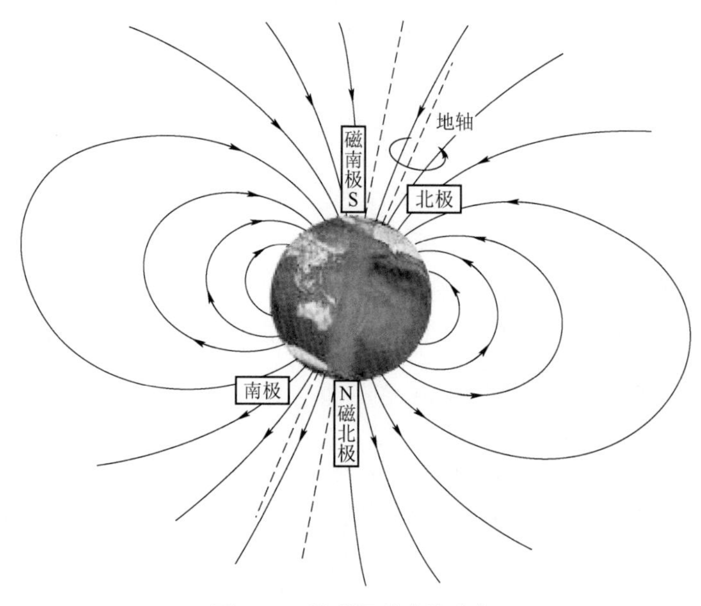

图 8−4　地磁场磁感线分布

具有磁性的铁磁物质进入目标范围以后，由于其自身磁场对地磁场具有一定的扰动作用而对周边地磁场产生一定影响。以车辆为例，图 8−5 给出了车辆扰动地磁场的示意图。

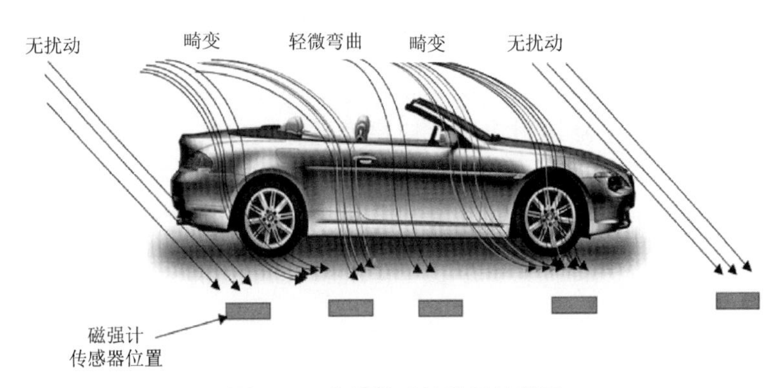

图 8-5　车辆扰动地磁场示意图

地磁场在一段时间内可以认为是基本不变的，将大的地球磁场看作是背景磁场，通过对扰动磁场的变化分析处理即可间接得到车辆的相关信息。与测量范围处于毫特斯拉（mT）的霍尔传感器不同的是，TMR 磁探测器有极高的灵敏度使其能够探测到微弱的磁场变化。

就磁引信而言，当引信遇目标时，坦克等铁磁目标必对引信磁场形成干扰。由于弹目交会时间甚短，且行程也不过几十米，可近似认为地磁场保持不变。当有坦克、装甲车等铁磁物质进入引信探测范围时，外磁场因受扰动而产生变化，此扰动将会使隧道磁电阻的磁性隧道结出现非常大的电阻变化，即在外部磁场的扰动下，铁磁电阻值随之发生改变，电流也随之发生改变。弹目距离越近，扰动越大，电信号变化越大。磁引信将磁信号转化为电信号并将其输出，依此可获得遇目标特性变化规律。磁引信利用该目标特性识别目标并定距实现最优起爆控制。

8.4　TMR 磁探测器目标探测系统电路设计

磁探测器主要用于铁磁目标探测。无论是用于交通车辆检测还是用于制导与引信系统，它都是获取目标信息的重要组成部分。其探测灵敏度直接左右着整个探测系统的性能，为了实现对铁磁目标的精确探测和识别，本节基于磁隧道电阻效应对探测器电路进行设计。为了获得 TMR 磁探测器的高分辨率、高灵敏度等性能，本节通过对 TMR 探测器的各电路组成部分进行分析以获得最优的参数选择。首先对 TMR 探测器进行总体框架的设计与分析，确定电路的组成部分，然后对各部分进行具体参数设计和优化，最终实现高灵敏度的 TMR 探测器，并在最后对探测器进行测试，检测探测器的灵敏度、线性度等性能。

8.4.1　探测器总体设计

隧道磁电阻效应是一种关于自旋极化运输过程的现象，以磁隧道结作为目标探测的敏感元件，其原理是利用磁隧道结中两铁磁层间不存在或基本不存在层间耦合，只需要一个很小的外磁场即可将其中一个铁磁层的磁化方向反向，从而实现隧穿电阻的巨大变化。本节基于隧道磁电阻效应原理进行 TMR 探测器设计，本探测器硬件设计主要包括：TMR 磁传感器元件部分、前置放大电路设计、低通滤波电路设计、放大电路设计、反馈电路和电源模块设计。本节所设计的探测器总体框架如图 8-6 所示。

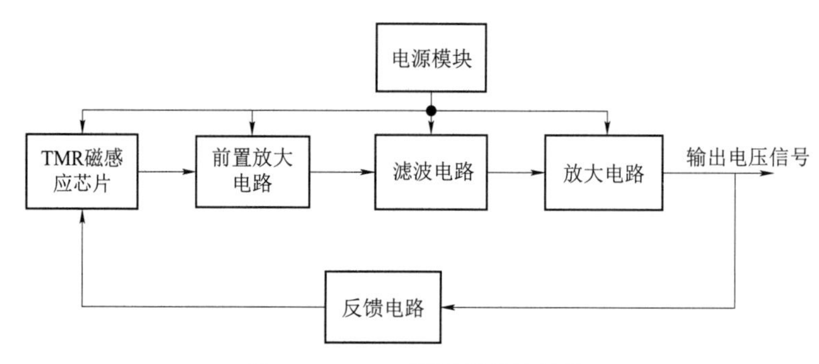

图 8-6　TMR 探测器总体框图

8.4.2　TMR 传感器的选择

目前主流的磁传感器仍然是霍尔传感器，但其本身因为灵敏度低、功耗大且易受外界温度的影响，使其磁传感器的主导地位正在不断受到冲击。许多国家对薄膜磁电阻传感器（AMT、TMR 等）已经开始量产，其中 TMR 传感器技术把 AMR 的高灵敏度与 GMR 的宽动态范围结合到了一起，具有灵敏度高、功耗低、受温度影响小等优势。本节 TMR 传感器芯片选用的是江苏多维科技有限公司（MultiDimension Technology Co.，Ltd.，MDT）的 TMR2701 隧道磁电阻（TMR）线性磁传感器，图 8-7 所示为封装后的 TMR2701 传感器实物。

图 8-7　TMR2701 传感器实物

TMR2701 采用了一个独特的推挽式惠斯通全桥结构设计，能够有效地补偿传感器的温度漂移，其内部包含 4 个非屏蔽高灵敏度的 TMR 传感元件。当外加磁场沿平行于传感器敏感方向变化时，惠斯通全桥提供差分电压输出，并且该输出具有良好的温度稳定性。TMR2701 性能优越，采用 SOP8 封装，尺寸仅为 6 mm×5 mm×1.7 mm，非常利于实现传感器的小型化。表 8-4 所示为 TMR2701 磁传感器的主要工作条件和性能参数，本节将参照这些参数对 TMR 探测器系统进行设计。

表 8-4　TMR2701 磁传感器的主要工作条件和性能参数

性能参数	最小值	典型值	最大值
工作电压/V	1	5	7
工作电流/μA	—	50	—
灵敏度/mV/V/Oe	—	12	—
分辨率/mGs	—	0.5	—
桥臂电阻/kΩ	—	80	—
线性度/%FS	-0.5		0.5
磁滞/Oe	—	0.3	—
使用温度/℃	-40		125

由 TMR2701 传感器的参数表可以看出 TMR 传感器的每个桥臂上的电阻为 80 kΩ，使得 TMR2701 的工作电流为微安级，这样的小电流使传感器芯片在工作时的功耗极低，是众多应用中的理想选择。而其 12 mV/V/Oe 的灵敏度也远远高于普通的 AMR 传感器和 GMR 传感器，因此，本节选用 TMR2701 传感器芯片进行设计。

8.4.3　前置放大电路设计

TMR 传感器输出信号为差模小信号，并含有一些共模部分，通常需要有一个具有高输入阻抗的前置放大电路作阻抗匹配，方可接入后续处理电路中。现将传感器的差分输出分别接入后级差分放大电路的正、负输入端，利用差分放大电路的对称性来提高整个电路的共模抑制比，可有效消除共模干扰，提高信号抗干扰能力，且还具有抑制由温度、元件老化等引起的零点漂移作用。

图 8-8 所示为基于高频运算放大器 ADA4610-4 的放大电路，是由该高速放大器对传感器的差分输出信号进行放大。本章选用 ADA4610-4 运算放大器实现一个差分输入运算电路，即减法器。减法器对共模信号有抑制作用，减法器不仅可以进行信号

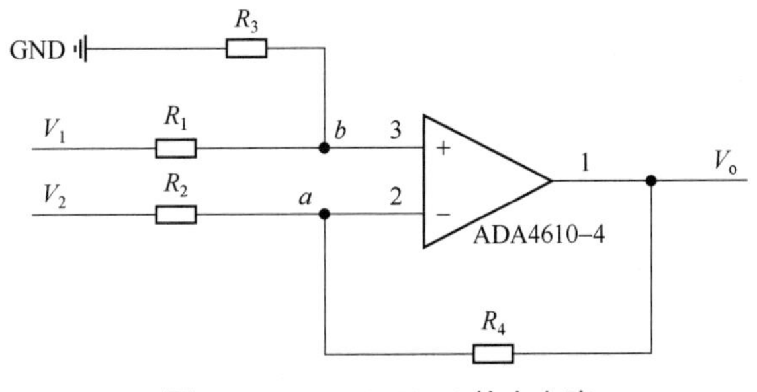

图 8-8　ADA4610-4 放大电路

的减法运算，还可用于放大含有共模干扰的信号。本节选用的 ADA4610–4 为精密 JFET 放大器，具有低输入噪声电压、低电流噪声、低失调电压、低输入偏置电流和轨到轨输出等特性。

根据运算放大器的“虚短”和“虚断”法则可知，在节点 a 处有

$$\frac{V_1(s)-V_a(s)}{R_1}=\frac{V_a(s)}{R_3} \tag{8-4}$$

计算得

$$V_a(s)=\frac{V_1(s)R_3}{R_1+R_3} \tag{8-5}$$

同样由“虚短”和“虚断”法则，在节点 b 处有

$$\frac{V_2(s)-V_o(s)}{R_2+R_4}=\frac{V_2(s)-V_a(s)}{R_2} \tag{8-6}$$

将式（8–5）代入式（8–6），可得

$$V_o(s)=V_2(s)-\frac{V_2(s)-\dfrac{V_1(s)R_3}{R_1+R_3}}{\dfrac{R_2}{R_2+R_4}} \tag{8-7}$$

假定 R_1=R_3 且 R_2=R_4，一般实际电路也如此，则可得到此放大电路的传递函数为

$$V_o(s)=V_1(s)-V_2(s) \tag{8-8}$$

8.4.4 低通滤波电路设计

铁磁目标的磁场信号一般属于频率较低的信号，经工程估算，对行驶的汽车其磁场的信号频率也小于 100 Hz，而传感器的输出信号会夹杂一些高频噪声信号，同时由于外界的电磁干扰和电路本身的电阻、半导体等器件所产生的噪声影响，也会导致其输出信号中夹杂一些高频信号，这些高频干扰信号放大后会直接影响到目标信号的检测，并会影响测量精度，故需要在传感器的输出端进行低通滤波，以消除或削弱这些不需要的高频信号，以提高传感器的输出特性进而提高检测精度。

滤波器的作用是能够使有用信号通过，滤除信号中的无用频率部分。滤波器分为无源滤波器和有源滤波器两类，随着集成运放的高速发展，它和 R、C 组合而成的有源滤波器具有体积小，且对滤波信号具有较好的电压放大和缓冲作用。因本节滤波频段固定，且信号处理电路要求严格，为了滤除高频信号的干扰，精确测量目标磁信号，故采用有源滤波方式。

最常用的低通有源滤波方式主要有贝塞尔（Bessel）滤波、切比雪夫（Chebyshev）滤波和巴特沃斯（Butterworth）滤波三种电路。其中，贝塞尔滤波电路着重于相频响应，其相移与频率基本成正比，即时延基本为恒定，且输出波形失真较小；而切比雪夫滤

波电路能从带通迅速衰减到带阻，从带通到带阻的缓冲期小，且滤波效率高，但是该滤波电路在带通内不稳定，并有一定的干扰。本电路着重考虑幅频特性，对相频特性的要求不高，而巴特沃斯滤波电路的幅频响应在通带内具有最平稳的幅度特性，且具有良好的线性相位特性。故本电路将选用巴特沃斯滤波电路作为电路设计中的低通滤波电路。下面分析其特点并结合本电路应用背景进行设计。有源一阶巴特沃斯低通滤波器电路原理如图 8-9 所示。

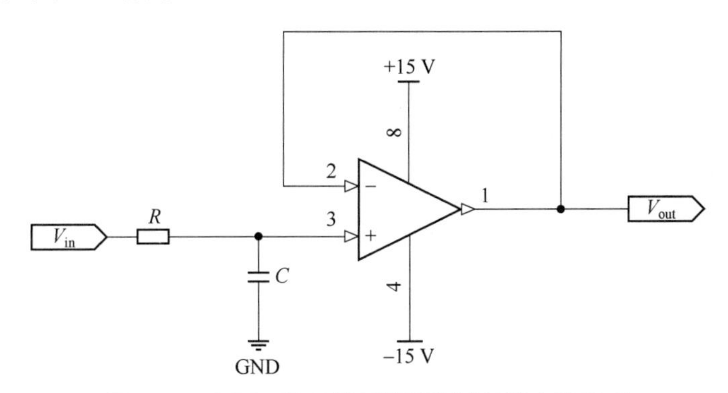

图 8-9　有源一阶巴特沃斯低通滤波器电路原理

根据运算放大器的“虚短”和“虚断”法则可得

$$V_o(s)=V_i(s)\cdot\frac{\frac{1}{sC}}{R+\frac{1}{sC}} \tag{8-9}$$

故可得一阶 RC 低通滤波器的传递函数 $H_1(s)$ 为

$$H_1(s)=\frac{V_o(s)}{V_i(s)}=\frac{1}{sRC+1}=\frac{1}{1+\frac{s}{\omega_H}} \tag{8-10}$$

式中 $\omega_H=1/RC$，为该电路的特征角频率，即 3 dB 截止角频率。由于传递函数中分母为 s 的一次幂，故该低通滤波电路称为一阶巴特沃斯低通滤波电路。又由于该滤波器阶数越高，其衰减率越大，即阻频带振幅衰减速度越快，滤波特性越好（但实时性越差），根据本章磁探测体制效应需求，还需考虑设计高阶滤波器。综合平衡本节选择二阶滤波电路。故下面基于以上对有源一阶 RC 低通滤波器的分析，对二阶巴特沃斯低通滤波器进行设计。二阶巴特沃斯低通滤波器电路原理如图 8-10 所示。

由二阶巴特沃斯低通滤波器的原理图和运算放大器的“虚短”与“虚断”法则对其进行分析计算可知，在节点 a 处，根据基尔霍夫电流定理 KCL 可得

$$\frac{V_i(s)-V_a(s)}{R_1}=\frac{V_a(s)-V_b(s)}{R_2}+\frac{V_a(s)-V_o(s)}{1/C_1s} \tag{8-11}$$

在节点 b 处，根据基尔霍夫电流定理 KCL 可得

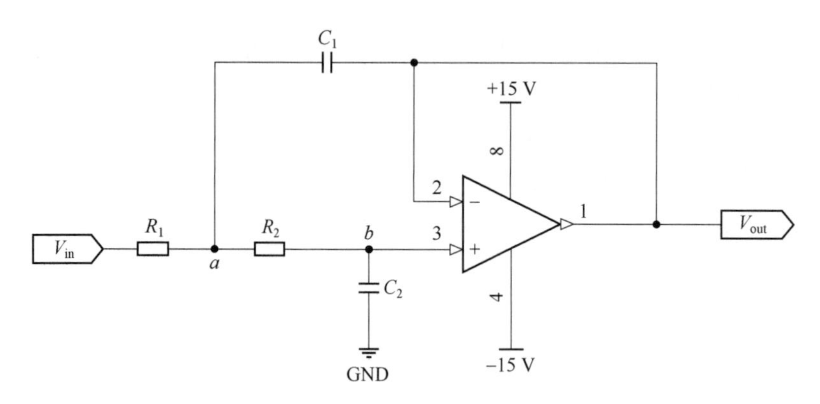

图 8−10　二阶巴特沃斯低通滤波器电路原理图

$$\frac{V_a(s)-V_b(s)}{R_2}=V_b(s)sC_2 \tag{8-12}$$

根据运算放大器的“虚短”和“虚断”法则可知，节点 b 处的电位与输出（V_{out}）点的电位相等，即

$$V_b(s)=V_o(s) \tag{8-13}$$

将式（8−12）与式（8−13）代入式（8−11），得

$$\frac{V_i(s)-V_o(s)(sR_2C_2+1)}{R_1}=V_o(s)sC_2+V_o(s)s^2C_1C_2R_2 \tag{8-14}$$

$$V_i(s)=V_o(s)[s^2C_1C_2R_1R_2+sC_2(R_1+R_2)+R_1] \tag{8-15}$$

可得二阶巴特沃斯低通滤波器的传递函数 H（s）为

$$H(s)=\frac{V_o(s)}{V_i(s)}=\frac{1}{s^2C_1C_2R_1R_2+sC_2(R_1+R_2)+R_1} \tag{8-16}$$

亦即：

$$H(s)=\frac{1/(C_1C_2R_1R_2)}{s^2+R_1+R_2\,s/(C_1R_1R_2)+1/(C_1C_2R_1R_2)} \tag{8-17}$$

8.4.5　放大电路设计

采集的信号经低通滤波电路处理后，输出的信号基本上是一个平滑的直流电压信号，为了获得更优的输出响应曲线，还需通过偏置和增益控制进行电路调理，以获得最终的输出电压。运算放大器分为通用型和专用型，专用型又分为低噪声运放、精密运放、高速运放、低偏置电流运放、低漂移运放和低功耗运放等。因为传感器输出的电压信号为毫伏级的电压信号，而且硬件系统载体实际上处于高速运动中，这将导致磁场变化会很快。因此，运算放大器的选型应满足低噪声、高精度、高频响等特点。本系统性能的侧重点是高精度以及低噪声，因此运算放大器的选择应围绕这两点进行。

本章使用 AD8421 仪表放大器进行差分放大，后级 ADA4610-4 为电压跟随器，进行阻抗匹配，以提高电路的驱动能力。AD8421 是一款低成本、低功耗、极低噪声、超低偏置电流、高速仪表放大器，特别适合多种信号的调理和数据采集应用。AD8421 具有很高的共模抑制比（CMRR），可以在宽温度范围内有高频共模噪声的情况下提取低电平信号。本章设计的放大电路原理如图 8-11 所示。

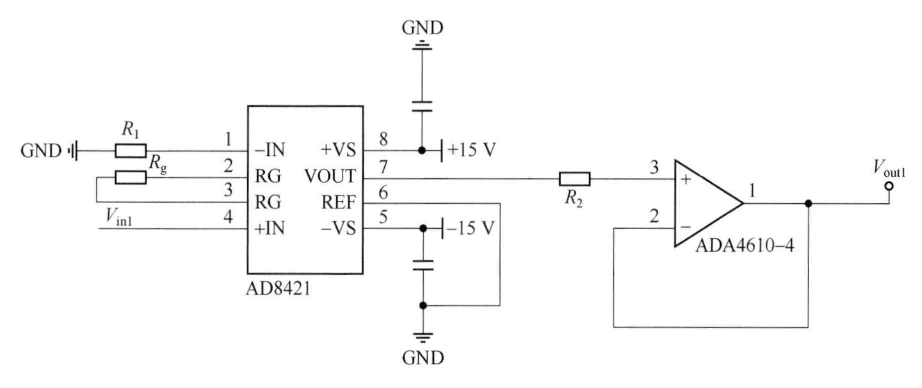

图 8-11　放大电路原理

芯片 AD8421 的增益为

$$G = 1 + \frac{9.9}{R_g} \tag{8-18}$$

由式（8-18）可求得外接电阻为

$$R_g = \frac{9.9}{G-1} \tag{8-19}$$

为了计算方便，在放大后输出电压满足基本要求的前提下，本章选择放大增益为 22 倍，所以外接电阻的大小为 $R_g = \frac{9.9}{22-1} \approx 471.4\ (\Omega)$，取标准值为 470 Ω。

查阅芯片资料可知，AD8421 差分放大器的传递函数为

$$V_o = G \times (V_{+IN} - V_{-IN}) + V_{REF} \tag{8-20}$$

又因本章设计的放大器参数为

$$V_{-IN} = V_{REF} = 0$$

所以 AD8421 的传递函数为

$$V_o(s) = G \cdot V_{+IN}(s) = 22\,V_{+IN}(s) \tag{8-21}$$

本电路经仿真与实验测试，可满足本文应用背景下的性能要求。

第 9 章　TMR 磁探测器性能测试及应用实例

本章提要　在完成 TMR 探测器系统硬件设计的基础上，本章对探测器系统进行相关性能的测试，包括探测器的稳定性、线性度、灵敏度等性能。无论针对武器系统的非合作目标探测与识别，还是针对民用交通监控领域的合作目标探测与识别，均需要三维 TMR 磁探测器。故本章还着力进行三维 TMR 磁探测器的设计与工程实现，并以智能交通监控系统为应用背景，开展将三维 TMR 磁探测器用于车辆检测的应用研究与分析。

9.1　TMR 磁探测器性能测试

针对 TMR 磁探测器的稳定性、线性度和灵敏度等性能测试，其测试环境为隔离了外界电磁场干扰的一个弱磁环境，环境磁场处于一个相对稳定的状态。设计并使用亥姆霍兹线圈产生一个均匀的直流磁场作为实验用的稳定磁场。

9.1.1　亥姆霍兹磁场产生与状态设计

亥姆霍兹线圈是由两个相同的线圈同轴放置，其中心间距等于线圈半径。将两个线圈通以同向电流时，磁场叠加增强，并在一定区域形成近似均匀的磁场；通以反向电流时，则其叠加作用使磁场减弱，以致出现磁场为零的区域。载流线圈的磁场分布如图 9-1 所示，对于一个半径为 R、通以电流 I 的线圈，其轴线上的磁场计算式为

$$B=\frac{\mu_0 N_0 I R^2}{2(R^2+a^2)^{3/2}} \tag{9-1}$$

式中　N_0——线圈匝数；

a——轴上某一点到线圈圆心 O 的距离；

μ_0——真空中磁导率，$\mu_0=4\pi\times10^{-7}$ H/m。

亥姆霍兹线圈是一对彼此平行且连通的共轴圆形线圈，两线圈内的电流方向一致、大小相同，亥姆霍兹线圈磁场分布如图 9-2 所示。线圈之间距离 d 正好等于圆形线圈的半径 R。该种线圈的特点是能在其公共轴线中点附近产生较广的均匀磁场区，故在生

产和科研中有较大的实用价值，也常作为弱磁场的计量标准。

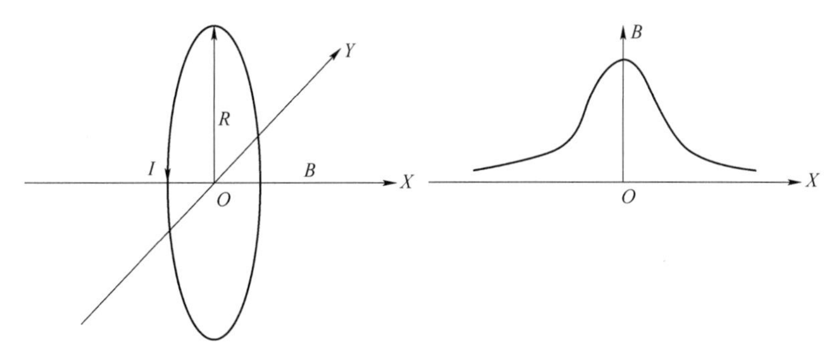

图 9－1　单圆环线圈磁场分布

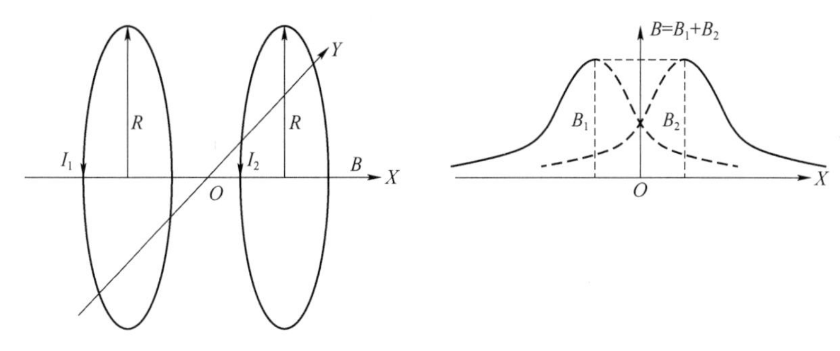

图 9－2　亥姆霍兹线圈磁场分布

设 z 为亥姆霍兹线圈中轴线上某点离中心点 O 处的距离，则亥姆霍兹线圈轴线上任一点的磁感应强度为

$$B=\frac{1}{2}\mu_0 N_0 I R^2\left\{\left[R^2+\left(\frac{R}{2}+z\right)^2\right]^{-\frac{3}{2}}+\left[R^2+\left(\frac{R}{2}-z\right)^2\right]^{-\frac{3}{2}}\right\} \tag{9-2}$$

所以亥姆霍兹线圈在 O 点处时，$z=0$，此时的磁感应强度为

$$B=\frac{\mu_0 N_0 I}{2R}\times\frac{16}{5^{3/2}}=\left(\frac{4}{5}\right)^{3/2}\times\frac{\mu_0 N_0 I}{R} \tag{9-3}$$

根据本章所设计的 TMR 磁探测器的尺寸和磁场探测范围，确定亥姆霍兹线圈的匝数 $N_0=1\ 000$，半径 $R=50$ mm，并在两个线圈的回路中串联一个滑动变阻器和电流表，通过调整电阻的大小来控制需要产生的磁场，并对 TMR 磁探测器进行测试，通过读出电流表的读数即可计算出产生的磁场强度 B。亥姆霍兹线圈的测试系统原理如图 9－3 所示。

9.1.2　TMR 磁探测器线性度

在规定条件下，传感器校准曲线与拟合直线间的最大偏差（ΔV_{max}）与满量程输出

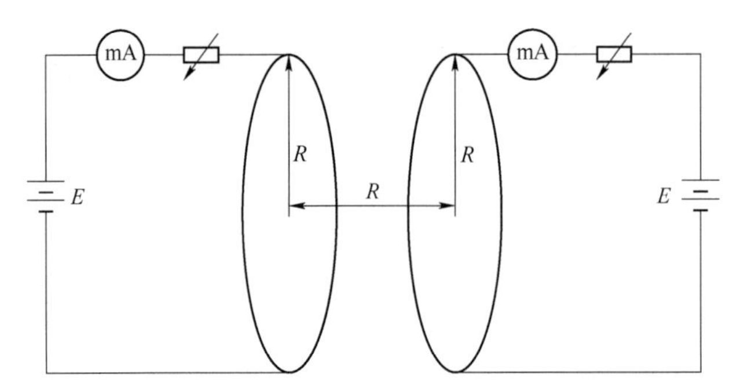

图 9-3　亥姆霍兹线圈测试工作原理图示

（V）的百分比，即在传感器满量程范围内，传感器的测量曲线与其规定直线的拟合程度称为线性度（又称“非线性误差”），该数据越小，表明线性特性越好，传感器的性能也就越好。线性度表达式如下：

$$\delta=\frac{\Delta V_{\max}}{V}\times 100\% \tag{9-4}$$

本章讨论在实验室弱磁环境下，对 TMR 磁探测器的线性度进行测量。通过改变上文所设计的亥姆霍兹线圈测试系统的电阻值，以对线圈中的电流进行调节，从而改变磁场强度，本书设计的 TMR 磁探测器满量程为−1～1 Oe，由式（9-3）计算可得亥姆霍兹线圈的电流变化范围在−5.56～5.56 A。本章设计在−5～5 A 的变化范围内，通过改变电阻值调节电流值，每隔 500 mA 取一个测量点，记录 TMR 磁探测器输出的电压值，亥姆霍兹线圈每毫安所对应的磁场强度为 17.98 nT，通过改变电流测得传感器输出电压，获得的数据如表 9-1 所示。

表 9-1　TMR 探测器线性度测量结果数据表

序号	电流值/A	对应磁场强度/Oe	传感器输出电压/V
1	5	0.899 2	4.498
2	4.5	0.809 2	4.005
3	4	0.719 3	3.512
4	3.5	0.629 4	3.168
5	3	0.539 5	2.601
6	2.5	0.449 6	2.288
7	2	0.359 7	1.796
8	1.5	0.269 8	1.369
9	1	0.179 8	0.875
10	0.5	0.089 9	0.366
11	0	0	0.001
12	−0.5	−0.089 9	−0.360
13	−1	−0.179 8	−0.878

续表

序号	电流值/A	对应磁场强度/Oe	传感器输出电压/V
14	−1.5	−0.269 8	−1.365
15	−2	−0.359 7	−1.798
16	−2.5	−0.449 6	−2.290
17	−3	−0.539 5	−2.605
18	−3.5	−0.629 4	−3.178
19	−4	−0.719 3	−3.510
20	−4.5	−0.809 2	−4.006
21	−5	−0.899 2	−4.502

根据表 9−1 绘制出如图 9−4 所示的 TMR 磁探测器输出特性曲线，在−1～1 Oe 的范围内，其输出特性曲线近似为一条直线，说明此 TMR 磁探测器的线性度良好。

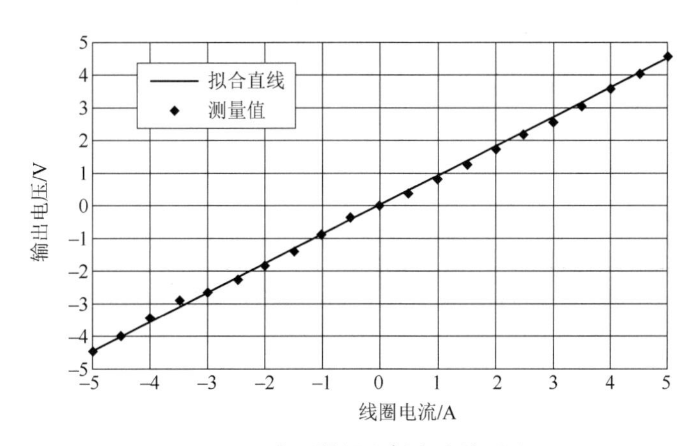

图 9−4　实测数据和拟合直线对比

9.1.3　TMR 磁探测器磁场分辨率

磁探测器分辨率是磁场从零值缓慢进行增加，在增加至某一值后，磁探测器的输出电压发生了可观测的变化，此时磁场的大小称为磁探测器的分辨率。磁探测器分辨率的大小是衡量磁探测器探测精度的一个重要指标，磁探测器的分辨率越高，其探测精度越高。在周围环境磁场稳定的情况下，利用亥姆霍兹线圈产生的固定磁场对探测器的分辨率进行测量。通过测量可知，磁探测器输出的最小观测量约为 1 mV，探测器线性范围为−1～1 Oe，对应的探测器输出电压范围为−5～5 V，所以探测器的分辨率为 5 mV 对应的磁场强度，即

$$1\times10^{-3}\times\frac{2}{10}=0.000\ 5\text{（Oe）}$$

换算为国际单位制为 50 nT。

9.1.4 TMR 磁探测器灵敏度

磁传感器的磁场灵敏度为传感器输出电压变化量ΔV_o与输入磁场强度变化量ΔB之间的比值。在测量量程为-0.9～+0.9 Oe 的范围内，由表 9-1 中的磁探测器输出电压最大值（4.5 V）和最小值（-4.5 V）数据可以计算出 TMR 磁探测器的磁场灵敏度为

$$k = \frac{\Delta V_o}{\Delta B} = \frac{4.5-(-4.5)}{0.9-(-0.9)} = 5\text{（V/Oe）} \quad (9-5)$$

9.1.5 TMR 磁探测器稳定性

理想的传感器其性能参数是保持不变的，但是在实际探测过程中，传感器中的磁敏感材料以及传感器系统组件的性能在经过一段时间使用和放置后会发生变化，尤其是灵敏度和零偏，而传感器在一定时间内保持其工作性能的能力即为传感器的稳定性。传感器的稳定性是衡量传感器探测精确度的一项重要指标。

为了对本文设计的TMR磁探测器的稳定性进行测试，在实验室磁场屏蔽的状态下，TMR 磁探测器测量的输出值为 0，实验的测试时间是 2 h，每隔 10 min 记录测量结果，实验获得的测试结果如表 9-2 所示。

表 9-2　TMR 磁探测器稳定性测试结果数据表

测试时间/min	探测器输出数值/mV	磁场强度/nT
0	0	0
10	0.1	3
20	0.1	3
30	0.2	6
40	0.2	6
50	0.3	9
60	0.6	18
70	0.8	24
80	0.9	27
90	1.0	30
100	1.0	30
110	1.0	30
120	1.0	30

由表 9-2 可以看出，本文所设计的 TMR 磁探测器在不同磁场环境下，其零点漂移始终保持在 1.0 mV 的变化范围内，即在整个测试时间内，TMR 磁探测器产生的零点漂移最大为 30 nT。根据 TMR 磁探测器工作参数，磁探测器线性范围为 2 Oe，因此，磁探测器的零点漂移约占满量程的 0.02%。综合上述分析，TMR 磁探测器系统具有较高的稳定性。

9.1.6 TMR 磁探测器对小型铁磁目标的探测性能测试

为了验证本文所设计的 TMR 磁探测器对铁磁目标的探测效果，在实验室弱磁环境下（即远离外界电磁干扰和产生磁场的设备，外界磁场基本处于一个相对稳定的状态）进行。使用长度为 5 cm、底面半径为 1 cm 的小铁棒，在距 TMR 磁探测器约 20 cm 处来回晃动，并观测磁探测器的输出波形，如图 9-5 所示。由于小铁棒属于弱磁场的铁磁物，磁场变化较小，磁探测器能精确地对输出电压进行测量，说明 TMR 磁探测器灵敏度较高，且通过观察输出波形，可以看出经过巴特沃斯低通滤波和放大电路的作用，磁探测器产生的信号信噪比较高。小铁棒的运动方式为往复运动三次，由于磁场的矢量性，产生了如图 9-5 所示的波形变化。

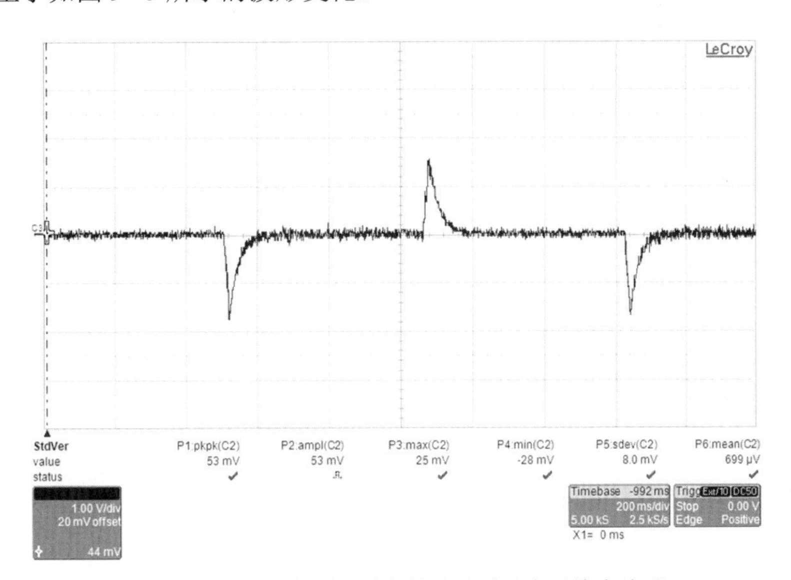

图 9-5 TMR 探测器对小铁棒扰动的实测输出波形

9.1.7 三维 TMR 磁探测器设计与测试

如同本书第 5 章用三维 GMI 磁探测器取代一维探测器解决任一交会角下均保持高灵敏度的问题一样，此处讨论 TMR 磁探测器，从非合作目标探测要求高灵敏、一致性的实际出发，也应设计三维磁探测器。此外，单轴 TMR 磁探测器在测量时，还可能因振动等原因产生一定干扰，造成测量误差。而三轴磁探测器通过三轴矢量合成，可以防止采用单轴磁探测器时因干扰造成的误差。三轴磁探测器制作如图 9-6 所示。三轴磁探测器是三个 TMR2701 传感器按照一定空间结构组装而成。其中 X 轴和 Y 轴传感器分别在 PCB 板的顶层与顶层，只是将两个传感器的敏感方向设定成相互垂直方向，而 Z 轴传感器垂直焊接在 PCB 的最右端，这样保证三个磁传感器的敏感方向正好构成空间直角坐标系，如图 9–6 所示。在制作三轴磁探测器的过程中应尽量选取三个灵敏度接近的传感器，其性能如表 9–3 所示。三轴磁探测器的本征噪声相差小于 4E–10 T/$\sqrt{\text{Hz}}$ 见图 9–7，传感器阻值误差<0.547%，灵敏度误差<16.4%。

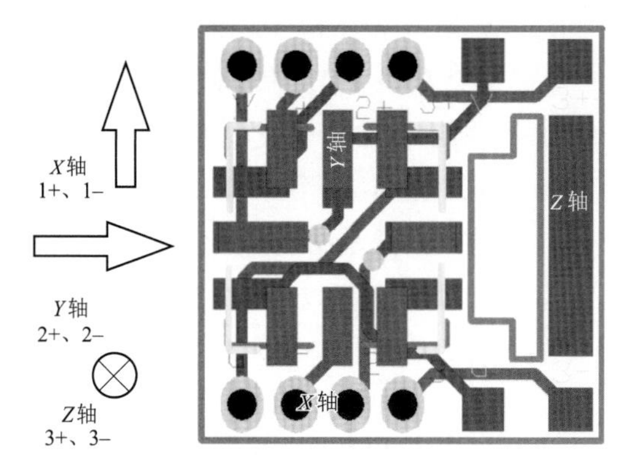

图 9–6　三轴 TMR 磁探测器 PCB 图

图 9–7　磁传感器三轴本征噪声输出

表 9–3　三轴磁探测器各方向单探测器性能比较

坐标轴	噪声/$(\text{T}\cdot\text{Hz}^{-\frac{1}{2}})$	R/Ω	灵敏度/（mV · Oe^{-1}）	偏置
X	$3.424\ 15\times10^{-10}$	2 935.763	170	46
Y	$3.693\ 72\times10^{-10}$	2 937.608	171	65
Z	$3.315\ 42\times10^{-10}$	2 951.847	198	84

图 9–8 所示为三轴 TMR 磁探测器对家用小汽车目标的测试曲线。从图中可以看出某轴发生干扰时，合成总磁场会一定程度减小干扰，这样可使得测试中抗环境干扰的能力更强。

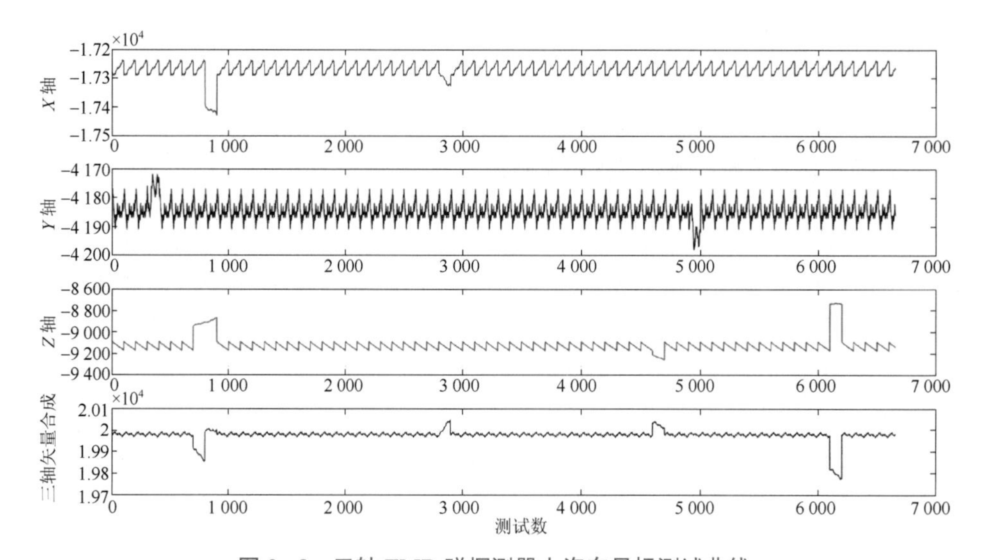

图 9–8　三轴 TMR 磁探测器小汽车目标测试曲线

9.2　TMR 磁探测器应用实例

智能交通系统（intelligent transportation system，ITS）是一个将多项先进的科学技术有效、综合地运用于整个交通过程，使交通的管理和控制变得实时、准确、高效的系统。发展 ITS 的主要目标就是要充分利用现有的社会交通资源，使其利用效率达到最大化。其中交通管理系统是 ITS 的一个重要的子系统，它是利用计算机和高灵敏度的传感器等，对车辆交通进行实时监测、管理和控制的系统，交通管理系统主要包括道路自动收费系统、停车场诱导系统和交通信息显示系统等。

交通监测是交通管理系统的一个重要前提，而监测主要包括信息监测、分析等几个重要组成部分。在智能交通系统中，车辆检测和识别技术是其重要的研究及发展方向。而车辆的检测技术主要是靠硬件来实现的，通常是靠传感器实现对车辆目标的探测，并对检测到的车辆信号进行分析和处理，从而达到对车辆信息进行检测的目的。目前，按检测传感器的不同，主要有超声波检测、压电传感器检测、视频传感器检测、磁阻传感器检测等多种检测方法。其中，磁传感器检测技术的检测原理：车辆在地磁场中运动会引起周围磁场的扰动，利用磁传感器装置可以灵敏地感应磁扰动，并检测出相应的扰动曲线。相对于其他检测技术而言，磁传感器技术具有探测灵敏度高、温度稳定性好、易于安装使用等明显的优点。磁传感器的突出特点是对外界环境要求不高，即使是在恶劣的天气仍然能够较精确地进行检测工作。

目前使用较为广泛的磁传感器有 HALL（基于霍尔效应）、AMR（基于各向异性磁阻效应）、GMR（基于巨磁阻效应）、TMR（基于隧道磁电阻效应）等，几种磁传感器参数对比如表 9-4 所示。

表 9-4　几种磁传感器参数对比

磁传感器	功耗/mA	灵敏度/（$mV \cdot V \cdot Oe^{-1}$）	温度范围/℃
Hall	5～20	0.05	＜150
AMR	1～10	1	＜150
GMR	1～10	3	＜150
TMR	0.001～0.1	20	＜200

由表 9-4 可以看出，在这些磁传感器中，HALL 传感器、AMR 传感器和 GMR 传感器的灵敏度较低、受温度影响较大且功耗大，TMR 传感器的灵敏度高且功耗低等众多优点能更好地满足人们对磁传感器的要求，更加适用于对地磁场扰动的检测。因此，本章选用 TMR 传感器对车辆状态进行检测，主要进行车辆有无及其运动方向

的检测。

9.2.1 车辆有无状态检测算法研究

目前，现有的基于磁信号的车辆检测算法主要有固定阈值检测算法、基于小波变换的固定阈值检测算法、单中间状态机检测算法及多中间状态机检测算法。

1. 固定阈值检测算法

固定阈值检测算法通过对未经预处理的信号直接进行判断，即将检测获得的原始车辆信号与固定阈值进行比较。当进行车辆状态检测时，只需要设定一个固定的判别阈值。当检测获得的原始车辆信号值在阈值以下时，就判定车辆不存在；当检测获得的原始车辆信号值在阈值以上时，就判定车辆存在。该算法具有简单易用、检测速度快等优点，满足了车辆检测实时性的要求。但是由于检测环境等因素影响，车辆信息存在畸变点，容易导致车辆的误检。

2. 基于小波变换的固定阈值检测算法

基于小波变换的固定阈值检测算法是将检测获得的车辆信号经过小波变换处理，然后与固定的阈值比较，从而进行车辆状态判定。当进行车辆检测时，利用小波变换来减小由于检测环境变化等因素产生的影响，放大车辆检测信号。经过小波变换后检测出的背景信号变得平稳，然后利用固定阈值的检测算法来判定车辆有无状态。此算法与固定阈值算法相比，有了一定的改进，在处理车辆信息畸变点问题时，可以解决车辆误检问题。但是当车辆检测的环境更复杂时，正确率就会受到影响。

3. 单中间状态机检测算法

单中间状态机检测算法是将获得的车辆信号序列作为状态机的输入。该状态机包括未触发状态、半触发状态、完全触发状态和判定状态四个状态。同时设定 T_{max} 和 T_{min} 两个阈值点。当车辆信号绝对值大于 T_{max} 时，状态机状态由未触发转变为完全触发；在完全触发后，当车辆信号绝对值依然小于 T_{max} 时，进入半触发状态；当车辆信号绝对值依然大于 T_{max} 时，进入判定状态。在判定状态，当输入信号绝对值小于 T_{max} 时，将重新进入到完全触发状态；在进入完全触发状态，当输入信号绝对值依然小于 T_{max} 后，则进入半触发状态；在进入半触发状态，当输入信号绝对值小于 T_{min} 后，状态机将重新置为未触发状态；当车辆信号在判定状态，输入信号绝对值小于 T_{min} 后，状态机也将重新置为未触发状态。该车辆检测法存在一个比较大的缺陷：无法准确判断车辆离开状态，容易产生误检测，即将多辆车辆检测为同一车辆。

4. 多中间状态机检测算法

多中间状态机检测算法中采用的状态机具有 A、B、C、car 和 nocar 五个状态。其中 A、B、C 为中间计数状态，car、nocar 为输出状态。其机理是对检测到的车辆信号进行二值化处理。当车辆信号大于预定阈值 T 时，将信号二值化为 1，否则为 0。每当车辆状态发生改变时，A、B、C 均重置为 0。工作过程为：起始状态为 nocar，当车辆信号为 0 时保持在该状态。当车辆信号为 1 时，进入 A 状态。进入 A 状态后，如果车辆信号变为 0，则进入 B 状态；否则对连续出现的 1 信号序列进行计数，当计数值大于或等于 M 时，则进入 car 状态。进入 B 状态后，对连续出现的 0 信号序列进行计数，当计数值大于或等于 M 时，则进入 nocar 状态，否则返回到 A 状态。进入 car 状态后，车辆信号为 1 则保持该状态，否则进入 C 状态。进入 C 状态后，如果车辆信号为 1 且计数值大于 M，则返回到 car 状态，若信号为 0，则对后面连续的 0 序列开始计数，当信号为 0 且计数值大于等于 M 时，进入 nocar 状态。该检测算法能准确对车辆存在和离开状态作出相对的反应，能够更好地判别出车辆状态。

5. 算法选择与流程

上述四种车辆有无检测算法的优缺点对比如表 9–5 所示。对比这几种算法，多中间状态机检测算法能够更好地判别车辆的状态，精确地对车辆进行检测。因此，本章选用多状态机检测算法进行车辆状态判定。

表 9–5　车辆检测算法性能对比表

检测算法	优点	缺点
固定阈值检测算法	实时性好	无法解决突变和异常点问题
基于小波变换的固定阈值检测算法	实时性好，准确度高	易受干扰，无法检测复杂背景磁场下的信号
单中间状态机检测算法	鲁棒性好	无法检测车辆离开的信息
多中间状态机检测算法	鲁棒性好，误检率低	算法较复杂，不易实现

本章将用 TMR 磁探测器系统对车辆的状态进行检测，首先是对车辆的有无进行检测，检测算法流程框图如图 9–9 所示。将 TMR 磁探测器安置好后，通过其探测附近磁场的扰动，以对车辆信号进行采集，然后对采集的信号进行分析和预处理，最后采用多中间状态机检测算法对车辆的有无进行检测，以期得到所需相关车辆的信息。

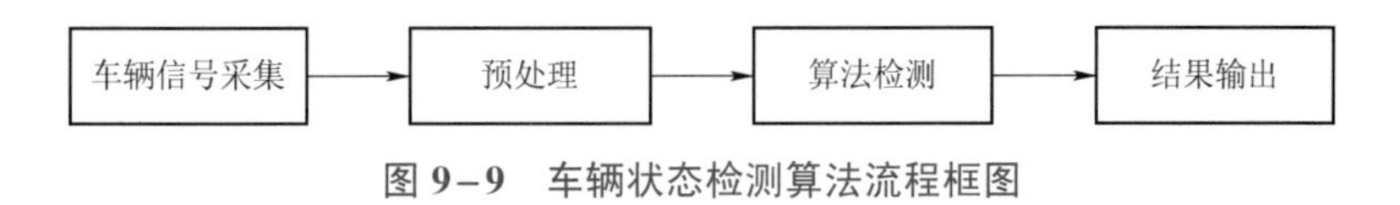

图 9–9　车辆状态检测算法流程框图

9.2.2　信号预处理电路

当车辆靠近和经过 TMR 磁探测器时，磁探测器将能检测到周围磁场的扰动，并产生相关的电压信号，此信号经过上述信号放大、滤波等预处理之后输出的是滤掉背景磁场信号以及噪声信号后的车辆扰动信号。将此信号经过二值化处理转换为方波信号，然后直接输入至I/O端口中，对该位端口进行读取，若读到高电平则表示为1、低电平则表示为0。

信号二值化处理主要有固定阈值法、浮动阈值法、微分法等几种。本章采取固定阈值法对车辆扰动信号进行二值化处理。固定阈值法是一种最简便的二值化处理方法，它由一个电压比较器构成，将信号送入比较器的同相端，反相端加上一个可调的电平（阈值电平）便可实现对信号的二值化处理。二值化电路原理如图9-10所示。

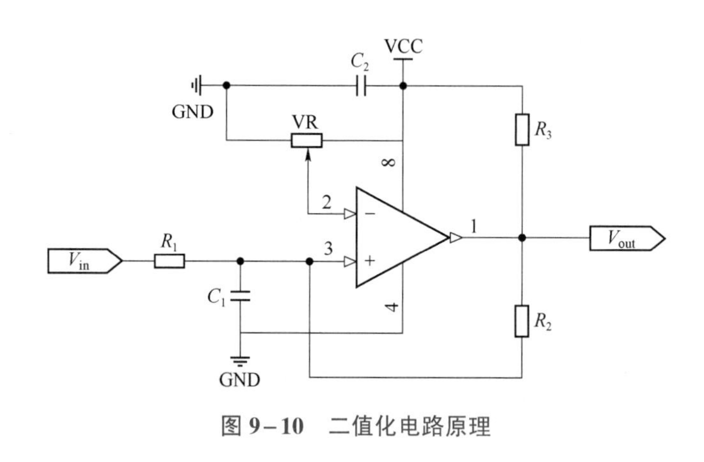

图9-10　二值化电路原理

9.2.3　状态机检测

车辆信号 $F(s)$ 经过TMR磁探测器系统的滤波、放大和固定阈值法的二值化处理后，生成一个方波信号作为状态机的输入 $U(s)$。经过大量的实际检测和分析，确定车辆信号的变化范围之后，将信号的平均幅值作为预设阈值 $Y(s)$，当车辆信号的绝对值 $|F(s)|>Y(s)$ 时，$U(s)=1$；当 $|F(s)|<Y(s)$ 时，$U(s)=0$，并将此状态输入状态机进行状态分析。

本章基于TMR探测系统，分别对家用小轿车、中型SUV和大型皮卡三种不同的车型进行了磁探测器的测试与算法验证。图9-11～图9-13所示分别为TMR磁探测器检测到的三种车型的检测信号和二值化后的信号。

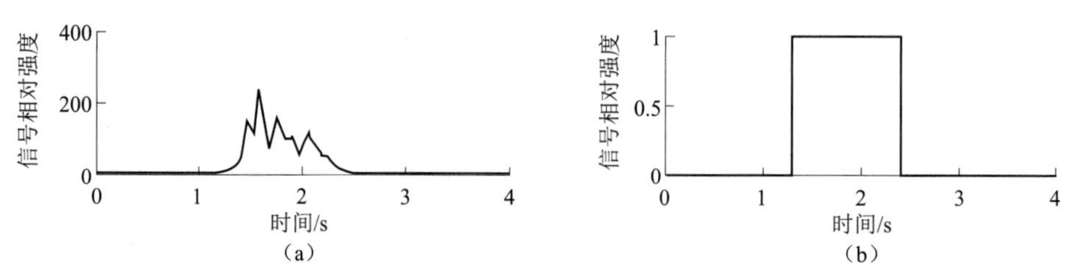

图9-11　家用小轿车检测信号和二值化后信号

（a）检测信号；（b）二值化后信号

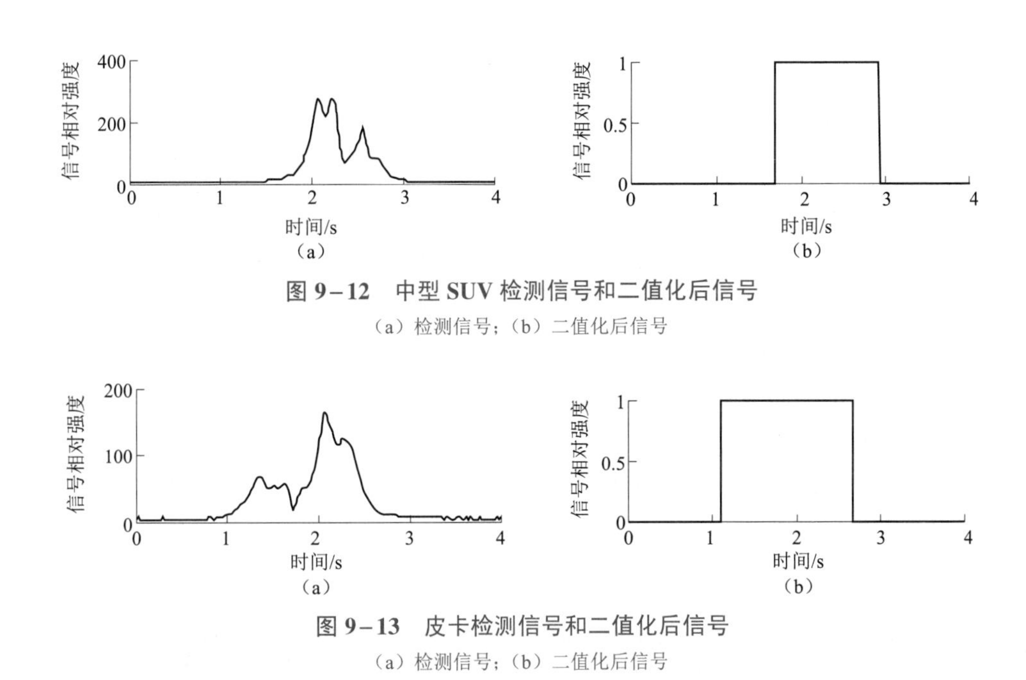

图 9-12　中型 SUV 检测信号和二值化后信号

（a）检测信号；（b）二值化后信号

图 9-13　皮卡检测信号和二值化后信号

（a）检测信号；（b）二值化后信号

状态机共有五个状态，分别为有车辆状态、无车辆状态、状态 A、状态 B 和状态 C。其中有车辆和无车辆状态为输出状态，状态 A、B、C 为中间状态。状态 A、B、C 均作为阈值 $Y(s)$ 的计数器，当有车辆和无车辆发生状态转变时，计数器都会清零。状态机的状态转换框图如图 9-14 所示。

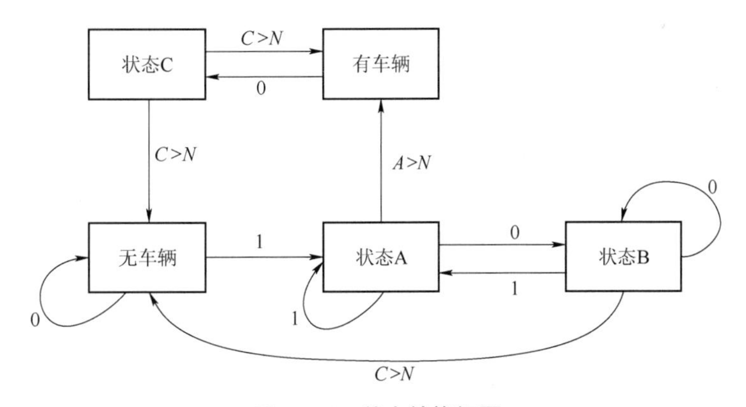

图 9-14　状态转换框图

在判断过程中，设定一个阈值 N，将状态机接收到的信号进行累加，并与 N 作比较，只有当某一信号（0 或 1）连续累加数量超过 N 时，才会进入有车辆和无车辆的状态，该方式增加了本算法的鲁棒性，在一定程度上消除了信号干扰导致的突变点对结果的影响，状态机的判断流程如下。

（1）初始状态为无车辆状态，若状态机输入的二值化信号为 0，则保持无车辆的状态；反之，若输入的信号为1，则进入状态A。

（2）在状态A时，若状态机接收到信号0，则跳至状态B；若接收到信号1，则开始进行计数，当连续接收到信号1的计数值大于等于N时，进入有车辆状态。

（3）在状态B时，若状态机接收到信号1，则跳回到状态B；若接收到信号0，则开始进行计数，当连续接收到信号0的计数值大于等于N时，则进入无车辆状态。

（4）状态机进入有车辆状态后，若接收到信号0，则跳至状态C，否则将一直保持在状态B。

（5）在状态C时，若接收到信号0，且连续计数值大于N，则进入无车辆状态；反之，若连续接收信号1且计数值大于N，则进入有车辆状态。

根据以上对车辆信号的判断分析，本章制作了多状态检测对应状态转换表以方便对信号进行判断，如表9–6所示。

表9–6 车辆信息状态转换表

状态（现态）	状态描述	条 件	次态
无车辆	起始状态	计数器接收到0	无车辆
		计数器接收到1	状态A
有车辆	实时状态	计数器接收到0	状态C
状态A	中间状态	计数器接收到0	状态B
		计数器接收到1	状态A
		计数器接收到1且累计次数$>N$	有车辆
状态B	中间状态	计数器接收到0	状态B
		计数器接收到1	状态A
		计数器接收到0且累计次数$>N$	无车辆
状态C	中间状态	计数器接收到1且累计次数$>N$	有车辆
		计数器接收到0且累计次数$>N$	无车辆

9.2.4 车辆运动方向检测算法设计

TMR磁探测器同样可以通过算法对车辆的行进方向进行判断，本章将采用基于单磁探测器和双磁探测器的车辆方向检测算法，这两种算法检测较为稳定且精度高，并可根据不同情况选择合适算法对车辆行驶方向进行检测。TMR磁探测器先对信号进行预处理，然后通过检测算法进行处理与识别。

1. 单个TMR磁探测器检测算法

将单个TMR磁探测器沿道路平行于车辆运动方向放置于地面上，因同一辆车的结构不变，因此其在磁场中造成的磁场扰动几乎也是一样的。当车辆正向和逆向行驶时，

TMR 磁探测器检测到的磁场扰动幅值相近，但方向相反。因此，在忽略磁场本身的波动和干扰情况下，可根据 TMR 磁探测器磁感应曲线的方向来判断车辆的行驶方向。本章同样以家用小轿车、中型 SUV 和皮卡三种车辆进行验证，图 9－15～图 9－17 所示分别为试验中三种车辆正向与逆向行驶的波形图。

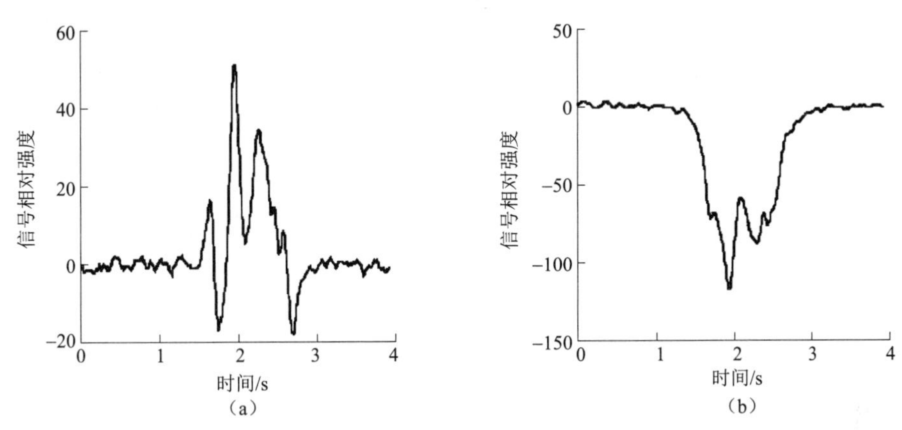

图 9－15　单磁探测器正、逆向行驶家用小轿车信号检测波形

（a）正向行驶信号；（b）逆向行驶信号

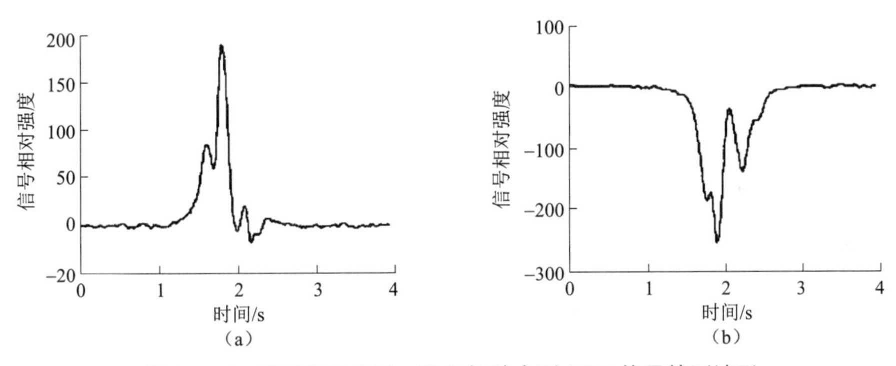

图 9－16　单磁探测器正、逆向行驶中型 SUV 信号检测波形

（a）正向行驶信号；（b）逆向行驶信号

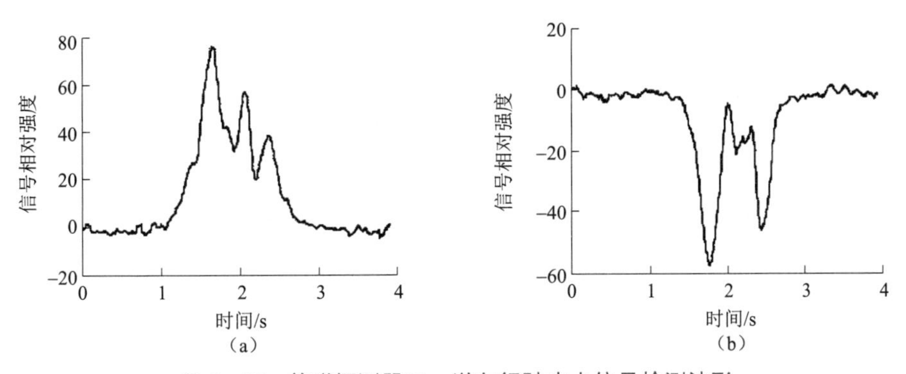

图 9－17　单磁探测器正、逆向行驶皮卡信号检测波形

（a）正向行驶信号；（b）逆向行驶信号

由图 9-15～图 9-17 可以看出，单 TMR 磁探测器的情况下，三种车辆正、逆向行驶时所检测到的波形均为幅值相近、方向相反的信号，因此可以对车辆的行驶方向进行判断。

2. 双 TMR 磁探测器检测算法

将两个 TMR 磁探测器（*a* 点磁探测器、*b* 点磁探测器）平行置于道路上，且两个磁探测器的敏感轴方向相同，当有车辆靠近时，*a* 点磁探测器和 *b* 点磁探测器感应附近的电磁扰动，检测到扰动曲线。因此可以根据两个磁探测器检测到信号的先后顺序来判断车的行驶方向。图 9-18～图 9-20 所示分别为双磁探测器接收到的三种车型的信号波形图。

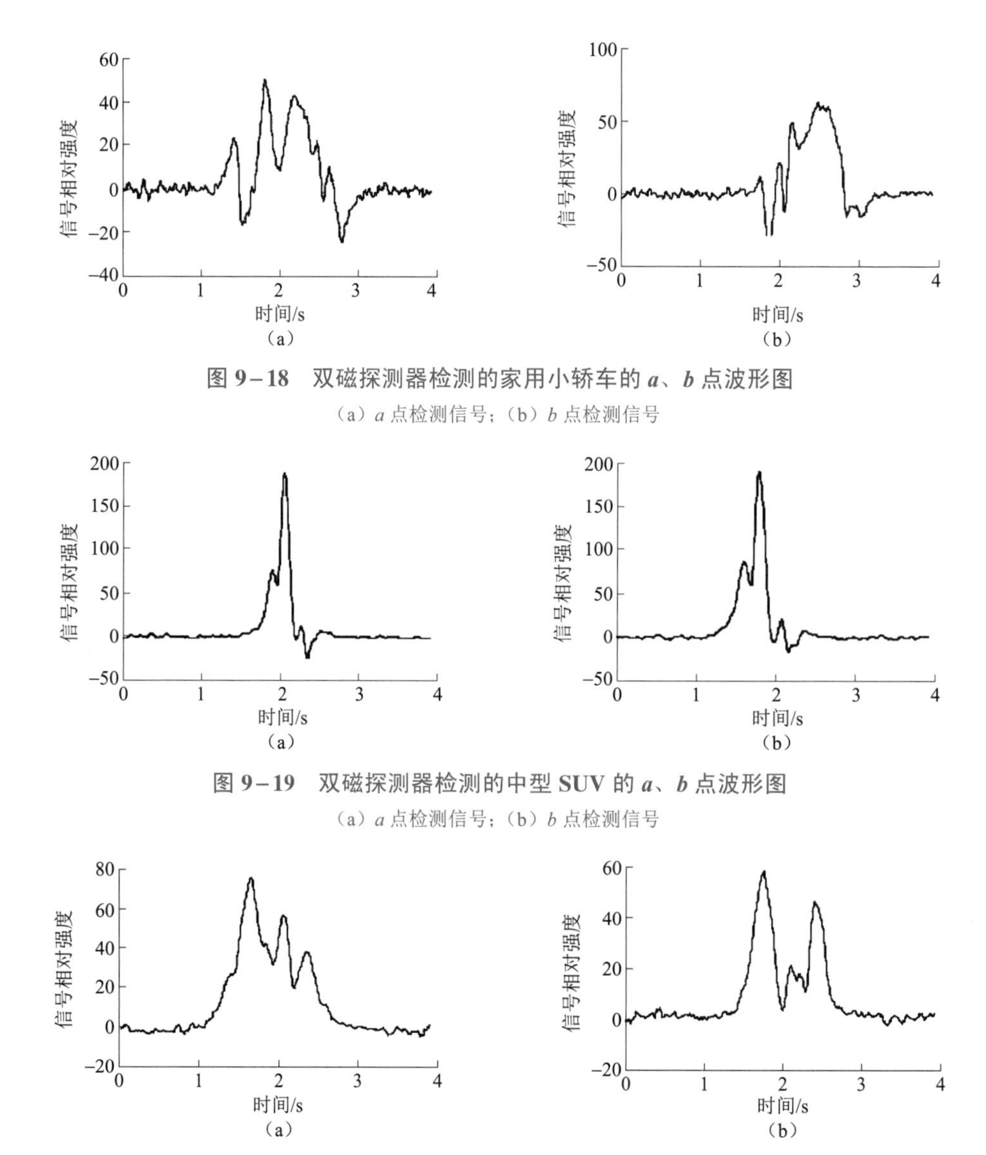

图 9-18　双磁探测器检测的家用小轿车的 *a*、*b* 点波形图

（a）*a* 点检测信号；（b）*b* 点检测信号

图 9-19　双磁探测器检测的中型 SUV 的 *a*、*b* 点波形图

（a）*a* 点检测信号；（b）*b* 点检测信号

图 9-20　双磁探测器检测的皮卡的 *a*、*b* 点波形图

（a）*a* 点检测信号；（b）*b* 点检测信号

由图 9-18～图 9-20 可以看出，三种不同的车型在 a 点的检测信号和 b 点的检测信号所检测到的磁扰动在不同的时间点剧烈程度明显不同，例如小型轿车在 a 点的检测信号在 2 s 时刻检测到的磁扰动最为剧烈［见图 9-18（a）］，而 b 点检测信号在 2.8 s 左右处检测到的磁扰动最为剧烈［见图 9-18（b）］，因此，判定 a 点率先检测到车辆通过的信号，即车辆的行驶方向是由 a 点驶向 b 点，同样，可以根据检测到信号扰动时间点不一致的规律对其他车型的行驶方向进行判定。

9.2.5　三维 TMR 磁探测器目标特性测试

使用三维磁探测器对家用小汽车沿着 Y 轴方向进行试验测量。测试时，探测器与汽车的侧面中心位置对齐，汽车放置位置为东西向，即探测器的 Y 轴与正北方向平行，如图 9-21 所示。三维磁探测器的测试波形如图 9-22 所示。信号单通道采样率为 50 Hz，从图中可以看出，TMR 三维磁探测器输出随着距离的减少而增加。

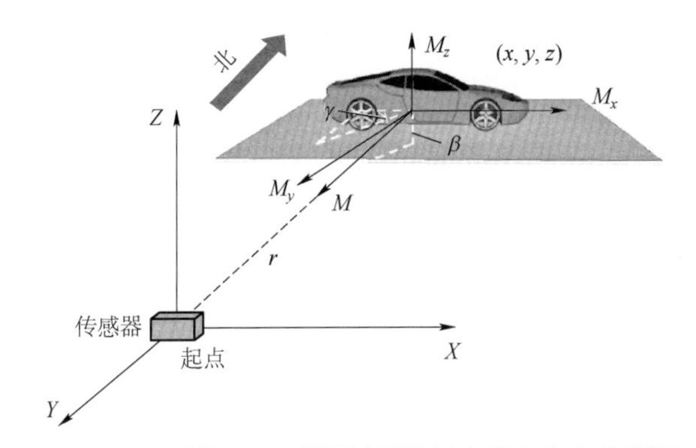

图 9-21　三维 TMR 磁探测器检测家用小汽车示意图

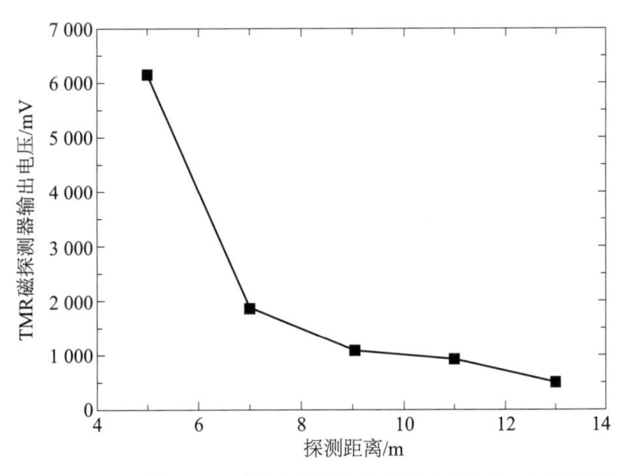

图 9-22　三维 TMR 磁探测器输出电压与探测距离的关系

图 9-23 所示为三维 TMR 磁探测器对家用小汽车目标特性测试现场照片。图 9-24 所示为汽车从侧面经过（最近距离 5 m）时 TMR 磁探测器获得的 X 轴方向上的输出电压变化曲线［见图 9-24（a）］及等效磁场强度变化曲线［见图 9-24（b）］。由图 9-24（a）可知，其输出信号信噪比已大于 10。

（a）

（b）

图 9-23　三维 TMR 磁探测器对家用小汽车目标特性现场测试照片

（a）家用小汽车从 TMR 磁探测器侧面经过；（b）家用小汽车迎着 TMR 磁探测器由远及近

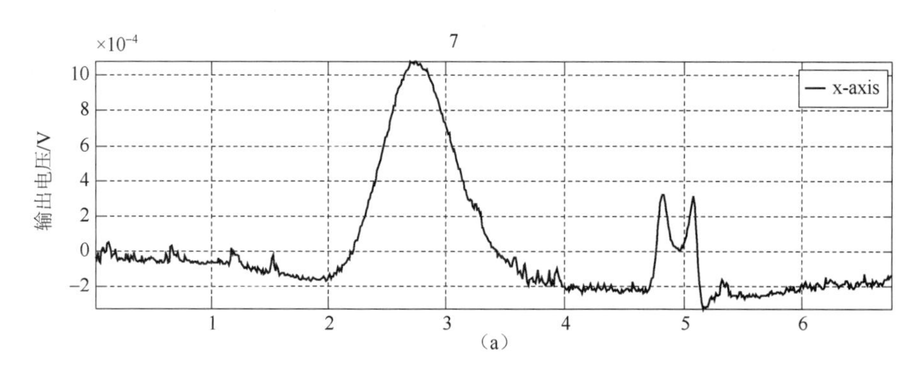

（a）

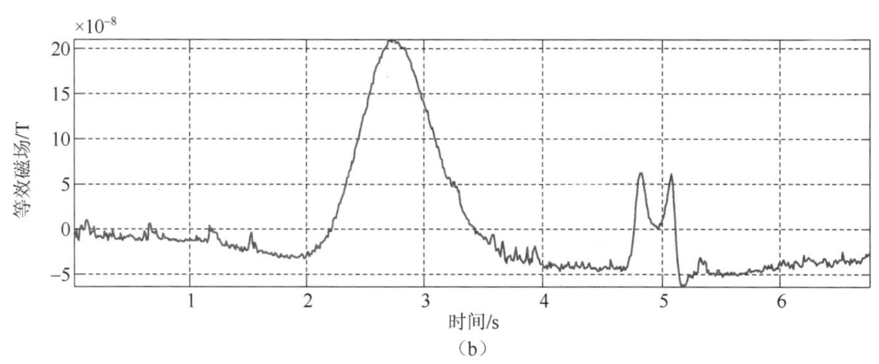

（b）

图 9-24　汽车从侧面经过时 TMR 磁探测器获得的输出电压变化曲线及等效磁场强度变化曲线

（a）输出电压变化曲线；（b）等效磁场强度变化曲线

参考文献

[1] 邓甲昊. 目标探测基本属性与广义目标探测方程 [J]. 科技导报，2005，23（8）：38-41.

[2] 邓甲昊. 基于非晶丝巨磁阻抗效应的微磁物理场探测新体制 [J]. 科技导报，2009，27（6）：24-28.

[3] 孙骥. 非晶丝微磁近感引信探测技术研究 [D]. 北京：北京理工大学，2008.

[4] 吴彩鹏. 基于巨磁阻抗效应的铁磁目标探测与识别 [D]. 北京：北京理工大学，2010.

[5] 魏双成. 基于 GMI 效应的磁探测研究 [D]. 北京：北京理工大学，2013.

[6] 韩超. 基于巨磁阻抗效应的磁探测技术与应用研究 [D]. 北京：北京理工大学，2015.

[7] 郭靖. 基于 TMR 传感器的车辆检测技术研究[D]. 北京：北京理工大学，2016.

[8] 韩超，邓甲昊，叶勇. 一种基于 GMI 传感器的载体运动速度检测方法 [J]. 北京理工大学学报（自然科学版），2016，36（2）：153-156.

[9] 魏双成，邓甲昊，韩超. 基于非晶丝 GMI 效应的微磁探测器 [J]. 科学技术与工程，2013，19：5431-5435.

[10] 魏双成，邓甲昊，杨雨迎. 基于 GMI 效应的高灵敏磁探测技术. 弹箭与制导学 [J]，2013，33（5）：149-151.

[11] 吴彩鹏，邓甲昊. 遗传神经网络在 GMI 传感器设计中的应用 [J]. 科技导报，2010，28（8）：55-59.

[12] 吴彩鹏，邓甲昊. 基于巨磁阻抗效应的新型磁引信探测器研究 [J]. 制导与引信，2010，31（1）：24-28.（在“中国航天信息协会制导与引信信息网 09011 学术交流会”上被评为优秀论文）

[13] 孙骥，邓甲昊，高珍，等. 基于巨磁阻抗效应的新型非晶丝传感器 [J]. 清华大学学报，2008，S2（48）.

[14] 孙骥，邓甲昊，高珍，等. 基于巨磁阻抗效应的新型微磁近感探测技术研究 [J]. 仪表技术与传感器，2009（4）：93-96.

[15] 孙骥，邓甲昊，高珍，等. 一类新型非晶丝微磁探测器在坦克静态磁场分析

中的应［J］. 北京理工大学学报，2009，29（2）：95-99.

［16］崔占忠，宋世和，徐立新. 近炸引信原理［M］. 第三版. 北京：北京理工大学出版社，2009.

［17］郭才发，胡正东，张士峰，等. 地磁导航综述［J］. 宇航学报，2009，30（4）：1314-1319.

［18］王雨田. 控制论·信息论·系统科学与哲学（第二版）［M］. 北京：中国人民大学出版社，1988.

［19］赵高波，王伟，万超，等. 基于磁阻传感器的炮口速度测量技术研究［J］. 国外电子测量技术，2007，26（9）：6-8.

［20］王伟，赵高波，霍鹏飞，等. 一种利用磁阻传感器的炮口速度测量方法［J］. 西安工业大学学报，2008，28（2）：129-132.

［21］齐晓红，潘宗仁，张晓炜. 基于地磁传感器的引信自测初速技术研究［J］. 弹箭与制导学报，2010，30（6）：128-130.

［22］吕华，刘明峰，曹江伟，等. 隧道磁电阻（TMR）磁传感器的特性与应用［J］. 磁性材料及器件，2012，6：12-15.

［23］毛启明，阮建中，王清江，等. 磁控溅射制备 Cu/FeNi 复合丝的巨磁阻抗效应［J］. 功能材料，2007，40（1）：40-42.

［24］张玉民，戚伯云. 电磁学［M］. 北京：科学出版社，2007.

［25］谢龙汉，耿煜，邱婉. ANSYS 电磁场分析［M］. 北京：电子工业出版社，2012.

［26］曹江伟，白建民，魏福林，等. 基于 TMR 磁传感器的应用研究［C］. 全国磁性材料及应用技术研讨会. 2011.

［27］李彦波，魏福林，杨正，等. 磁性隧道结的隧穿磁电阻效应及其研究进展［J］. 物理，2009，38（6）：420-426.

［28］吉吾尔·吉里力，拜山·沙德克. 隧道磁电阻效应的原理及应用［J］. 材料导报，2009，23（s2）：338-340.

［29］谢作孟. 基于 TMR 传感器的车辆检测与识别技术研究［D］. 杭州：杭州电子科技大学，2015.

［30］张晓森. 基于磁阻传感器车辆检测算法的研究与实现［D］. 北京：北京交通大学，2012.

［31］肖宝森. 基于磁阻传感器的车流量检测系统的设计与应用［D］. 厦门：厦门大学，2014.

［32］肖宝森，程兵兵，陈泽坤，等. 基于磁阻传感器的车流量检测系统的设计与应用［J］. 厦门大学学报（自然科学版），2013，3：366-369.

［33］Wei Shuangcheng，Deng Jiahao，Han Chao. Magnetic Detector Based on GMI Effect of Amorphous Wire［C］. Advanced Materials Research，2012，v591－593：1160－1163.

［34］Wei Shuangcheng，Deng Jiahao，Han Chao. Three-Dimension Micro Magnetic Detector Based on GMI Effect［J］. Journal of Beijing Institute of Technology，2014，23（2）：143－146.

［35］Wei Shuangcheng，Deng Jiahao. A design of micro magnetic detection and localization system. Applied Mechanics and Materials［C］，2012，v130－134，p3933－3937.

［36］Wu Caipeng，Deng Jiahao，Sunji. A Design of Linear AGMI Sensor and Its Application for Tank Target Detection［C］. 2009. 9th International Conference on Electronic Measurement & Instruments（ICEMI），（CIE）/IEEE，2009，2：1021－1026.

［37］Wu Caipeng，Deng Jiahao，Yang Yanli. A Research of Fuzzy Neural Network in Ferromagnetic Target Recognition［C］. Seventh International Symposium on Neural Networks（ISNN 2010），Advances in Neural Network Research and Applications，2010，67：129－136.

［38］Sun Ji，Deng Jiahao，Cai Kerong. A New Micro-Magnetism Sensor Based on Giant Magneto-impedance Effect and Multivibrator Bridge［J］. Journal of China Ordnance，2009，5（3）：175－180.

［39］R. Valenzuela，A. Fessant，J. Gieraltowski，et al. Effect of The Metal-to-Wire Ratio on the High-Frequency Magneto Impedance of Glass-Coated CoFeBSi Amorphous Microwires［J］. Sensors and Actuators，2008，A142：533－537.

［40］Teresa Mendes de Almeida，Moises S. Piedade，Leonel Augusto Sousa. On the Modeling of New Tunnel Junction Magnetoresistive Biosensors［J］. IEEE Transactions on Magnetics，2010，59（1）：41－45.

［41］T. Ito，Y. Nakamura，K. Mohri，et al. Accurate Low-Speed and Torque Controls for Induction Motor with Secondary Current Feedback Using MI Sensor Installed in Shaft Hole［J］. IEEE Transactions on Magnetics，2006，42（10）：3515－3517.

［42］Han Bing，Zhang Tao，Zhang Ke，et al. Giant Magneto-Impedance Current Sensor with Array-Structure Double Probes［J］. IEEE Transactions on Magnetics，2008，44：605－608.

［43］Michal Malatek，Ludek Kraus. Off-Diagonal GMI Sensor with Stress-Annealed Amorphous Ribbon［J］. Sensors and Actuators，2010，A164：41－45.

［44］Kim KJ，Kim CG，Yoon SS，et al. Effect of Annealing Field on Asymmetric Giant Magnetoimpedance Profile in Co-based Amorphous ribbon［J］. Journal of Magnetism and

Magnetic Materials，2000，215－216：488－491.

［45］Garca-Arribas，F. Martnezb，E. Fernandez，et al. GMI Detection of Magnetic-Particle Concentration in Continuous Flow［J］. Sensors and Actuators，2011，A172：103－108.

［46］Johan Moulin，Marion Woytasik，Iman Shahosseini. Micropatterning of Sandwiched FeCuNbSiB/Cu/FeCuNbSiB for the Realization of Magneto-Impedance Microsensors［J］. Microsyst Technology，2011，17：637－644.

［47］Kollu D，Raposo V，Montero O，et al. Influence of Magnetostriction Constant on Magnetoimpedance Frequence Dependence［J］. Sensors and Actuators，2006，A129：227－230.

［48］Mohri K，Honkura Y，Panina L V，et al. Super MI sensor：recent advances of amorphous wire and CMOS-IC magneto-impedance sensor［J］. Journal of Nanoscience & Nanotechnology，2012，12（9）：7491－7495.

［49］Uchiyama T，Mohri K，Honkura Y，et al. Recent Advances of Pico-Tesla Resolution Magneto-Impedance Sensor Based on Amorphous Wire CMOS IC MI Sensor［J］. IEEE Transactions on Magnetics，2012，48（11）：3833－3839.

［50］Ando B，Baglio S，Malfa S L，et al. Adaptive Modeling of Hysteretic Magnetometers［J］. IEEE Transactions on Instrumentation & Measurement，2012，61（5）：1361－1367.

［51］Mohri K，Uchiyama T，Yamada M，et al. Arousal Effect of Physiological Magnetic Stimulation on Elder Person′s Spine for Prevention of Drowsiness During Car Driving［J］. IEEE Transactions on Magnetics，2011，47（10）：3066－3069.

［52］Mohri K，Uchiyama T，Yamada M，et al. Physiological Magnetic Stimulation for Arousal of Elderly Car Driver Evaluated With Electro-Encephalogram and Spine Magnetic Field［J］. IEEE Transactions on Magnetics，2012，48（11）：3505－3508.

［53］Gebreegziabher D，Elkaim G H，Powell J D，et al. Calibration of Strapdown Magnetometers in Magnetic Field Domain［J］. Journal of Aerospace Engineering，2006，19（2）：87－102.

［54］Gebreegziabher D. Magnetometer Autocalibration Leveraging Measurement Locus Constraints［J］. Journal of Materials Processing Technology，2005，161（4）：1361－1368.

［55］Ţibu M，Chiriac H. Amorphous wires-based magneto-inductive sensor for nondestructive control［J］. Journal of Magnetism & Magnetic Materials，2008，320（20）：e939－e943.

［56］Eason K，Lee K M. Effects of Nonlinear Micromagnetic Coupling on a Weak-Field Magnetoimpedance Sensor［J］. IEEE Transactions on Magnetics，2008，44（8）：2042–2048.

［57］Trindade I G，Fermento R，Sousa J B，et al. Linear field amplification for magnetoresistive sensors［J］. Journal of Applied Physics，2008，103（10），103914：1–6.

［58］Cos D D，Barandiaran J M，Garcia-Arribas A，et al. Longitudinal and Transverse Magnetoimpedance in FeNi/Cu/FeNi Multilayers With Longitudinal and Transverse Anisotropy［J］. IEEE Transactions on Magnetics，2008，44（11）：3863–3866.

［59］M. Kuźmiński，K. Nesteruk，H. K. Lachowicz. Magnetic field meter based on giant magnetoimpedance effect［J］. Sensors & Actuators A Physical，2008，141（1）：68–75.

［60］Ohno H，Shen A，Matsukura F，et al.（Ga，Mn）As：A new diluted magnetic semiconductor based on GaAs［J］. Applied Physics Letters，1996，69（3）：363–365.

［61］Uchiyama T，Mohri K，Honkura Y，et al. Recent Advances of Pico-Tesla Resolution Magneto-Impedance Sensor Based on Amorphous Wire CMOS IC MI Sensor［J］. IEEE Transactions on Magnetics，2012，48（11）：3833–3839.

［62］Pinzaru D，Tanase S，Pascariu P，et al. Microstructure，Magnetic and Magnetoresistance Properties of Electrodeposited［Fe/Pt］Granular Multilayers. Journal of Superconductivity & Novel Magnetism，2011，24（7）：2145–2152.

［63］Chiriac H，Óvári T A. Novel trends in the study of magnetically soft Co-based amorphous glass-coated wires［J］. Journal of Magnetism & Magnetic Materials，2011，323（23）：2929–2940.

［64］Dufay B，Saez S，Dolabdjian C，et al. Physical properties and giant magnetoimpedance sensitivity of rapidly solidified magnetic microwires［J］. Journal of Magnetism & Magnetic Materials，2012，324（13）：2091–2099.

［65］Hiraoka M，Akase Z，Shindo D，et al. Observation of Magnetic Domain Structure in $Fe_{81}B_{15}Si_4$ Amorphous Alloy by Lorentz Microscopy and Electron Holography［J］. Materials Transactions，2009，50（12）：2839–2843.

［66］Yu G，Bu X，Xiang C，et al. Design of a GMI magnetic sensor based on longitudinal excitation［J］. Sensors & Actuators A Physical，2010，161（1）：72–77.

［67］Peksoz A，Kaya Y，Taysioglu A A，et al. Giant magneto-impedance effect in diamagnetic organic thin film coated amorphous ribbons［J］. Sensors & Actuators A Physical，2010，159（1）：69–72.

［68］Phan M H，Peng H X，Tung M T，et al. Optimized GMI effect in electrodeposited

CoP/Cu composite wires [J]. Journal of Magnetism & Magnetic Materials，2007，316（2）：244－247.

[69] García D，Raposo V，Montero O，et al. Influence of magnetostriction constant on magnetoimpedance–frequency dependence [J]. Sensors & Actuators A Physical，2006，129（1）：227－230.

[70] Kraus L，Malátek M，Dvořák M. Magnetic field sensor based on asymmetric inverse Wiedemann effect [J]. Sensors & Actuators A Physical，2008，142（2）：468－473.

[71] Kraus L. Off-diagonal magnetoimpedance in stress-annealed amorphous ribbons [J]. Journal of Magnetism & Magnetic Materials，2008，320（20）：e746－e749.

[72] Ghanaatshoar M，Nabipour N，Tehranchi M M，et al. The influence of laser annealing in the presence of longitudinal weak magnetic field on asymmetrical magnetoimpedance response of CoFeSiB amorphous ribbons [J]. Journal of Non-Crystalline Solids，2007，354（47）：5150－5152.

[73] Alves F，Rached L A，Moutoussamy J，et al. Trilayer GMI sensors based on fast stress-annealing of FeSiBCuNb ribbons [J]. Sensors & Actuators A Physical，2008，142（2）：459－463.

[74] García C，Zhukova V，Ipatov M，et al. High-frequency GMI effect in glass-coated amorphous wires [J]. Journal of Alloys & Compounds，2009，488（1）：9－12.

[75] Prida V M D L，García-Miquel H，Kurlyandskaya G V. Wide-angle magnetoimpedance field sensor based on two crossed amorphous ribbons [J]. Sensors & Actuators A Physical，2008，142（2）：496－502.

[76] Coïsson M，Vinai F，Tiberto P，et al. Magnetic properties of FeSiB thin films displaying stripe domains [J]. Journal of Magnetism & Magnetic Materials，2009，321（7）：806－809.

[77] Olivera J，de la Cruz–Blas C A，Gomez–Polo C. Comprehensive analysis of a micro-magnetic sensor performance using amorphous microwire MI element with pulsed excitation current [J]. Sensors and Actuators A-physical，2011，168（1）：90－94.

[78] Mohri K，Humphrey F B，Panina L V，et al. Advances of amorphous wire magnetics over 27 years [J]. Physica Status Solidi，2010，206（4）：601－607.

[79] Kollu P，Jin L，Kim K W，et al. One-dimensional AGMI sensor with Co 66 Fe 4 Si 15 B 15，ribbon as sensing element [J]. Applied Physics A，2008，90（3）：533－536.

[80] Dwevedi S，Sreenivasulu G，Markandeyulu G. Contact and non-contact magnetoimpedance in amorphous and nanocrystalline Fe 73．5Si 13．5B 8CuV 3Al ribbons [J]. Journal of Magnetism & Magnetic Materials，2010，322（3）：311－314.

[81] Kim Y S，Yu S C，Le A T，et al. Supergiant magnetoimpedance effect in a glass-coated microwire LC resonator [J]. Journal of Applied Physics，2006，99（8）：160.

[82] Phan M H，Peng H X，Yu S C，et al. Optimized giant magnetoimpedance effect in amorphous and nanocrystalline materials [J]. Journal of Applied Physics，2006，99（8）：1249.

[83] Phan MH，Peng HX，Wisnom MR，et al. Elect of Annealing on the Microstructure and Magnetic Properties of Fe-based Nanocomposite Materials（C）. 2nd International Conference on Composites Testing and Model Identification（CompTest 200），Part A 2006，37：191-196.

[84] Filipski M N，Varatharajoo R. Earth Magnetic Field Model for Satellite Navigation at Equatorial Vicinity [J]. Jurnal Mekanikal，2007，23：31-39.

[85] Gebreegziabher D，Elkaim G H，Powell J D，et al. Calibration of Strapdown Magnetometers in Magnetic Field Domain [J]. Journal of Aerospace Engineering，2006，19（2）：87-102.

[86] Wang J H，Gao Y. A new magnetic compass calibration algorithm using neural networks [J]. Measurement Science & Technology，2006，17（1）：153-160.

[87] Jiang L，Naganuma H，Oogane M. Large Tunnel Magnetoresistance of 1056%at Room Temperature in MgO Based Double Barrier Magnetic Tunnel Junction [J]. Applied Physics Express，2009，2（8）：083002.

[88] Liu Y F，Yin X，Yang Y，et al. Tunneling magnetoresistance sensors with different coupled free layers [J]. Aip Advances，2017，7（5）：165221-165242.

[89] Dąbek M，Wiśniowski P，Kalabiński P，et al. Tunneling magnetoresistance sensors for high fidelity current waveforms monitoring [J]. Sensors and Actuators A Physical，2016，251：142-147.

[90] Dabek M，Wisniowski P. Dynamic response of tunneling magnetoresistance sensors to nanosecond current step [J]. Sensors and Actuators A Physical，2015，232：148-150.

[91] 邓甲昊，叶勇，陈慧敏. 电容探测原理及应用 [M]. 北京：北京理工大学出版社，2019.

索　　引

A～Z（英文）

Δ～τ

B

C

D

E

F

G

H

J

T

W

X

Y

Z